计量检测技术与设备管理

祁力平　祁邯英　王福德　著

吉林科学技术出版社

图书在版编目（CIP）数据

计量检测技术与设备管理 / 祁力平，祁邯英，王福
德著 . -- 长春 : 吉林科学技术出版社，2023.6
ISBN 978-7-5744-0648-3

Ⅰ . ①计… Ⅱ . ①祁… ②祁… ③王… Ⅲ . ①计量管
理 Ⅳ . ① TB9

中国国家版本馆 CIP 数据核字 (2023) 第 136433 号

计量检测技术与设备管理

著	祁力平　祁邯英　王福德
出 版 人	宛　霞
责任编辑	袁　芳
封面设计	刘梦杏
制　　版	刘梦杏
幅面尺寸	185mm×260mm
开　　本	16
字　　数	345 千字
印　　张	17
印　　数	1-1500 册
版　　次	2023年6月第1版
印　　次	2024年2月第1次印刷

出　　版	吉林科学技术出版社
发　　行	吉林科学技术出版社
地　　址	长春市福祉大路5788号
邮　　编	130118
发行部电话/传真	0431-81629529 81629530 81629531
	81629532 81629533 81629534
储运部电话	0431-86059116
编辑部电话	0431-81629518
印　　刷	三河市嵩川印刷有限公司

书　　号	ISBN 978-7-5744-0648-3
定　　价	101.00元

前言

计量测试技术是支撑国家社会经济发展的重要基础。国家越发达，对计量测试技术的依赖程度就越高、投入也越大。高端的计量测试技术属于国家核心竞争力的内容，必须通过自主研发的途径解决。目前，国际计量单位制面临重大变革，将以量子物理学为基础的基本物理常数和原子的物理特性来重新定义新一代的国际计量单位。与此同时，国内传统产业的升级以及战略性新兴产业的发展都需要计量测试技术作为重要支撑，国家还从2011年开始了注册计量师执业资格考试。因此，有许多新的计量科学与技术方面的内容需要研究发展与创新。

计量检测可以最大限度地保障市场贸易的公平性，是保证社会主义市场经济持续健康发展的重要因素之一，是科技发展、社会进步的技术基础。如果忽视计量检测工作，或工作不到位，就会造成计量检测失准，导致市场经济运行失序。化学分析仪器可以快速得出化学分析结果，满足人们的生产、生活需要。精准的检测结果能够为人们评定产品质量提供理论支撑，同时，优良的检测结果是产品硬实力的体现，可以提升企业的综合实力，因此，保证化学分析仪器的准确性是非常必要的。企业应定期对化学分析仪器进行检查与调试，保证仪器符合检测标准，进而保证仪器更好地发挥作用。

化学实验室对于相关实验研究人员来说具有重要的实践意义，因此加强对化学实验室的科学管理，培养一支专业化的管理队伍，创新管理模式就显得非常重要。加强化学实验室的科学管理有助于更好地服务科研与创新研究，同时，有利于加强实验室实验人员处理问题的能力、动手能力以及创造能力，最终达到提高科研能力、创新能力的目的。

本书首先介绍了计量检测相关知识；其次详细阐述了产品质量检验、计量检测实验室标准化管理，以适应当前计量检测技术与设备管理的发展。

本书突出了基本概念与基本原理，在写作时尝试多方面知识的融会贯通，注重知识层次递进，同时注重理论与实践的结合。希望可以对广大读者提供借鉴或帮助。

由于作者的水平和学识有限，书中肯定存在缺点和不足之处，恳请广大读者予以批评指正。

目 录

第一章 测量方法与计量器具

第一节 测量方法及其分类

在测量过程中，不同的量或不同量值的同一种量，都应根据其特点和准确度要求，应用相应的测量原理，选用不同的测量方法。

测量原理是测量的科学基础，如进行温度测量时应用的热电效应，进行电压测量时应用的约瑟夫逊效应，进行速度测量时应用的多普勒效应等。相关章节将对这些测量原理进行更为详细的介绍，而在本节，则着重介绍计量学中常用的一般测量方法。

一、直接测量法和间接测量法

不必对与被测量的量有函数关系的其他量进行测量，而能直接得到被测量量值的测量方法称为直接测量法。也就是说，测量结果可以直接由实验操作获得的那些测量方法，都是直接测量法。

在进行直接比较测量时，计量器具直接给出被测量的量值。在进行高精度测量或检定时，为了消除测量结果中的系统误差，需要通过补充测量来确定影响量的值，但即便如此，这类测量也仍然属于直接测量。直接测量法可以十分简单，如使用等臂天平来测量质量时，平衡被测量物体质量的砝码值就是待测量的量值，测量的全过程可能只需几分钟；但是在进行基准砝码比对时，情况就较为复杂，需要将砝码互换位置，观察和记录横梁的摆动，测量环境的温度、气压、湿度等，以求出各个修正值，不过这也仍然是直接测量法。

通过对与被测量的量有函数关系的其他量的测量，得到被测量量值的测量方法称为间接测量法。

二、基本测量法和定义测量法

通过对一些有关基本量的测量，来确定被测量值的测量方法，称为基本测量法。可见，基本测量法实质上是间接测量法的一种。

根据量的单位定义测量该量的方法称为定义测量法。可见，定义测量法是根据计量单位的定义复现其量值的一种测量方法，适用于基本单位和导出单位。需要指出的是，根据定义复现单位并不完全局限于基准的建立。例如，根据米的定义，可以通过多种不同方法，采用多种激光辐射来复现；对于伏特基准，可以采用饱和惠斯顿标准电池，也可以利用约瑟夫逊效应来加以建立。

三、直接比较测量法和替代测量法

将被测量的量直接与已知其值的同一种量相比较的测量方法称为直接比较测量法。这种方法在测量和工程测试中应用普遍，如使用二等标准量块进行长度测量，在等臂天平上检定砝码，或者用量杯测量液体的体积等。这种方法有两个特点：首先，必须是同一种量才能相互比较；其次，要使用比较式的计量器具。利用直接比较测量时，许多误差分量将由于与标准器误差的符号相反而被部分抵消，从而能获得较高的测量准确度。

将选定且已知其值的同一种量替代被测量的量，并使作用于指示装置的效应相同的测量方法，称为替代测量法。例如，在天平上用已知质量的砝码替代被测量物体来求取其质量的波尔特法，就是典型的替代测量法。此处所称的作用于指示装置的效应，可以理解为仪器的示值。在波尔特法中，砝码的质量就是被测物体的质量，由此消除了因天平的不等臂性所带来的、一般难以计算的误差。不过在此指出，此法在其他量的测量方面不常使用，因为很难做到作用于指示装置的效应相同。

四、微差测量法和符合测量法

将被测量的量与同它的量值之间只有微小差别的同一种已知量比较，并测量出这两个量值之差的测量方法，称为微差测量法。这种测量方法常用于测量和工程测试。例如，用量块在比较仪上测量活塞的直径，比较仪的示值之差即为两个量值之差。由于两个相比较的量是在相同的条件下进行比较，因此各个影响量所引起的误差分量可以被自动局部抵消或基本上全部抵消，从而提高了测量准确度。微差测量法的不确定度来源于标准器本身的不确定度和比较仪的示值误差限。

用观察某些标记或信号相互符合的方法，来测量出被测量值与作为比较标准用的同一种已知量值之间微小差值的一种测量方法，称为符合测量法。利用游标卡尺测量零件尺寸就是一种典型的符合测量法，它根据游标上的刻线与主尺上的刻线相互符合，来确定零件的尺寸。

五、补偿测量法和调换测量法

对测量过程进行特定安排，使一次测量中包含正向误差，而在另一次测量中包含负向误差，从而使得测量结果中的大部分误差能够相互补偿而被消去，这种测量方法称为补偿测量法，又称为正反向测量法。例如，在电学测量中，为了消除热电势带来的系统误差，常常会改变测量仪器的电流方向，然后取两次读数的平均值作为结果。

在某些测量中，测量结果取决于两次读数的差值，而读数中都包含着相同的系统误差，那么这一系统误差将会自动从测量结果中被消去。例如，在测角仪上测量角度块的工作角就是如此，测量需先后两次对准角度块的工作面，从标准度盘获得两个读数，而两个读数的差值即为被测量的工作角。

如果测角仪的度盘安装存在偏心的情况，则测量角度时将带来有规律变化的系统误差。因此，高准确度的测角仪一般都在度盘直径方向上各安装一个读数显微镜，测量角度时分别取两个读数的平均值作为结果，其中就消去了偏心所引入的系统误差。

还有一种消除系统误差的比较测量法称为调换测量法，它的原理是先将被测量物体与已知量值的同种物体进行比较，使之平衡；然后将被测量物体放在已知量值的位置上，与另一个已知量值再次比较，再次平衡。若两次计量中指示的读数值相同，则可知测量值为准确的。这种方法专用于使用天平测量质量的场合，用以消除不等长臂所带来的系统误差。

六、静态测量和动态测量

在测量期间其值可认为是恒定的量的测量称为静态测量。量的瞬时值以及如有需要对它随时间的变化量的确定称为动态测量。这里的动与静指的是被测量的变化状态。

静态量在测量期间可以认为是不随时间改变的，其测量结果往往可以用测量器具的一个示值来表示。由于它不是时间的函数，因此可以在一段时间内重复进行测量，所以静态测量也可称为重复测量。动态量在测量期间随时间而改变，每次测量所得的是瞬态值（或有效值），在一段时间内的测量结果可用动态过程或动态曲线表示，所以动态测量又称为过程测量。

严格来说，所有测量得到的量值都只具有瞬态值的性质。为了实际应用需要，在静态测量定义中，提出了假设条件，即被测量值在测量期间是否发生了超出某个限度的变化。至于测量时间延续的长短、变化限度的大小等都是约定而成的，在实际工作中也不会造成混乱。砝码、量块、标准电池、标准电阻等测量均属静态，而管道内流体的压力、温度、流量以及振动、冲击力等测量为动态测量。

七、其他测量方法

按操作者参与测量过程的情况，测量可分为主观测量与客观测量。完全或主要使用计量器具完成的方法称为客观测量法。当然，实际中不可能完全排除人的参与，如调整仪器、读数、计算结果等，即客观测量中也包含着主观因素。如果测量全过程由计量器具和辅助设备完成，则属于自动测量的范围。

完全或主要由一个或几个操作者的感觉器官完成的方法称为主观测量法。主观测量法仅适用于那些能够直接刺激人的感觉器官的量的测量，如用手指的触觉确定表面粗糙度、用目视辨别透光间隙的大小等。显然，人的感觉能力和灵敏度因人而异、因时而异，不可能达到较好的一致性。随着科学技术的进步，主观法已很少采用，不仅如此，客观测量法也将逐步被自动测量法所取代。

第二节　计量器具的分类和特点

计量器具是指"单独地或者连同辅助设备一起用以进行测量的器具"，它是量具、计量仪器和计量装置的总称。

一、量具

量具是实物量具的简称，它是一种使用时以固定形态复现或提供给定量的一个或多个已知值的器具。砝码、标准电池、温度灯、电阻器、量块、信号发生器等都是量具。

从结构来看，某些量具是以规定的准确度制造的、形状一定的实物，如砝码、量块、量杯、硬度块等；某些量具则是相互关联的若干元件的合成实物，如标准电池、信号发生器等。

量具的主要特性是能够复现或提供某个量的已知量值。这里所说的固定形态应理解为量具是一种实物，它具有恒定的物理化学状态，能够保证在使用时确定地复现并保持已知量值。获得已知量值的方式可以是复现的，也可以是提供的。例如，砝码是量具，它本身所具有的已知值就复现了质量单位的某个量值；信号发生器也是量具，但它只是提供作为输出的多个已知值。已知值应理解为计量单位、数值和不确定度均已知。

因此可见，量具的特点在于：本身直接复现或提供了量值，即量具的示值就是量值大小；在结构上一般没有测量机构。

量具一般不带指示器，而常由被测量对象本身形成指示器。例如，测量液体容量用的量具，就是利用液体的上部端面作为指示器。可调量具虽然具有指示器件，但其作用是供量具调整之用，而不是在测量时用作指示，信号发生器就是这样一个例子。

二、计量仪器

计量仪器是测量仪器的别称，是一种单独或连同辅助设备一同使用以进行测量的器具。如电流表、压力计、钟表、温度计、天平等都是计量仪器。

计量仪器是用来测量并能得到被测对象确切量值的一种技术工具或手段，它将被测量转换为可以直接观察的示值或等效信息。为了达到测量的预定要求，计量仪器必须具有符合规范的计量学特性，特别是必须具有符合要求的准确度等级或最大允许误差。

可见，计量仪器的特点是以一定的计量学特性对被测对象的量值加以测量或确定；是一种可以单独使用或与辅助设备一同使用的技术工具；有某些计量仪器需要和辅助设备共同使用方能完成测量，如需要稳压供电的计量仪器。

（一）计量仪器的分类

从不同角度出发，可以对计量仪器进行不同的分类。从计量仪器的测量方法来看，大致可分为三类。

（1）利用直接比较测量法来直接指示出被测量值，一般称为直读式或偏位式计量仪器。这种计量仪器需要预先用标准量值给仪器的标尺赋值，然后根据被测量所引起的示值变化或偏位，直接读出量值。测量位移用的千分表、测量温度用的热膨胀温度计、测量电压用的数字式电压表等均属此类。如果被测量为有源量，则示值变化或偏位是通过从被测对象摄取能量来实现的，从而会影响被测对象的原有状态，并因此造成测量不确定度。这时也称此类计量仪器为能量转换型计量仪器，如安培计和热膨胀温度计等；

（2）利用零位或衡消测量法来指出被测量值等于已知量值，一般称为零位式或衡消式计量仪器。它需要调整一个或多个量值已知的量，并且在达到平衡时，这些量与被测量之间存在已知的关系。测量阻抗用的阻抗电桥、测量质量用的等臂天平等均属此类计量仪器。

在零位式计量仪器中，调整量与被测量可以是不同种的量。平衡的指示需要借助零位指示器。一般来说，调整量值越准确，相邻的调整量值越接近，则得到的被测量值也越准确；零位指示器的灵敏度越高，测量的分辨率也越高。在进行调整时，常采用伺服机构来实现自动平衡，而对于动态量的测量而言，这一点是必不可少的。

如果被测量为有源量，那么零位式计量仪器从被测对象摄取的能量较直读式计量仪器微少，由此造成的测量不确定度也较小。由于此时零位式计量仪器在进行调整时仅控制外部供给能量的变化，因此也可称为能量控制型计量仪器。电阻温度计即属此类。

（3）利用微差测量法来指出被测量值与已知量值间的微小差异，一般称为微差式或补偿式计量仪器。一般而言，微差式计量仪器的操作复杂性和准确度都介于直读式和零位式计量仪器之间。使用微差式计量仪器时，需要注意所用标准量值的准确性和稳定性，否则就难以保证由微小差值所得结果的可靠性。

从计量仪器所利用的物理现象或物理效应来看，可分为机械式、电动式、气动式、光学式及电子式计量仪器等，或可分为热电式、光电式、压电式、电磁式或超导式计量仪器等。

从计量仪器的输出终端形式来看，可以分为指示式计量仪器和记录式计量仪器，也可分为模拟式计量仪器和数字式计量仪器。指示式计量仪器是一种显示（但并非记录）被测量值或其相关值的计量仪器。这种显示可以是模拟的或数字的，如模拟式电压表和数字式电压表等；记录式计量仪器是一种永久性或半永久性地记录被测量值或其相关值的计量仪器。这种记录可以是模拟的或数字的，如热释光剂量计等。记录器把量值或相关值记录在记录媒质上。记录式计量仪器也可以带有指示装置。模拟式计量仪器是一种输出或显示被测量值或其相关值的连续函数的计量仪器，这个名称仅涉及输出或显示的表达形式，而与仪器的工作原理无关；数字式计量仪器是一种提供数字化输出或数码显示的计量仪器，它同样只涉及输出或显示的表达形式。如果被测对象为模拟信号，则需要进行必要的放大后，通过模数转换器转换为数字信号，再对数字信号进行显示或记录。相比于模拟式计量仪器，数字式计量仪器更容易实现高测量速度、高分辨率且拥有良好的重复性和较强的抗干扰能力，并易于和计算机连用。

从计量仪器确定被测量值的机制来看，可以分为累计式计量仪器和积分式计量仪器。累计式计量仪器是一种通过对被测量的各分量值求和来确定量值的计量仪器，这些分量值可以同时或依次从一个或多个源得到，如电功率总表等。若这种计量仪器是以指定量的倍数对材料或能量进行定量分配，则可称为非连续配料计量仪器，如非连续加油机或配油机；积分式计量仪器是一种通过某个量对另一个量进行积分来确定被测量值的计量仪器。对足够小的分部值求和也可认为与积分等效。电能表、水表、连续式皮带秤等均属此列。

从计量仪器与被测对象的接触方式来看，可以分为非接触式计量仪器和接触式计量仪器。

（二）计量仪器的命名

计量仪器可从不同的角度命名，现选择若干介绍。

（1）以被测量的名称命名的有压力计、密度计等。

（2）以被测量的计量单位命名的有伏特计、安培计等。

（3）命名涉及测量方法的有指零电流计、质量比较仪等。

（4）命名涉及测量原理的有U形管压力计、热电温度计、激光干涉仪等。

（5）命名指出具体用途的有剂量计、汽油流量计、线纹比较仪等。

（6）以发明者命名的有盖革－米勒计数器、文丘里管等。

此外还有以制造商名字或制造商选定的商品名字命名等。

有时由名称也可看出计量仪器的计量特性，如0.5级电压表、一等标准测力计等。

（三）计量仪器与量具的关系

严格来说，计量仪器本身并不复现或提供已知量值，被测量值以某种方式从外部作用于仪器，然后由仪器提供示值或等效信号，因此并不同于量具。使用量具时往往需要加上比较用的计量仪器，如利用砝码称量质量时需要使用天平，而使用量块对长度进行计量时也离不开比较仪。

对于如千分尺、电流表、电压表等大部分计量仪器来说，它们与量具的比较过程是在仪器制造或检定时进行的。此时，由量具提供的已知值（标准值）已经被"记忆"在仪器之中，供测量时使用。

有些计量仪器和量具已融为一体，例如，电位差计总是和标准电池联用，而电阻电桥的内部也已经安装了标准电阻。虽然如千分尺、游标卡尺之类的计量仪器，由于它们结构简单、小巧，而且较为常用，因此过去习惯称之为"通用量具"，但从定义上来说，它们并非量具。

三、计量装置

（一）计量装置和辅助装置

为了进行特定的或多种测量任务，经常需要一台或多台计量器具。人们常常将这些计量器具与有关的辅助设备所共同组成的整体或系统称为计量装置或测量系统。例如，电工材料的电阻率计量装置、半导体材料电导率测量系统、医用温度计校准装置，等等。

辅助设备主要有三种作用：将被测量或影像量保持在某个适当数值之上；方便测量操作的进行；改变计量器具的测量范围或灵敏度。放大器、读数放大镜、恒温箱、试验电源、分流器、分压器等均属辅助设备或辅助器件。

计量装置的误差主要取决于计量器具，原则上不应受到辅助设备的影响，因此，辅助设备的准确度一般应比计量器具高一个数量级。

（二）计量装置的分类

计量装置除按前述计量仪器的分类方式进行分类之外，还可从规模上分为小型或便携式和中、大型或固定式；从服务对象上可分为专用的或有固定服务对象的，以及通用的或有广泛服务对象的；从构成方式上可分为专门设计制造的或组合型的；从自动化程度上可分为手动的和自动的。

（三）自动化和多参数计量装置

通常把测量数据的获得、分析与处理以及测量结果的显示与记录均自动进行的计量装置称为自动化计量装置。例如，要对相控阵雷达的上万个天线振子的阻抗、驻波、相位的参数进行测量，靠人工根本不可能完成，只有借助于自动化计量装置才能实现全面、快速和可靠的测量。现代计量学中被测量或参量越来越复杂，测量工作量越来越大，测量速度越来越快，要求测量的项目也越来越多，因此，计量装置的自动化是一个必然的发展方向。

多参量计量装置可进行多个参量的同时测量、多维测量和不同参量的跟踪测量。例如，三坐标测量机可以测量三维位移，网络分析装置在微波测量中可以测量传输反射特性、相位、驻波比、功率、带宽、频响等多种参量。一般来说，多参量计量装置往往都是自动化计量装置。

第三节　计量器具的结构和组成

一、计量器具的总体构成及其测量链

一台典型的计量器具从总体构成上来看，一般可以分为三个主要部分：输入部分、中间变换部分、输出部分。

第一部分是输入部分，包括传感器、检测器或测量变换器，它把被测信息转变为便于下一步处理的信号；第二部分是中间变换部分，也称二次变换部分，它把由输入部分而来的信号加以放大、滤波、调制解调、运算或分析，使之适合于输出；第三部分是输出部分，也称终端变换部分，包括指示装置和记录装置，它把被测量的等效信息提供给观测者或计算机。

在电测仪器中，测量信号是被测量在仪器内的代表。输入仪器的信号常被称为激励，而输出信号被称为响应。

从总体构成来看，可以认为计量器具是一条包含许多环节的测量链。测量链是计量仪器或计量装置中的一系列单元，它们构成测量信号从输入到输出的通道。

例如，用毫伏计为指示机构或指示单元的热电温度计，其测量链如下。

（1）热电偶。它是温度传感器，也是第一个变换单元，作用是将温度变换为电动势。

（2）闭合电路。它是中间变换单元，在电动势的作用下产生电流。

（3）毫伏计的电磁系统。它也是中间变换单元，作用是把电流变换为力偶。

（4）弹簧等。它是指示单元，把力偶变换为观测者可以直接感受的角度。被测对象为温度；热电偶是该计量仪器的输入部分，闭合电路和毫伏计的电磁系统构成中间变换部分；弹簧等构成的指示单元是输出部分。

二、计量器具的输入部分

传感器是计量仪器或测量链中直接作用于被测量的元件。

诸如温度、流量和加速度等被测量，它们无法或难以同相应的标准量进行直接比较，因而无法被直接测量，或者直接测量的准确度不高，此时便需要用传感器将它们变换为易于处理、易于与标准量比较的物理量，如位移、频率、电流等。将非电量直接（一次）变换为电量的过程称为直接变换，而将非电量通过应变、热、光、磁等量再变换为电量的过程称为间接变换。

测量变换器是提供与输入量存在给定关系的输出量的测量器件。在测量变换器中，与被测量直接作用的部分是其传感部分或敏感部分。但有时传感部分与变换部分构成一个不可分的整体，如热电偶便是如此。因此，测量变换器可以仅是传感器，也可以是传感器及其附属测量线路的整体。

三、计量器具的中间变换部分

中间变换部分的作用是对来自输入部分的信号进行中间变换，它可以包含处理信号的信号变换器件和传输信号的信号传输器件（或传输线）。信号变换器件可以由滤波器、衰减器、放大器、移相器、运算分析器、调制解调器以及模数、数模转换器等组成。

滤波器的主要功能是让测量信号中所需的特定频率成分通过，而使不需要的其他频率成分得以抑制或显著衰减。这些信号可以是声、光或电磁信号。

放大器的功能是将微弱的测量信号加以放大，因此绝大部分计量仪器都需要使用放大器。习惯认为放大器是有源器件，信号经放大后功率将有所提高。变压器虽然可以放大电压或电流，但它是无源器件，因此不能归入放大器中。

在某些场合，当对输入部分传来的微弱缓变信号进行直流放大时，会遇到零点漂移等困难，因此往往可以先将缓变信号调制为适当频率的交流信号，利用交流放大器放大后再解调还原为直流缓变信号。

用传感器可以测量压力、流量、温度、位移等被测量的极性和大小，而输出多半是模拟信号（电压或电流）。但是在很多计量测试、自动检测、控制、显示和数据处理中，必须采用数字控制或计算。这就要求在计量仪器中建立由模拟量信号到数字量信号的变换环节。模数转换器即具备此种功能。而在对数字信号进行处理之后，为了便于与原始的模拟信号进行对比，或为了便于直观掌握和分析，有时还希望将数字量转变回模拟量，这一工作便是通过数模转换器来完成的。

信号在输入、中间变换和输出的各环节之间都需要进行传输。当被测对象距离计量仪器和观察者较远时，或者当被测对象处于运动状态时，就尤其需要信号传输器件。测量信号的传输应尽量做到不受外来干扰的影响，并应与传输的距离无关。按传输方式，信号传输可分为直接传输和载波调制传输，其中直接传输是计量仪器中最为常用的方式，但只适用于近距离传输；按传输媒介，信号传输可分为无线传输和有线传输两种。

四、计量器具的输出部分

指示装置是计量器具中显示被测量值或其相关值的一套组件，它往往是计量器具的终端。指示是显示的一种方式，可以表示量的大小和各个量之间的关系。表示的方法通常有长度、角度、数字、文字、图形、图表、图像等。

指示装置提供示值的方式可分为模拟式、数字式和半数字式三种。

模拟式指示装置提供模拟示值，采用主管读数方法，容易因观测者和观测位置的不同而造成视差。模拟式指示装置的活动部分存在惯性和迟滞，因此测量速度和准确度会受到一定的限制。

数字式指示装置提供数字示值。就原理而言，它可以克服模拟式指示装置本身的构造所带来的上述缺陷和限制，同时还使得自动调零、自动极性选择和自动切换量程成为可能。

半数字式指示装置是以上两种装置的组合，它通过由末位有效数字的连续移动进行内插的数字式指示，或通过由标尺和指示器辅助读数的数字式指示来提供半数字示值。

靠人工读取测量结果，然后用纸笔记录，这种做法不仅麻烦，而且带有主观因素，容易出错，某些被测对象的动态变化过程也无法被记录和保存，不易于通过计算机对数据进行处理分析。有的实验需要持续数日乃至数月，观测者不可能也不必进行长时间的等候。有的现场还不允许人员靠近。在这些情况中，均需要借助记录装置来记录和保存测量结果。

记录装置是计量器具输出部分中记录被测量值或相关值的一套组件。它们可以记录字符、表格、图像、音频等。记录可以是连续的，也可以是离散的。

第四节　计量器具的特性

为了获得准确的测量结果，计量器具的计量特性必须满足一定的要求。计量器具的特性可分为计量特性、技术特性以及行政管理特性三种，在此主要介绍计量特性。

（1）示值。计量器具的示值是指由计量器具给出的被测的量值。由显示器读出的值可称为直接示值，将它乘以仪器常数即为示值。示值还包括记录器的记录值、计量装置中的测量信号或用于计算被测量值的其他量。

（2）标称值。标称值是计量器具上表明其特性或指导其使用的量值，该值为修约值或近似值。标称值是固定的，不随被测量的变化而变化。

（3）标称范围。标称范围是计量器具的操纵器件调到特定位置时可得到的示值范围。标称范围通常用计量器具的上限和下限表明，当下限为零时，一般仅用上限表明标称范围。

（4）量程。量程是指标称范围两极限值之差的绝对值，是一个具体的数值。

（5）准确度和准确度等级。计量器具的准确度是指计量器具给出接近于被测量真值的响应的能力。准确度是定性的概念。准确度等级则是计量器具符合一定计量要求、使误差保持在规定极限以内的等别、级别。准确度等级通常按约定注以数字或符号，并称为等级指标。

（6）示值误差。计量器具的示值误差等于计量器具的示值与对应输入量的真值之差。由于真值不能确定，实际上使用的是约定真值。

（7）引用误差。计量仪器误差与仪器特定值的商称为仪器的引用误差。通常该特定值又称为引用值，如仪器的量程上限。

（8）最大允许误差。计量器具的误差极限或最大允许误差是指技术规范、规程等对给定计量器具所允许的误差的极限值。它可以是单向的，也可以是双向的，一般随被测量值而改变，有时也用允许误差带表示。

（9）误差曲线。当误差用被测量或用对该误差有影响的其他量的函数表示时，所得的曲线通常称为计量器具的误差曲线。

（10）测量范围。测量范围是计量器具的误差处在规定极限内的一组被测量值，与计量器具的最大允许误差有关。在标称范围内，计量器具的误差处于最大允许误差内的那一部分范围才是测量范围，也就是说，只有在这一部分测量的值，其准确度才符合要求，因此有时又称测量范围为工作范围。

（11）测量精度。测量精度是测量结果的可信程度或不确定度，一般以计量值与被计量的实际值之间的偏差范围来表示。

（12）响应特性。在确定的条件下，激励和对应响应之间的关系称为响应特性。这种关系可以用数学公式、数值表或图形来表示。当激励是关于时间的函数时，传递函数是响应特性的一种表示形式。

（13）灵敏度。灵敏度是计量器具响应的变化和引起该变化的激励值的变化之比。对于带刻度指示器的器具，常以分度长度与其值之比作为灵敏度。

（14）鉴别力。使器具的响应产生可察觉的变化的激励值的最小变化量。这种激励变化应缓慢而单调地进行。

（15）分辨力。指显示装置能有效辨别的最小示值差。

（16）死区。计量器具的死区是指不致引起计量器具响应改变的激励双向变动的最大区间。

（17）响应时间。激励发生规定突变的瞬间与响应达到并保持其最终稳定性在规定极限内的瞬间之间的时间间隔即为响应时间。

（18）漂移。漂移是指计量器具计量特性的缓慢变化。

（19）稳定性。计量器具保持其计量特性随时间恒定的能力称为计量器具的稳定性。稳定性通常是对时间而言的。

（20）超然性。超然性是指计量器具不改变被测量的能力。

（21）重复性。重复性是指在相同条件下，重复测量同一个被测量，计量器具提供相近示值的能力。

（22）可靠性。可靠性是指计量器具在规定条件下和规定时间内，完成规定功能的能力。表示计量器具可靠性的定量指标，可以用该器具在极限工作条件下的平均无故障工作时间来表示，该指标越高，可靠性越好。

第二章　测量数据处理

第一节　测量误差的处理

一、测量误差的定义

（1）真值。量的真值是指"与量的定义一致的量值"。

（2）约定量值。约定量值又称量的约定值，简称约定值，它是指"对于给定目的，由协议赋予某量的量值"。例如，以高精度等级仪器的测量值约定为低精度等级仪器测量值的约定真值。

（3）测量结果、测得的量值和测量误差。

测量结果定义为"与其他有用的相关信息一起赋予被测量的一组量值"。测量结果通常包含这组量值的相关信息，通常表示为单个测得的量值和一个测量不确定度。对某些用途，如果认为测量不确定度可忽略不计，则测量结果可表示为单个测得的量值，这也是许多领域中表示测量结果的常用方法。测得的量值又称为量的测得值，简称测得值，它定义为"代表测量结果的量值"。它可以是单次测得值，也可以是多次重复测量的算术平均值。测量误差定义为"测得的量值减去参考量值"。在不同的情形下，可以采取不同的方式适当定义参考量值，例如，当涉及存在单个参考量值，如用测得值的测量不确定度可忽略的测量标准进行校准，或约定量值给定时，该标准器的量值或其他约定真值就是参考量值；对于系统测量误差而言，其参考量值是真值，或是测量不确定度可忽略的测量标准的测得值，或是约定真值；随机测量误差的参考量值是对同一被测量由无穷多次重复测量得到的平均值。

二、测量误差的分类

（一）测量误差的来源

1.原理误差

测量原理和方法本身存在的缺陷和偏差。一般情况下，在理论分析与实际情况存在差异时，需要用近似公式、经验公式进行近似处理。如非线性较小时近似为线性时引起的误差；通过测量半径来计算圆的周长时，圆周率的近似值引起的误差；等等。这些都是测量方法的误差。

2.装置误差

由于测量装置本身存在的误差而导致的测量误差。测量装置本身的误差包含两个方面的含义。一方面，由于每一种测量仪器、设备、装置在结构、制造方面都有一定的精确度，因而使观测结果的精确度受到一定的限制。如使用只有厘米刻度的普通钢尺测量距离，难以保证厘米以下估读值的准确性；另一方面，仪器构造本身也有一定误差。如钢尺刻度分划不均匀，必然产生钢尺的分划误差。每个测量仪器、设备、装置在使用过程中由于零件材料性能变化、配合间隙变化、传动比变化、蠕变、空程、元件老化、漂移等，都会使其本身存在一定的误差，从而引起测量误差。

3.环境误差

测量环境、条件引起的测量误差。空气温度、湿度、大气压力、振动、电磁场干扰、气流扰动等因素的变化，均会使测量结果产生误差。如温度变化使钢尺产生伸缩，从而带来测量误差。

4.人员误差

测量人员的操作产生的误差。由于测量人员的知识水平、操作经验及规范性、工作态度、读数习惯等不同，也会产生测量误差。

（二）重复性与复现性

在测量中谈及误差与不确定度时，常会涉及重复性和复现性的概念。

1.重复性

在相同测量条件下，对同一被测量进行连续多次测量所得结果之间的一致性。这些条件称为重复性条件，其中包括以下几项。

（1）相同的测量程序；

（2）相同的观测者；

（3）在相同的条件下使用相同的测量仪器；

（4）相同的地点；

（5）在短时间内重复测量。

2.复现性

又称再现性。在改变了的测量条件下，对同一被测量的测量结果之间的一致性。在给出复现性时，应有效地说明发生改变的条件的详细情况。可改变的条件包括以下几项：

（1）测量原理；

（2）测量方法；

（3）观测者；

（4）测量仪器；

（5）参考测量条件；

（6）地点；

（7）使用条件；

（8）时间。

（三）精密度、正确度和准确度

测量结果与被测量真值之间的一致程度称为准确度，它包括精密度和正确度两层含义。

（1）精密度。在相同条件下进行多次测量时，所得结果的一致程度。精密度反映的是随机测量中随机误差的大小。

（2）正确度。测量结果与真值的接近程度称为正确度。正确度反映的是系统误差的大小。

（3）准确度。测量结果的一致性及其与真值的接近程度，它是精密度和正确度的综合反映。

在一组测量中，精密度高的准确度不一定高，准确度高的精密度也不一定高，但精确度高，则精密度和准确度都高。

实验中，人们往往满足于实验数据的重现性，而忽略了数据测量值的准确程度。绝对真值是不可知的，人们只能制定出一些国际标准作为测量仪表准确性的参考标准。随着人类认识水平的提高和科技的进步，可以逐步逼近绝对真值。

（四）测量误差的分类

根据性质及产生的原因不同，测量误差可分为三类。

1.系统误差

在相同条件下对同一被测量进行多次重复测量时，其数值大小和符号都保持不变的误差，或者在条件改变时按某一确定规律变化的误差，称为系统误差。系统误差的主要特性是规律性。

系统误差表明了测量结果偏离真值或实际值的程度，所以经常用来表征测量准确度的高低。系统误差越小，测量就越准确。

系统误差产生的主要原因：测量仪器不良，如刻度不准，仪表零点未校正或标准表本身存在偏差等；周围环境的改变，如温度、压力、湿度等偏离校准值；实验人员的习惯和偏向，如读数偏高或偏低等引起的误差。

经常对仪器进行校验，将测量结果进行适当的修正，提高实验人员操作的规范性，尽量在适宜的环境中和采用合理的测量方法等，可将系统误差的影响降低到最小限度。

2.随机误差

在相同条件下对同一被测量进行多次重复测量时，所出现的数值大小和符号都以不可预知的方式变化的误差，称为随机误差或偶然误差。其主要特性是随机性，即对某一量值进行足够多次等的精度测量后，其测量误差完全服从统计规律，随着测量次数的增加，随机误差的算术平均值趋近于零。

随机误差表明了测量结果精密度的高低，随机误差越小，精密度越高。

随机误差产生主要是由于实验条件和环境因素无规则的起伏变化而引起测量值围绕真值发生左右摇摆。例如，测量时温度的随机波动使钢尺的长度在一定范围内随机变化，从而使读数结果受到一定影响。

3.粗大误差

在相同条件下对同一被测量进行多次重复测量时，明显偏离了被测量真值的测量结果所对应的误差，称为粗大误差。粗大误差是一种显然与事实不符的误差，它往往是由于测量人员疏忽大意、操作不当或测量条件的超常变化等原因引起的。此类误差无规律可循。只要加强责任感、细心操作，粗大误差是可以避免的。

三、测量误差的基本性质

（一）随机误差

1.随机误差产生的原因

当对同一被测量在重复性条件下进行多次的重复测量，会得到一列不同的测量值（常称为测量列），每个测量值都含有误差。这些误差的出现又没有确定的规律，即前一个误差出现后不能预定下一个误差的大小和方向，但就误差的总体而言，都具有统计规律性。

随机误差是由很多暂时不能掌握或不便掌握的微小因素所构成，主要有以下几个方面。

（1）测量装置方面的因素：零部件配合的不稳定性，零部件的变形、摩擦，电源的不稳等。

（2）环境方面的因素：温度的微小波动，湿度与气压的微量变化，灰尘及电磁场变化等。

（3）人员方面的因素：瞄准、读数的不稳定等。

2.随机误差的性质

就单个随机误差估计值而言，它没有确定的规律；但就整体而言，却服从一定的统计规律，故可用统计方法估计其界限或它对测量结果的影响。

随机误差大抵来源于影响量的变化。这种变化在时间和空间上是不可预知的或随机的，它会引起被测量重复观测值的变化，故称之为"随机效应"。可以认为正是这种随机效应导致重复观测中的分散性。我们用统计方法得到的实验标准差反映了随机误差的分散性，但它并非随机误差。值得注意的是这个标准偏差过去曾定量地表示随机误差的大小。

服从正态分布的随机误差的统计规律性，主要可归纳为对称性、有界性和单峰性三条。

（1）对称性是指绝对值相等而符号相反的随机误差，出现的次数大致相等，也即测得值是以它们的算术平均值为中心而对称分布的。由于所有随机误差的代数和趋近于零，故随机误差又具有抵偿性，这个统计特性是最为本质的。

（2）有界性是指测得值随机误差的绝对值不会超过一定的界限，也即不会出现绝对值很大的随机误差。

（3）单峰性是指绝对值小的随机误差比绝对值大的随机误差数目多，也即测得值是以它们的算术平均值为中心而相对集中分布的。

（二）系统误差

测量过程中除含有随机误差外，往往还存在系统误差，在某些情况下，系统误差数值还比较大。由于系统误差不易发现，多次重复测量又不能减小它对测量结果的影响，这种潜伏性使得系统误差比随机误差具有更大的危险性。因此，研究系统误差的特征与规律性，用一定的方法发现和减小或消除系统误差，就显得十分重要。否则，对随机误差的严格处理将失去意义，或者其效果甚微。应当注意，系统误差在处理方法上与随机误差完全不同，它涉及对测量设备和测量对象的全面分析，并与测量者的经验、水平以及测量技术的发展密切相关。

1.系统误差的产生原因

系统误差是由固定不变的或确定规律变化的因素所造成的，这些误差因素是可以掌握的。

（1）测量装置方面的因素：仪器结构原理设计上的缺点；仪器零件制造和安装不正确，如标尺的刻度偏差、刻度盘和指针的安装偏心等。

（2）环境方面的因素：测量时的实际温度对标准温度的偏差，测量过程中温度湿度等按一定规律变化引起的误差。

（3）测量方法的因素：采用近似的测量方法或近似的计算公式等引起的误差。

（4）测量人员方面的因素：由于测量者的个人特点，在刻度盘上估计读数时，习惯偏向某一方向，动态测量时，记录某一信号有滞后的倾向。

2.系统误差的特征

系统误差的特征是，在同一条件下，多次测量同一被测量时，误差的绝对值和符号保持不变或者在条件改变时，误差按一定的规律变化。由上述特征可知，在多次重复测量同一被测量时，系统误差不具有抵偿性，它是固定的或服从一定函数规律的误差。从广义上理解，系统误差即服从某一确定规律的误差。

（1）线性变化的系统误差。在整个测量过程中，随着测量值或时间的变化，误差值是成比例地增大或减小。

（2）周期性变化的系统误差。在整个测量过程中，若随着测量值或时间的变化，误差是按周期性规律变化的。

（3）复杂规律变化的系统误差。在整个测量过程中是按确定的且复杂的规律变化的，称为复杂规律变化的系统误差。如微安表的指针偏转角与偏转力矩不能严格保持线性关系，而表盘仍采用均匀刻度所产生的误差。

四、系统误差的发现与处理

（一）系统误差的发现

因为系统误差的数值往往比较大，必须消除系统误差的影响，才能有效地提高测量准确度。为此应掌握如何发现系统误差。发现系统误差必须根据具体测量过程和测量仪器进行全面仔细的分析，这是一件困难而又复杂的工作，目前还没有能够适应于发现各种系统误差的普遍方法。

1.实验比对法

实验比对法是改变产生系统误差的条件，进行不同条件的测量，以发现系统误差。这种方法适合于发现不变的系统误差。如一标准电阻按标称值使用时，在测量结果中就存在由于电阻的偏差而产生不变的系统误差，多次测量也不能发现这一误差，只有用另外一只高一等级的电阻进行比对时才能发现它。另外，如果我们将两台同等级计量器具进行比对，其示值之差若大于其最大允许误差的2倍，则其中一台可能超差。这是一种常用的方法。

2.残余误差观察法

残余误差观察法是根据测量列各个残余误差大小和符号的变化规律，直接由误差数据或误差曲线图形来判断有无系统误差。这种方法主要适用于发现有规律变化的系统误差。

另外，发现系统误差的方法还有马利科夫准则用于发现线性变化的系统误差；阿卑-赫梅特准则可有效地发现周期性系统误差；不同公式计算标准偏差比较法用于一般判断是否存在系统误差；计算数据比较法和检验法用于发现各组测量数据间是否存在系统误差。这些方法在此不作详解。

一般在具有高准确度测量仪器和较好的测量条件时，可用实验比对法发现不变的系统误差。用残余误差观察法是发现组内系统误差的有效方法，但应注意，它发现不了不变的系统误差。

（二）系统误差的减小和消除

系统误差不能完全被认知，因而也不能完全被消除，但可以采用下列一些基本方法进行减小或消除。

1.减小

对系统误差的已知部分，用对测量结果进行修正的方法来减小系统误差。

（1）补偿系统误差

下面为几种常用的补偿系统误差的测量方法。

①异号法：改变测量中的某些条件，如测量方向、电压极性等，使两种条件下的测量结果中的误差符号相反，取其平均值以消除系统误差。

②交换法：将测量中的某些条件适当交换，例如，被测物的位置相互交换，设法使两次测量中的误差源对测量结果的作用相反，从而抵消系统误差。

③替代法：保持测量条件不变，用某一已知量值的标准器替代被测件再进行测量，使指示仪器的指示不变或指零，这时被测量等于已知的标准量，可以消除系统误差。

上述三种常用的抵消系统误差的测量方法适用于恒定系统误差。对于由线性漂移或周期性变化引起的可变系统误差，可以通过合理的设计测量顺序来消除。此外还可采用一些特定的测量方法，如采用对称测量法可消除线性系统误差，采用半周期偶数测量法可消除周期性系统误差。

（2）修正。修正是补偿或减小系统误差的一种有效方法。修正的定义为对估计的系统误差的补偿。因此，修正测量结果必须首先得到测量误差的估计值，或者说研究测量误差也有为了得到测量结果的修正值的目的。当已知测量误差时可以对测量结果进行修正。

修正的四种基本形式如下所述。

①在测量结果上加修正值：修正值是采用代数方法与未修正测量结果相加，以补偿其系统误差的值。修正值等于负的系统误差估计值，即与估计的系统误差大小相等、符号相反。

②对测量结果乘修正因子：修正因子是为补偿系统误差而与未修正测量结果相乘的数字因子。

③画修正曲线：当测量结果的修正值随某个影响量（温度、频率、时间、长度等）的变化而变化，那么应该将在影响量取不同值时的修正值画出修正曲线，以便在使用时可以查曲线得到所需的修正值。例如，电阻值随温度发生变化，就可以绘出电阻的温度修正曲线。通常，修正曲线采用最小二乘法将各数据点拟合成最佳曲线或直线。

④制定修正值表：当测量结果同时随几个影响量的变化而变化时，或者当修正数据非常多且函数关系不清楚等情况下，最方便的方法是将修正值制成表格，以便在使用时进行查询。

修正值或修正因子的获得，最常用的方法是校准，也就是将测量结果与计量标准的标准值比较。修正曲线和修正表格的制定离不开实验方法。由于系统误差的估计值是有不确定度的，因此，不论采用修正值、修正因子还是别的方法，修正不可能完全消除系统误差，只能在一定程度上减小系统误差。经修正的测量结果即使具有较大的不确定度，但也已经十分接近被测量的真值，其测量误差变得很小。

2.消除

（1）从产生误差根源上消除系统误差。

从产生误差根源上消除系统误差是最根本的方法。它要求对测量过程中可能产生系统误差的环节进行仔细分析，并在测量前就将误差从产生根源上加以消除。如为了防止测量过程中仪器零位的变动，测量开始和结束时都需检查零位；再如，为了防止在长期使用时仪器准确度降低，要不定期进行比对和严格进行周期的检定与维护。如果误差是由外界条件引起的，应在外界条件比较稳定时进行测量，在外界条件急剧变化时应停止测量。

（2）用修正方法消除系统误差。

这种方法是预先将测量器具的系统误差通过校准或检定确定出来，作出误差表或误差曲线，然后取与误差数值大小相同符号相反的值作为修正值，将实际测得值加上相应的修正值，即可得到不包含该系统误差的测量结果。如使用标准电阻当其误差较大时，应取其实际值（经检定或校准给出的值），而不用其标称值。

由于修正值本身也包含一定误差，因此，此法不能将全部误差修正掉，总要残留少量系统误差，这种残留的系统误差是不确定度的一个来源。

（3）不变系统误差消除法。

对测量结果中存在不变的系统误差，常用以下几种消除方法。

①替代测量法。替代测量法是将选定的且已知其值的量（标准量）替代被测的量，使两者在指示装置上效应相同的测量方法。此时被测量即等于标准量。该法也称"完全替代法"，要求已知量是可调的标准量。此时，被测量的量值就等于标准量的量值，从测量原理上消除了比较设备的恒定系统误差。

②不完全替代法。不完全替代法是将量值已知且与被测量的量值相近的量替代被测量，两者的差值由测量装置上显示出来的测量方法。该法也称"差值替代法"，已知量可以是不可调的标准量。

③抵消法。这种方法要求进行两次测量，以便使两次读数出现的系统误差大小相等、符号相反，取两次测量值的平均值作为测量结果。

④微差测量法。将被测量与标准量比较，测出其差值。如将被检标准电池与标准电池对接，用低电势电位差计测出其差值，便可消除直接测定其电动势时测量仪器本身的系统误差。微差法在长度精密测量时也经常用到。

⑤换位抵消法。换位抵消法是根据误差的产生原因，将某些条件交换，以消除系统误差。如在测温电桥中用换位抵消法消除不等臂影响。又如，用换位抵消法消除天平不等臂引起的误差。

⑥半周期法。对周期性误差，可以相隔半周进行一次测量，两次测量平均值可有效地消除周期性系统误差。

五、测量结果中的异常值

测量结果中的异常值与其他数值差异较大，是对测量结果的明显歪曲，其数值明显偏离它所属样本的其余观测值，一旦发现异常值，应将其从测量结果中剔除。

（一）异常值产生的原因

产生异常值的原因是多方面的，大致归纳为：

（1）测量人员的主观原因：由于测量者工作责任感不强，工作过于疲劳或者缺乏经验操作不当，或在测量时不小心、不耐心、不仔细等，从而造成错误的读数或错误的记录，这是产生异常值的主要原因。

（2）客观外界条件的原因：由于测量条件意外地改变，如机械冲击、外界振动等，引起仪器示值或被测对象位置的改变而产生异常值。

（二）防止产生异常值的方法

对异常值除了设法从测量数据结果中发现和鉴别而加以剔除外，更重要的是加强测量者的工作责任心和以严格科学的态度对待测量工作。此外，还要保证测量条件的稳定，或者应避免外界条件发生激烈变化时进行测量。在某些情况下，可采用复现条件下测量和互相之间进行校核的方法。

（三）异常值的处理规则

1.处理方式

（1）异常值保留在样本中，参加其后的数据分析。

（2）允许剔除异常值，即把异常值从样本中排除。

（3）允许剔除异常值，并追加适宜的观测值计入样本。

（4）在找到实际原因时，修正异常值。

2.处理规则

根据问题的性质，权衡寻找产生异常值原因的花费，正确判断异常值的得益及错误剔除正常观测值的风险，确定实施下述三个规则中的一个。这三个规则是：

（1）对任何异常值，若无充分的技术上、物理上的说明其异常值的理由，则不得剔除或进行修正。

（2）异常值中除有充分的技术上的、物理上的说明其异常值的理由者外，表现统计上高度异常的，也允许剔除或进行修正。

（3）检出的异常值都可被剔除或进行修正。

3.检出水平和剔除水平

当判断异常值时，指定为检出异常值的显著水平 α，简称检出水平。检出水平宜取值是5%，1%（或10%）。

当判断异常值时，指定为判断异常值是否属于高度异常的统计检验的显著性水平，简称为剔除水平，其值小于检出水平。除特殊情况外，剔除水平一般采用1%或更小，而不宜采用大于5%的值。

在规定的剔除水平下检出的异常值是高度异常的异常值，俗称坏值，应予剔除。但剔除坏值时，每次只能剔除一个，倘若有两个相同的数值超限，一次检验也只能剔除其中的一个。若对剩下的数据仍有怀疑，可在去掉前一个数据的条件下，重新计算，并按同样的方法进行判断，以决定剩下的这个值是否应予剔除。

特别应该指出的是：剔除或修正异常值时，必须依据一定的规则，绝不允许把主观上认为"不理想"或"不合理"的数据任意剔除或修正，否则极不严肃，是违背科学原则的。对一个测量结果有剔除或修正情况时，应说明其理由，以备查询。

六、测量误差的合成及微小误差取舍准则

（一）测量误差的合成

在以前的误差理论中按照误差的特点与性质，误差可分为系统误差、随机误差和粗大误差三类。其中系统误差按掌握的程度分为已定系统误差和未定系统误差。对误差的合成方法介绍了已定系统误差的合成、未定系统误差的合成、随机误差的合成以及系统误差与随机误差的合成。进行误差合成的目的是确定总的已定系统误差和一个误差范围。

现在测量误差按出现于测量结果中的规律分为随机误差与系统误差，都是无限多次测量时的理想化概念。由于真值未知，我们可通过约定量值和有限次的测量来求得测量误差的估计值，这一估计值非正即负，合成的方法为各误差分量与其灵敏系数乘积的代数和。这一方法等同于以前的已定系统误差的合成。目前测量误差合成已不再采用方和根合成的方法。测量误差合成应与测量不确定度合成区分开来，不能混淆。测量不确定度的合成若各分量彼此独立，则采用方和根合成的方法，若各分量存在相关，则还应考虑协方差，若各分量完全正相关，则采用代数和的方法。进行测量误差合成的目的是确定最终测量结果的测量误差数值，以便对测量结果进行修正，或者根据对一个测量系统各部分的校准或测量的结果，来确定这一测量系统最终测量结果的误差数值，进而提供是否对最终测量结果进行修正的依据。

在对一个未知量进行测量，目的是获得该未知量的最佳估计值，必要时对其测量不确定度进行评定。最佳估计值的获得可以是将每个输入量已知的误差进行修正，而后求得被测量的最佳估计值；也可以用每个输入量的未修正结果来计算被测量的估计值，根据上述测量误差合成的方法求得被测量估计值的测量误差，再对该估计值进行修正得到被测量的最佳估计值。

例如，一个电能计量装置对某线路输送电能的测量，测量结果的误差包括电能表的误差、电流互感器变比误差和角误差、电压互感器变比误差和角误差以及电压互感器二次回路电压降带来的误差，所有这些误差分量都可以通过校准或测量得到。根据上述误差合成的方法可求得特定负载电流和功率因数条件下的合成误差，根据此误差的数值可决定对其测量结果如何修正或对该计量装置如何改造。这也是我们进行误差合成的意义所在。

（二）微小误差取舍准则

在测量过程中存在各种误差项，误差有大有小，大误差起主导作用，若某项小误差有可能被忽略不计而不影响总误差，可略去的这项小误差称为微小误差。简言之，在各误差

项中，可以忽略不计的某项小误差称为微小误差。将微小误差忽略掉，而认为对测量结果没有影响，这种规定称为微小误差取舍准则。

七、计量器具误差的表示与评定

计量器具又称测量仪器，它是指单独或与一个或多个辅助设备组合，用于进行测量的装置。测量仪器既可以是指示式测量仪器，也可以是实物量具。一台可单独使用的测量仪器是一个测量系统。计量器具能直接或间接测出被测对象量值或用于同一量值的标准物质，包括计量基准器具、计量标准器具和工作计量器具。计量器具是国家法定计量单位和国家计量基准单位量值的物化体现，是进行量值传递、保障全国量值准确可靠的物质技术基础。因此，计量器具必须具有符合规范要求的计量学特性。尤其需要对其进行合格评定。

（一）计量器具的最大允许误差

计量器具的最大允许误差是由给定计量器具的规程或规范所允许的示值误差的极限值。它是生产厂商规定的测量仪器的技术指标，又称允许误差极限或允许误差限。最大允许误差有上限和下限，也就是对称限，因此需要加"±"号表示。计量器具的最大允许误差的表示形式有以下四种。

1.用绝对误差表示

这是比较常见的一种表示形式。例如，标称值为1Ω的标准电阻，说明书指出其最大允许误差为$\pm 0.01\Omega$，则表示电阻的示值误差的上限为+0.01Ω，下限为-0.01Ω，即标准电阻的阻值范围为（$0.99 \sim 1.01$）Ω。

2.用相对误差表示

用相对误差表示的计量器具的最大允许误差是其绝对误差与相应示值之比的百分数。这种表示形式便于在整个测量范围内的技术指标用一个误差限来表示。

例如，测量范围为1A的电流表，其允许误差限为$\pm 1\%$，它表示在测量范围内每个示值的绝对误差限并不相同，如0.5A时，为$\pm 1\% \times 0.5A = \pm 0.005A$，而1A时，为$\pm 1\% \times 1A = \pm 0.01A$。

3.用引用误差表示

用引用误差表示的计量器具的最大允许误差是其绝对误差与特定值之比的百分数。这里的特定值，又称引用值，通常采用仪器测量范围的上限值（俗称满刻度值）或量程。这种表示形式使得仪器在不同示值上的用绝对误差表示的最大允许误差相同。

例如，在表达形式$\pm 1\% \times FS$中，FS为满量程刻度值（full scale）的英文缩写。如果说明书给出了满量程值，那么根据提供的引用误差就可以得到绝对允许误差了。需要注意的是，用引用误差表示最大允许误差，它在测量范围内不同示值的绝对误差限相同，因此，越使用到测量范围的上限，相对误差越小。

4.用组合形式表示

也就是用绝对误差、相对误差、引用误差的组合来表示最大允许误差。

（二）计量器具的示值误差

计量器具的示值误差是指计量器具的示值与相应测量标准提供的量值之差：示值误差=示值－标准值。采用高一级计量标准所提供的量值作为约定真值（标准值），被检仪器的指示值或标称值为示值。

计量器具的示值误差的评定方法有比较法、分部法、组合法等几种。

1.比较法

如三坐标测量机的示值误差，是通过采用双频激光干涉仪对其产生的一定位移进行两次测量，由三坐标测量机的示值减去双频激光干涉仪测量结果的平均值得到的。这个过程就采用了比较法。

2.分部法

如静重式基准测力计是通过对加载荷的各个砝码和吊挂部分质量的测量，分析当地的重力加速度和空气浮力等因素，采用分部法，得出了基准测力计的示值误差。

3.组合法

如标准电阻的组合法检定，量块和砝码等实物量具的组合法检定，正多面棱体和多齿分度台的组合常角法检定等都属于组合法。

（三）计量器具的合格评定

计量器具的合格评定又称符合性评定，就是评定计量器具的示值误差是否在最大允许误差范围内，也就是是否符合其技术指标的要求，凡符合要求者判为合格，不符合要求则判为不合格。评定的方法就是将被检计量器具与相应的计量标准进行技术比较，在检定的量值点上得到被检计量器具的示值误差，再将示值误差与被检仪器的最大允许误差相比较确定被检仪器是否合格。

第二节　测量不确定度的评定与表示

一、测量不确定度的基本概念和分类

（一）测量不确定度的基本概念

测量不确定度的定义为：表征合理赋予被测量之值的分散性、与测量结果相联系的参数。可见，测量不确定度概念的提出是用来描述测量结果的。

误差与不确定度存在联系，但误差与不确定度是两个不同的概念。误差用于修正测量结果，不确定度用于表征被测量之值的分散性；误差为带有正号或负号的量值，不确定度为无符号的参数。不确定度的大小决定了测量结果的使用价值，而误差主要是用于对误差源的分析。以前所说测量结果的误差为多少，实际是说测量结果的不确定度为多少。

测量值的分散性有两种情况：一是指随机性因素影响下，每次测量得到的不是同一个值，而是以一定概率分布分散在某个区间内的许多值；二是若存在一个恒定不变的系统性影响，由于真值的不可知性，认为它以某种概率分布存在于某个区间内。这两种分散性，就通过测量不确定度来表征。

（二）测量不确定度的分类

测量不确定度是一般概念和定性描述，为了定量描述，用标准偏差的估计值即实验标准偏差来表示测量不确定度，因为在概率论中标准偏差是表征随机变量或概率分布分散性的特征参数，这时，称该定量为标准不确定度。在此基础上，还有合成标准不确定度和扩展不确定度。

1.标准不确定度

标准不确定度是指以标准偏差表示的测量不确定度。一般用符号u表示。当该不确定度由许多来源引起，那么对每个不确定度来源评定的标准偏差，都是标准不确定度分量。

2.合成标准不确定度

合成标准不确定度是指当测量结果由若干其他量的值求得时，按其他各量的方差或（和）协方差计算得的标准不确定度。也就是说，当测量结果受多种因素影响时，形成了若干个不确定度分量,测量结果的标准不确定度就需要用各标准不确定度分量合成后所得的合成标准不确定度。

3.扩展不确定度

扩展不确定度是指确定测量结果的区间的量,合理赋予被测量之值分布的大部分可望含于此区间。扩展不确定度由合成标准不确定度的倍数得到,即将合成标准不确定度扩展得到。在一些实际工作中,需要用扩展不确定度表示测量结果的情况如高精度比对、一些与安全生产以及与身体健康有关的测量,要求给出的测量结果区间包含被测量真值的概率较大,即给出一个测量结果的区间,以使被测量的值有更大把握位于其中。

(三)测量不确定性的来源

测量过程中的随机效应及系统效应均会导致测量不确定度,数据处理中的修约也会导致不确定度。导致测量结果产生随机性变化的效应属于随机效应;导致产生系统性变化的效应属于系统效应。最常见的典型系统效应如所用标准器修正值的不确定度,如果是重复性条件下的多次测量,它以保持不变的系统误差来影响测量结果,除非改变了所用的标准器。又如在测量中的调零,如果一次调零以后不再改变地进行重复测量,也将产生系统效应,其值为调零的不确定度。测量仪器的重复性则是典型的随机效应导致的结果。

在不确定度的评定中,系统效应导致的不确定度一般包括测量仪器的最大允许误差(允许误差限)测量仪器的偏移、引用误差限、修正值(校准结果)标准物质的赋值等。

把所有不确定度分量划分为系统效应导致的分量和随机效应导致的分量,往往有利于标准不确定度的评定。

测量结果的不确定度反映了对被测量之值的认识不足,借助于已查明的系统效应对测量结果进行修正后,所得到的只是被测量的估计值,而修正值的不确定度以及随机效应导致的不确定度依然存在。

测量中可能导致不确定度的来源一般有:

(1)被测量定义的不完整。由被测量的定义中对影响被测量的影响量的细节描述不足所导致的测量不确定度分量属于定义的不确定度。定义的不确定度是在任何给定被测量的测量中实际可达到的最小测量不确定度。为什么说被测量定义不完整会导致不确定度的产生?被测量是作为测量对象的特定量。对被测量的描述往往要求对其他的相关量,如时间、地点、温度、气压等作出说明。在测量中,为完整地表述被测量之值,使其具有较严格的单一性,必须把影响被测量之值的量(当然也影响测量结果)加以说明。例如:在给出某物体上某两点间的距离时,必须有温度的规定;在给出地球表面某地的重力加速度,必须有时间的规定。只有对全部影响量之值都明确之后,才能完整地定义被测量。如果某个影响量之值未予确定,那么测量中对这个量存在随机性,这个量的影响导致测量结果出现某种程度的分散（一个不确定度的分量）。但是，实际工作中，对被测量的定义我们也往往有意地忽略那些影响不大的内容，不去评定这些影响甚小的不确定度分量，如大气压力对量块中心长度造成的影响。

（2）被测量定义的复现不理想。任何一种方法都有其不确定度，即所谓方法不确定度，不理想的方法导致较大的不确定度。

例如：在量块的比较测量中，要求测量量块测量面中心点的长度。但在实际测量中，测量点的位置一般是用肉眼确定的。由于量块测量面的平面度偏差和两测量面之间的平行度偏差，测量点对中心点的偏离会引入测量不确定度分量。

（3）取样的代表性不够，即被测样本可能不完全代表所定义的被测量。

例如：测量某种材料的密度，但由于材料的不均匀性，采用不同的样品可能得到不同的测量结果。由于所选择材料的样品不能完全代表定义的被测量，从而引入测量不确定度。也就是说，在测量不确定度的评定中，应考虑由于不同样品之间的差别所引入的不确定度分量。

（4）对测量受环境条件的影响认识不足或对环境的测量不完善。

例如：在钢板宽度测量中，钢板温度测量的不确定度以及用以对钢板宽度进行温度修正的线膨胀系数数值的不确定度也是测量不确定度的来源。

（5）对模拟式仪器的人员读数偏移。在较好的情况下，模拟式仪器的示值可以估读到最小分度值的十分之一，在条件较差时，可能只能估读到最小分度值的二分之一或更低。由于观测者的读数习惯和位置的不同，也会引入与观测者有关的不确定度分量。

（6）测量仪器的计量性能（如最大允许误差、灵敏度、鉴别力、分辨力、死区及稳定性等）的局限性，即导致仪器的不确定度。

（7）测量标准或标准物质提供的标准值的不准确。

例如：通常的测量是将被测量与测量标准或标准物质所提供的标准量值进行比较而实现的，因此测量标准或标准物质所提供标准量值的不确定度将直接影响测量结果。

（8）引用的常数或其他参数值的不准确。

物理常数、原子量以及某些材料的特性参数，例如密度、线膨胀系数等均可由各种手册得到，这些数值的不确定度同样是不确定度的来源之一。

（9）测量方法和测量程序中的近似和假设。例如：用于计算测量结果的计算公式的近似程度等所引入的不确定度。

（10）在相同条件下被测量重复观测值的变化。

由于各种随机效应的影响，无论在实验中如何准确地控制实验条件，所得到的测量结果总会存在一定的分散性，即重复性条件下的各个测量结果不可能完全相同。这种分散性一部分是由测量仪器造成的，另一部分就是由被测量在重复观测中的变化造成的，除非测量仪器的分辨力太低，这几乎是所有测量不确定度评定中都会存在的一种不确定度来源。

对于那些尚未认识到的系统效应，显然是不可能在不确定度评定中予以考虑的，但它可能导致测量结果的误差。不确定度的来源必须根据实际测量情况进行具体分析。

分析不确定度来源时，除了定义的不确定度外，可从测量仪器、测量环境、测量人员、测量方法等方面全面考虑，特别要注意对测量结果影响较大的不确定度来源，应尽量做到不遗漏、不重复。使评定得到的不确定度不致过小或过大。一般，测量重复性导致的不确定度中包含测量时各种随机影响的贡献，如果其中包括由于分辨力不足引起的测得值的变化，这种情况下只要评定测量重复性导致的不确定度，就不必再重复评定分辨力导致的不确定度。但是特殊情况下，由于分辨力太差，以致无法获得测量重复性时，就需要评定分辨力导致的不确定度。例如，用显示为七位半的多功能标准源去校准三位半的数字电压表时，多次测量的测得值不变，此时就应评定被校数字电压表分辨力导致的不确定度。

二、测量不确定度的评定

（一）标准不确定度的评定

1.标准不确定度的A类评定

所谓A类评定是用统计分析法评定。对被测量X在同一条件下进行n次独立重复测量，观测值为x_i（$i=1，2，\cdots，n$），得到算术平均值X及实验标准偏差s（x）。X为被测量的最佳估计值，用来表示测量结果。算术平均值的实验标准偏差就是测量结果的A类标准不确定度u（x），用公式表达如下：

$$u_A(x) = s(\bar{X}) = \frac{s(x)}{\sqrt{n}} \qquad (2-1)$$

2.标准不确定度的B类评定

B类评定不用统计分析法，而是基于其他方法估计概率分布或分布假设来评定标准差并得到标准不确定度。B类评定在不确定度评定中占有重要地位。

采用B类评定法，需先根据实际情况分析，判断被测量的可能值区间（$-a，a$）；然后根据经验将被测量值的概率分布假设为正态分布或其他分布，根据概率分布和要求的置信水平p估计置信因子k；最后获得B类标准不确定度u_B为：

$$u_B = \frac{a}{k} \qquad (2-2)$$

式中：a——被测量可能值区间的半宽度。

（二）合成标准不确定度的计算

合成标准不确定度是由各标准不确定度分量（通过A类评定或者B类评定获得）合成得到的。测量结果的合成标准不确定度的符号为$u_c(y)$。为求得$u_c(y)$，必须分析各种因素与测量结果之间的关系，以准确评价各不确定度的分量，然后才能合成标准不确定度。

在间接测量中，如被测量Y的估计值y是由几个其他量的测得值x_1，x_2，$\cdots$，x_n的函数求得，即$y=f(x_1,x_2,\cdots,x_n)$。各直接测得值x_i的标准不确定度为$u(x_i)$，则由x_i引起y的标准不确定度分量为$u_i(y)=\left|\dfrac{\partial f}{\partial x_i}\right|(x_i)$。当各分量相互独立$[r(x_i,x_j)=0]$时，其标准不确定度$u_c(y)$为：

$$u_c(y)=\sqrt{\sum_{i=1}^{N}[u_i(y)]^2}=\sqrt{\sum_{i=1}^{N}(\frac{\partial f}{\partial x_i})^2u^2(x_i)} \qquad （2-3）$$

输入量间的相关性极大地影响了合成标准不确定度计算公式的繁简程度。当两个量之间可以明显判定不相关，或判定相关的信息不足，或其中任意一个量可作为常数处理时，可认为两个量互不相关。实际上，当确定两个量间相关系数不为零，即存在相关性时，也可以采用适当的方法去除两者之间的相关性，如将引起相关的量作为独立的附加输入量进入数学模型。

（三）扩展不确定度的获得

扩展不确定度U由合成标准不确定度u_c乘以包含因子k得到，有公式：

$$U=ku_c \qquad （2-4）$$

包含因子k的值是由$U=ku_c$所确定的区间$y\pm U$需具有的置信水平来选取的。k一般取2或3。当取其他值时，应说明其来源。大多数情况下取$k=2$。当给出扩展不确定度U时，应指出包含因子k。

当明确了包含概率p时的扩展不确定度应在符号上面加上下标p，即表达符号为U_p。同样，包含因子写为k_p。

当被测量的不确定度分量很多，且每个分量对不确定度的影响都不大时，其合成分布接近正态分布，此时若以算术平均值作为测量结果y，则通常可假设概率分布为t分布，可以取k_p值为t值，即：

$$k_p=t_p(v_{eff}) \qquad （2-5）$$

式中：v_{eff}——合成标准不确定度$u_c(y)$的有效自由度。

第三节　测量结果的处理和报告

一、有效位数及数字修约规则

（一）有效数字

用一个近似值表示一个量的数值时，通常规定近似值修约误差限的绝对值不超过末位的单位量值的一半，则该数值从左边第一个不是零的数字起到最末一位数的全部数字就称为有效数字，有几位数字就有几位有效数字。例如3.1415有效位数是5位，其修约误差限为±0.00005。

根据保留数位的要求，每一个量的数值表达需要将末位以后多余位数的数字按照一定规则取舍，这就是数据修约。为准确表达测量结果及其测量不确定度，就需要进行数据修约。

测量结果（被测量的最佳估计值）的不确定度，包括合成不确定度或扩展不确定度，都只能是1~2位有效数字，最多不超过2位。而在不确定度计算过程当中应多保留几位数字，以避免中间过程的修约误差影响最后的不确定度值。最后的不确定度有效位数究竟取1位还是2位，取决于修约误差限的绝对值占测量不确定度的比例大小。当不确定度第1位有效数字是1或2时，建议保留2位有效数字。此外，对测量要求较高时也应保留2位有效数字，对测量要求较低时，可保留1位有效数字。

（二）数字修约规则

测量结果（被测量的最佳估计值）的末位一般应修约到与其测量不确定度的末位对齐。即同样单位情况下，如果有小数点，则小数点后的位数一样；如果是整数，则末位一致。

通用的修约规则可简述为四舍六入、逢五取偶，具体表述为以下几点。

（1）入：若舍去部分的数值大于0.5，则末位加1。

（2）舍：若舍去部分的数值小于0.5，则末位不变。

（3）凑偶：若舍去部分的数值恰好等于0.5，则将末位凑成偶数（已经是偶数时，则将0.5舍去）。

需要注意的是，数字修约过程应一次实现，不可连续修约。另外，为了保险起见，也可将不确定度的末位后的数字全都进位而不是舍去。

二、测量结果的表示和报告

（一）完整的测量结果的报告内容

完整的测量结果应包含被测量的最佳估计值及估计值的测量不确定度。

被测量的最佳估计值通常是多次测量的算术平均值或由函数式计算得到的输出量的估计值。测量不确定度说明了该测量结果的分散性或测量结果所在的具有一定概率的统计包含区间。在报告测量结果的测量不确定度时，应详细说明该测量不确定度，如原始数据，描述被测量估计值及其不确定度的方法，列出所有不确定度分量、自由度及相关系数并说明它们是如何获得的等，以便能充分发挥其传播性的特点。

（二）用合成标准不确定度报告测量结果

在基础计量学研究、基本物理常量测量、复现国际单位制单位的国际比对中，常用合成标准不确定度报告测量结果。它表示测量结果的分散性大小，便于测量结果间的比较。

当测量不确定度用合成标准不确定度表示时，应给出被测量的估计值、合成标准不确定度，必要时还要给出合成标准不确定度的有效自由度。

测量结果及其合成标准不确定度的报告有一定的形式。

（三）用扩展不确定度报告测量结果

除了使用合成标准不确定的场合外，通常测量结果的不确定度都用扩展不确定度表示。它可以表明测量结果所在的一个区间，以及用概率表示在此区间内的可信程度，可给人们直观的提示。此外还可用相对扩展不确定度表示。

当测量不确定度用扩展不确定度表示时，应给出被测量Y的估计值y、扩展不确定度U（y）或U_p（y）。U（y）要给出包含因子k值；U_p（y）要在下标中给出置信水平p。必要时要给出获得扩展不确定度所需要的合成标准不确定度的有效自由度v_{eff}，以便由p和v_{eff}查表得到t值，即k_p值。

测量结果及其扩展不确定度的报告主要有U（y）和U_p（y）两种。此外还可用相对扩展不确定度表示。

1.采用$U=ku_c$的报告

例如，标准砝码的质量为m_s，测量结果为100.02147g，合成标准不确定度u_c（m_s）为

0.35mg，取包含因子k=2。则计算扩展不确定度为$U=ku_c(y)$=2×0.35mg=0.70mg。

则报告形式可为：

（1）m_s=100.02147g；U=0.70mg，k=2。

（2）m_s=（100.02147±0.00070）g；k=2。

2.采用$U_p=k_p u_c(y)$的报告

例如，标准砝码的质量为m_s，测量结果为100.02147g，合成标准不确定度$u_c(m_s)$为0.35mg，v_{eff}=9，按p=95%，查t分布值表得$k_p=t_{95}(9)$=2.26。则计算扩展不确定度为$U_{95}=k_p u_c(y)$=2.26×0.35mg=0.79mg。

则报告形式可为：

（1）m_s=100.02147g；U_{95}=0.79mg，v_{eff}=9。

（2）m_s=（100.02147±0.00079）g，v_{eff}=9。这是推荐的表达方式。

（3）m_s=100.02147（79）g，v_{eff}=9。

（4）m_s=100.02147（0.00079）g，v_{eff}=9。

3.采用相对扩展不确定度$U_{rel}=U/y$的报告

具体的报告形式有：

（1）m_s=100.02147g；U_{rel}=0.70×10^{-6}，k=2。

（2）m_s=100.02147g；U_{rel}=0.79×10^{-6}。

（3）m_s=100.02147（1±0.79×10^{-6}）g；p=95%，v_{eff}=9。括号内第二项为相对扩展不确定度U_{rel}。

第三章 计量标准的建立、考核及使用

第一节 计量基准与计量标准

一、计量基准

计量基准是计量基准器具的简称，是在特定计量领域内复现和保存计量单位（或其倍数单位）并具有最高计量特性的计量器具，是统一全国量值的最高依据。对每项测量参数而言，全国只能有一个计量基准，其地位由国家以法律形式予以确定。

建立计量基准器具的原则是根据国民经济发展和科学技术进步的需要，由国家质检总局负责统一规划，组织建立。它属于基础性、通用性的计量基准，建立在国家质检总局设置或授权的计量技术机构；专业性强、仅为个别行业所需要，或工作条件要求特殊的计量基准，可以建立在有关部门或者单位所属的计量技术机构。

（一）计量基准的分类

1.国际计量基准

国际计量基准也称国际测量标准，是由国际协议签约方承认、旨在全世界使用的测量标准。国际计量基准是具有当代科学技术所能达到的最高计量特性的计量基准，成为给定量的所有其他计量器具在国际上定值的最高依据。

根据国际协议，由国际米制公约组织下设的国际计量委员会和国际计量局两个机构负责研究、建立、组织和监督国际计量基准（标准）。各国根据国际计量大会和国际计量委员会的决议，按照单位量值一致的原则，在本国内调整并保存各量值的国际基准，它们必须经国际协议承认，并在国际范围内具有最高计量学特性，它是世界各国计量单位量值定值的最初依据，也是溯源的最终点。

2.国家计量基准和副基准

国家计量基准是经国家决定承认的最高测量标准，在一个国家内作为对有关量的其他测量标准定值的依据。国家计量基准标志着一个国家科学计量的最高水平，能以国内最高的准确度复现和保存给定的计量单位。在给定的计量领域中，所有计量器具进行的一切测量均可溯源到国家基准上，从而保证这些测量结果准确可靠和具有实际的可比性。我国的国家基准是经国务院计量行政部门批准，作为统一全国量值最高依据的计量器具。

副基准是由国家基准直接校准或比对来定值的计量标准，它作为复现测量单位的地位仅次于国家基准。一旦国家基准损坏时，副基准可用来代替国家基准。根据实际工作情况，可设副基准，也可以不设副基准。国家基准和副基准绝大多数设置在国家计量研究机构中。

3.工作计量基准

工作基准是指经与国家计量基准或副基准比对，并经国家鉴定，实际用以检定计量标准的计量器具。设置工作基准的目的，是不使国家基准和副基准由于频繁使用而降低其计量特性或遭受损坏。工作基准一般设置在国家计量研究机构中，也可根据实际情况设置在工业发达的省级或部门的计量技术机构中。

（二）计量基准的特点

计量基准具有如下特点。

（1）科学性：计量基准都是运用最新科学技术研制出来的，所以具有当代本国的最高准确度。

（2）唯一性：对每一个测量参数来说，全国只能有一个。

（3）国家性：因为计量基准是统一全国量值的最高依据，故计量基准的准确度必须经过国家鉴定合格并确定其准确度。

（4）稳定性：计量基准都具有良好的复现性，性能稳定，计量特性长期不变。

二、计量标准

计量标准器具简称计量标准，是指准确度低于计量基准、用于检定其他计量标准或工作计量器具的计量器具。所有计量标准器具都可检定或校准工作计量器具。

（一）计量标准的分级和分类

1.计量标准的分级

按照我国计量法律法规的规定，计量标准可以分为最高等级计量标准和其他等级计量标准。最高等级计量标准又有三类：最高社会公用计量标准、部门最高计量标准和企事业单位最高计量标准。其他等级计量标准也有三类：其他等级社会公用计量标准、部门次级计量标准和企事业单位其他等级计量标准。

在给定地区或在给定组织内，其他等级计量标准的准确度等级要比同类的最高计量标准低，其他等级计量标准的量值一般可以溯源到相应的最高计量标准。例如，一个计量技术机构建立了二等量块标准装置为最高计量标准，该单位建立的相同测量范围的三等量块标准装置、四等量块标准装置就称为其他等级计量标准。

对于一个计量技术机构而言，如果一项计量标准的计量标准器需要外送到其他计量技术机构溯源，而不能由本机构溯源，一般将该项计量标准认为是最高计量标准。

我国对最高计量标准和其他等级计量标准的管理方式不同。最高社会公用计量标准应当由上一级计量行政部门考核，其他等级社会公用计量标准则由本级计量行政部门考核，部门最高计量标准和企事业单位最高计量标准应当由有关计量行政部门考核，而部门和企事业单位的其他等级计量标准则不计量行政部门考核。

2.计量标准的分类

计量标准可按照不同的指标进行分类。

（1）按精度等级分：①在某特定领域内具有最高计量学特性的基准；②通过与基准比较来定值的副基准；③具有不同精度的各等级标准。高等级的计量标准器具可检定或校准低等级的计量标准。

（2）按组成结构分：①单个标准器；②由一组相同的标准器组成的、通过联合使用而起标准器作用的集合标准器；③由一组具有不同特定值的标准器组成的、通过单个或组合提供给定范围内的一系列量值的标准器组。

（3）按适用范围分：①经国际协议承认、在国际上用以对有关量的其他标准器定值的国际标准器；②经国家官方决定承认，在国内用以对有关量的其他标准器定值的国家标准器；③具有在给定地点所能得到的最高计量学特性的参考标准器。

（4）按工作性质分：①日常用以校准或检定测量器具的工作标准器；②用作中介物以比较计量标准或测量器具的传递标准器；③具有特殊结构、可供运输的搬运式标准器。

（5）按工作原理分：①由物质成分、尺寸等来确定其量值的实物标准；②由物理规律确定其量值的自然标准。

需要说明的是，上述几种分类方式不是排他性的。例如，一个计量标准可以同时是国家标准器和自然标准。

（二）计量标准的计量特性

1.计量标准的测量范围

测量范围用计量标准所复现的量值或测量范围来表示。对于可以测量多种参数的计量标准，应分别给出每种参数的测量范围。计量标准的测量范围应满足开展检定或校准的需要。

2.计量标准的不确定度、准确度等级或最大允许误差

应当根据计量标准的具体情况，按标准所属专业规定或约定俗成用不确定度、准确度等级或最大允许误差进行表述。对于可以测量多种参数的计量标准，应当分别给出每种参数的不确定度、准确度等级或最大允许误差。计量标准的不确定度、准确度等级或最大允许误差应当满足开展检定或校准的需要。

3.计量标准的重复性

计量标准的重复性通常用测量结果的分散性来定量表示。计量标准的重复性通常是检定或校准结果的一个不确定度来源。新建计量标准应当进行重复性试验，并提供试验的数据；已建计量标准至少每年进行一次重复性试验，测得的重复性应满足检定规程或技术规范对测量不确定度的要求。

4.计量标准的稳定性

新建计量标准一般应经过半年以上的稳定性考核，证明其所复现的量值稳定可靠后，才能申请计量标准考核；已建计量标准应当保存历年的稳定性考核记录，以证明其计量特性的持续稳定。若计量标准在使用过程中采用标称值或示值，则计量标准的稳定性应当小于计量标准最大允许误差的绝对值；若计量标准需要加修正值使用，则计量标准的稳定性应当小于修正值的扩展不确定度。

5.计量标准的其他计量特性

计量标准的其他计量特性，如灵敏度、鉴别力、分辨力、漂移、滞后、响应特性、动态特性等也应当满足相应计量检定规程或技术规范的要求。

三、标准物质

标准物质是具有足够均匀和稳定的特定特性的物质，其特性被证实适用于测量中或标称特性检查中的预期用途。有证标准物质则是附有由权威机构发布的文件，提供使用有效程序获得的具有不确定度和溯源性的一个或多个特性量值的标准物质。

标准物质用以校准测量装置、评价测量方法或给材料赋值，可以是纯的或混合的气体、液体或固体。标准物质在国际上又称为参考物质。

标准物质已成为量值传递的一种重要手段，是统一全国量值的法定依据。它可以作为计量标准来检定、校准或校对仪器设备，作为比对标准来考核仪器设备、测量方法和操作是否正确，测定物质或材料的组成和性质，考核各实验室之间测量结果的准确度和一致性，鉴定所试制的仪器设备或评价新的测量方法，以及用于仲裁检定等。

（一）标准物质的分级和分类

1.标准物质的分级

标准物质特性量值的准确度是划分其级别的主要依据。此外，均匀性、稳定性和用途等对不同级别的标准物质也有不同的要求。从量值传递和经济观点出发，常把标准物质分为两个级别，即一级（国家级）标准物质和二级（部门级）标准物质。

一级标准物质采用定义法或其他准确、可靠的方法对其特性量值进行计量，其不确定度达到国内最高水平，主要用来标定比它低一级的标准物质、检定高准确度的计量仪器、评定和研究标准方法或在高准确度要求的关键场合下应用。

二级标准物质采用准确、可靠的方法或直接与一级标准物质相比较的方法对其特性量值进行计量，其不确定度能够满足日常计量工作的需要，主要作为工作标准使用，作为现场方法的研究和评价。

2.标准物质的分类

标准物质的种类繁多，按照技术特性，可将标准物质分为以下三类。

（1）化学成分标准物质这类标准物质具有确定的化学成分，并用科学的技术手段对其化学成分进行准确的计量，用于成分分析仪器的校准和分析方法的评价，如金属、地质、环境等化学成分标准物质。

（2）物理化学特性标准物质这类标准物质具有某种良好的物理化学特性，并经过准确计量，用于物理化学特性计量器具的刻度、校准和计量方法的评价，如pH值、燃烧热、聚合物分子量标准物质等。

（3）工程技术特性标准物质这类标准物质具有某种良好的技术特性，并经准确计量，用于工程技术参数和特性计量器具的校准、计量方法的评价及材料或产品技术参数的比较计量，如粒度标准物质、标准橡胶、标准光敏褪色纸等。

（二）标准物质的特点

1.稳定性

稳定性是指标准物质在规定的时间和环境条件下，其特性量值保持在规定范围内的能力。影响稳定性的因素有：光、温度、湿度等物理（环境）因素；溶解、分解、化合等化学因素和细菌作用等生物因素。稳定性表现在：固体物质不风化、不分解、不氧化；液体物质不产生沉淀、不发霉；气体和液体物质对容器内壁不腐蚀、不吸附等。

2.均匀性

均匀性是指物质的一种或几种特性在物质各部分之间具有相同的量值。大多数情况下，标准物质证书中所给出的标准值是对一批标准物质的定值资料，而使用者在使用标准物质时，每次只是取用其中一小部分，所取用的那一小部分标准物质所具有的特性量值应与证书所给的标准值一致，所以要求标准物质必须是非常均匀的物质或材料。

3.准确性

准确性是指标准物质具有准确计量的或严格定义的标准值（亦称保证值或鉴定值）。当用计量方法确定标准值时，标准值是被鉴定特性量真值的最佳估计，标准值与真值的偏离不超过测量不确定度。在某些情况下，标准值不能用计量方法求得，而用商定一致的规定来指定。这种指定的标准值是一个约定真值。通常在标准物质证书中都同时给出标准值及其测量不确定度。当标准值是约定真值时，还给出使用该标准物质作为"校准物"时的计量方法规范。

（三）标准物质的申请与审批

1.申请

凡研制、生产的标准物质能具备标准物质的定级条件，并能批量生产，满足使用需要的单位，均可向国务院计量行政部门委托的全国标准物质管理委员会提出申请。填报申请书，并提交标准物质样品三份和下列有关材料。

（1）制备设施、技术人员状况和分析仪器设备及实验室条件和实验室的溯源能力等质量保证体现情况。

（2）研制计划任务书。

（3）研制报告，包括制备方法、制备工艺、稳定性考察、均匀性检验、定值的测量方法、测量结果及数据处理。

（4）国内外同种标准物质主要特性的对照比较情况。

（5）试用情况报告。

（6）保障统一量值需要的供应能力和措施。

2.认定

标准物质认定是通过溯源至准确复现表示特性量值单位的过程，以确定某材料或物质的一种或多种特性量值，并发放证书的程序。

接受申请的政府计量行政部门或有关主管部门，应指定或授权有关技术机构对申报的标准物质样品及有关材料进行初审，同时对样品进行核验和组织专家审议。

3.审批

一级标准物质由国务院计量行政部门审批；二级标准物质由国务院有关部门或省级人民政府计量行政部门审批，并向国务院计量行政部门备案。

经正式批准的标准物质应颁发标准物质定级证书和《制造计量器具许可证》，统一编号，列入标准物质目录并向全国公布。

《标准物质定级证书》是介绍标准物质的技术文件，是研制或生产标准物质单位向用户提出的保证书。主要内容研制或生产标准物质单位向用户提出的保证书。主要内容是标准物质的标准值及其精确度，以及叙述标准物质的制备程序、均匀性，稳定性、特殊量值及其测量方法、标准物质的正确使用方法和储存方法等，使用户对其有一个大概的了解。

凡经审定批准的一级标准物质均应填写《标准物质证书》，随同标准物质的发售提供给用户，证书内容包括封面、内容与说明和参考文献三部分。

（四）标准物质的生产、销售和使用

1.标准物质的生产

标准物质的数据一般采用比对法等多种方法鉴定，往往需要几家或十几家实验室共同比对才能获得。而且在比对和量值传递过程中要逐步消耗掉，有的只能用一次。因此，标准物质要定期制备、经常补充，生产标准物质的企业，事业单位应按《标准物质管理办法》有关规定，先经考核，取得《制造计量器具许可证》。否则，是非法生产。

生产过程中，生产单位必须对所生产的标准物质进行严格检验，保证其计量性能合格。对合格的标准物质应出具合格证和使用国家统一规定的标准物质证书标志。

2.标准物质的销售

标准物质由生产标准物质的单位或由省级以上政府计量部门及国务院各有关部门指定的单位销售，其他任何单位不得销售。

超过规定的有效期或经检验不合格的标准物质，一律不准销售。没有标准物质产品检验证书和合格证的不准销售。

3.标准物质的使用

标准物质被广泛使用在工业生产、商业贸易、环境保护、医疗卫生和科学研究部门，其中工业生产企业是最大的使用单位，用以控制生产过程和产品质量检验。此外，标准物质是商贸仲裁的依据，环境监测数据的溯源基准，临床化验的标准，科学研究的助手，必将在今后的国民经济建设乃至社会生活中发挥更广泛和更大的作用。

标准物质在使用过程中应注意下列事项。

（1）选择"目录"中发布的标准物质特性量值。

（2）在使用标准物质前应仔细、全面地阅读标准物质证书，只有认真地阅读所给出的信息，才能保证正确使用标准物质。

（3）选用的标准物质基体应与测量程序所处理材料的基体一样，或者尽可能接近，同时，注意标准物质的形态，是固体、液体还是气体，是测试片还是粉末，是方的还是圆的。

（4）按标准物质证书中所给的"标准物质的用途"信息，正确使用标准物质。

（5）选用的标准物质稳定性应满足整个实验计划的需要，凡已超过稳定性的标准物质切不可随便使用。

（6）使用者应特别注意证书中所给该标准物品的最小取样量。最小取样量是标准物质均匀性的重要条件，不重视或者忽略了最小取样量，测量结果的准确性和可信度也就谈不上了。

（7）使用者切不可在质量控制计划中把标准物质当作未检验"样品"来使用。

（8）使用者不可以用自己配制的工作标准代替标准物质。

（9）所选用的标准物质数量应满足整个实验计划使用要求，必要时应保留一些储备，供实验室计划实施后必要的使用。

（10）选用标准物质除考虑其不确定度水平，还要考虑到标准物质的供应状况、价格以及化学的和物理的使用性。

第二节 计量标准的建立

一、计量标准的使用条件

使用计量标准必须具备下列条件。

（1）计量标准经计量检定合格；

（2）具有正常工作所需要的环境条件；

（3）具有称职的保存、维护、使用人员；

（4）具有完善的管理制度。

二、建立计量标准的准备工作

（一）建立计量标准的策划

建立计量标准要从实际需求出发,科学决策、讲求效益,减少建立计量标准的盲目性。

1.策划时应当考虑的要素

（1）进行需求分析，对国民经济和科技发展的重要和迫切程度，尤其分析被测量对象的测量范围、测量准确度和需要检定或校准的工作量；

（2）需建立的基础设施与条件，如房屋面积、恒温条件及能源消耗等；

（3）建立计量标准应当购置的计量标准器、配套设备及其技术指标；

（4）是否具有或需要培养使用、维护及操作计量标准的技术人员；

（5）计量标准的考核、使用、维护及量值传递保证条件；

（6）建立计量标准的物质、经济、法律保障等基础条件。

2.策划时应当进行评估

政府计量行政部门组织建立社会公用计量标准前，应当对行政辖区内的计量资源进行调查研究、摸底统计。树立科学的发展观，根据当地国民经济建设发展的需要，统筹规划、合理组织建立社会公用计量标准体系。对社会计量资源进行科学调配，避免重复投资，最大限度地发挥现有的计量资源的作用。强化社会公用计量标准的建设，兼顾部门和企事业单位计量标准的发展，对需要建设的社会公用计量标准统一规划、统一部署，科学立项，认真实施。明确各级各类计量技术机构的发展战略定位与目标，完善量值传递体系，解决项目交叉、重复建设、投入分散、资源浪费的问题。提高法定计量技术机构的技术保障水平，增强对社会开展计量检定和校准的服务能力。

当社会公用计量标准不能覆盖或满足不了部门专业特点的需求时，国务院有关部门和省、自治区、直辖市有关部门可以根据本部门的特殊需要建立部门内部使用的计量标准。

企事业单位建立计量标准不宜追求"全、高、精、尖"，企业建立计量标准是为了获得及时的、低成本的、高效的计量服务，是否建立取决于企业产品质量和工艺流程对计量工作的依赖程度。

3.社会经济效益分析

只有具有良好的社会效益或经济效益的计量标准，才有必要建立。政府计量行政部门建立社会公用计量标准，应当根据本行政区域内统一量值的需要，着重考虑社会效益，同时兼顾经济效益；部门和企事业单位建立计量标准应当根据本部门和本单位的实际情况，重点建立生产、科研等需要的计量标准，主要考虑经济效益。

计量标准的建立、考核、维护、使用、运行和管理等一系列工作离不开经济基础的支撑，是否建立计量标准应以实际需要来确定，同时兼顾及时、方便、实用、经济的原则，需要经济效益分析。经济效益等于检定或校准收益减去检定或校准支出费用。

检定或校准的预计收益按照该计量标准一年开展检定或校准工作的台件数乘以每台件的收费来估计。检定或校准支出全部费用包括计量标准器及配套设备、房屋等固定资产折旧费、量值溯源保证费、低值易耗年消耗费、能源消耗费、人员费用、管理费用等。

核定建立计量标准的收支费用，应当把资金利用率、物价变动因素考虑进去。如果是部门和企事业单位建立计量标准有可能获得计量授权对社会开展计量检定或校准，也可以把增加收入部分估计进去，综合衡量，进行计量标准经济效益分析。

（二）建立计量标准的技术准备

申请新建计量标准的单位，应当按《计量标准考核规范》（JF 1033-2016）的要求进行准备，并按照以下七个方面的要求做好准备工作。

（1）科学合理配置计量标准器及配套设备。

（2）计量标准器及主要配套设备进行有效溯源，并取得有效检定或校准证书。

（3）新建计量标准应当经过半年或至少半年的试运行，在此期间考察计量标准的重复性及稳定性。

（4）申请考核单位应当完成《计量标准考核（复查）申请书》和《计量标准技术报告》的填写。

（5）环境条件及设施应当满足开展检定或校准工作的要求，并按要求对环境条件进行有效检测和控制。

（6）每个项目配备至少两名持证的检定或校准人员。

（7）建立计量标准的文件集。

三、计量标准的命名规则

计量标准的命名应当遵循以下原则。

（一）计量标准命名的基本类型

计量标准命名的基本类型为计量标准装置和计量标准器（或标准器组）。

（二）计量标准装置的命名原则

1.以标准装置中的计量标准器或其反映的参量名称作为命名标识

命名方式：计量标准器或参量名称+标准装置。

（1）用于同一计量标准装置可以检定或校准多种计量器具的场合。

（2）用于计量标准中计量标准器与被检或被校计量器具名称一致的场合。

例如：一项几何量计量标准由计量标准器一等量块和配套设备接触式干涉仪组成，开展二等及以下量块的检定或校准，则该计量标准可以命名为"一等量块标准装置"。

2.以被检或被校计量器具或参量名称作为命名标识

命名方式：被检或被校计量器具或参量名称+检定或校准装置。

（1）用于同一被检或被校计量器具的参量较多，需要多种标准器进行配套检定或校准的场合。

（2）用于计量标准中计量标准器的名称与被检或被校计量器具名称不一致的场合。

（3）用于计量标准装置中，计量标准器等级概念不易划分，而将被检或被校计量器具或参量名称作为命名标志，更能确切反映计量标准特征的场合。

例如：由超声功率计、人体组织超声仿真模块及数字万用表等组成检定医用超声源的计量标准，可以命名为"医用超声源检定装置"。又如被校示波器涉及多个参数，用于校准示波器的一套计量标准可以命名为"示波器校准装置"。

（三）计量标准器（或标准器组）的命名原则

1.以计量标准器（或标准器组）的名称作为命名标志

以计量标准器（或标准器组）的名称作为命名标志时，命名为：计量标准器名称+标准器（或标准器组）。这种命名方式适用于：

（1）同一计量标准，可以检定或校准多种计量器具的场合；

（2）计量标准仅由实物量具构成的场合。

例如由计量标准器（1~500）mgF2等级毫克组砝码组成的计量标准，可以开展电子天平、机械天平、架盘天平等的检定，则该计量标准可以命名为"F2等级毫克组砝码标准器组"。

2.以被检或被校计量器具的名称作为命名标志

以被检或被校计量器具的名称作为命名标志时，命名为：检定或校准+被检或被校计量器具名称+标准器组。这种命名方式适用于：

（1）检定或校准同一计量器具时，需多种标准器进行配套检定或校准的场合；

（2）以被检或被校计量器具的名称为命名标志，更能确切反映计量标准特征的场合。

第三节　计量标准的考核

一、计量标准考核的原则与内容

（一）计量标准考核的原则

1.执行考核规范的原则

计量标准考核工作必须执行《计量标准考核规范》（JJF 1033-2016）。

2.逐项考评的原则

计量标准考核坚持逐项，逐条考评的原则，每一项计量标准必须按照《计量标准考核规范》（JF 1033-2016）规定的六个方面30项内容逐项进行考评。

3.考评员考评的原则

计量标准考核实行考评员考评制度。考评员须经国家质检总局或省级质量技术监督部门考核合格，并取得计量标准考评员证，方能从事考评工作，考评员承担的考评项目应当与其所取得资格的考评项目一致。

（二）计量标准考核的内容

计量标准考核应当考核以下内容。

（1）计量标准器及配套设备齐全，计量标准器必须经法定或者计量授权的计量技术机构检定合格（没有计量检定规程的，应当通过校准、比对等方式，将量值溯源至计量基准或者社会公用计量标准），配套的计量设备经检定合格或者校准；

（2）具备开展量值传递的计量检定规程或者技术规范和完整的技术资料；

（3）具备符合计量检定规程或者技术规范并确保计量标准正常工作所需要的温度、湿度、防尘、防震、防腐蚀、抗干扰等环境条件和工作场地；

（4）具备与所开展量值传递工作相适应的技术人员；

（5）具有完善的运行、维护制度，包括实验室岗位责任制度，计量标准的保存、使用、维护制度，周期检定制度，检定记录及检定证书核验制度，事故报告制度，计量标准技术档案管理制度等；

（6）计量标准的测量重复性和稳定性符合技术要求。

二、计量标准的考核要求

计量标准的考核要求是判断计量标准合格与否的准则。它既是建标单位建立计量标准的要求，也是计量标准的考评内容。计量标准的考核要求包括计量标准器及配套设备、计量标准的主要计量特性，环境条件及设施、人员，文件集以及计量标准测量能力的确认六个方面共30项内容，其中有10项重点考评项目。

（一）计量标准器及配套设备

计量标准器及配套设备是保证实验室正常开展检定或校准工作，并取得准确可靠的测量数据的最重要的装备。

1.计量标准器及配套设备的配置

建标单位应当按照计量检定规程或计量技术规范的要求，科学合理、完整齐全地配置计量标准器及配套设备（包括计算机及软件，下同），并能满足开展检定或校准工作的需要。

2.计量标准器及主要配套设备的计量特性

建标单位配置的计量标准器及主要配套设备，其计量特性应当符合相应计量检定规程或计量技术规范的规定，并能满足开展检定或校准工作的需要。

3.计量标准的溯源性

计量标准的量值应当溯源至计量基准或社会公用计量标准；计量标准器及主要配套设备均应有连续、有效的检定或校准证书。

计量标准应当定期溯源。"定期溯源"的含义是指计量标准器及主要配套设备如果是通过检定溯源，检定周期不得超过计量检定规程规定的周期；如果是通过校准溯源，复校时间间隔应当执行国家计量校准规范规定的建议复校时间间隔；如果国家计量校准规范或者其他技术规范没有明确规定复校时间间隔，当由校准机构给出复校时间间隔，应当按照校准机构给出的复校时间间隔定期校准；当校准机构没有给出复校时间间隔，建标单位应当按照《计量器具检定周期确定原则和方法》（JJF 1139-2005）的要求制定合理的复校时间间隔并定期校准；当不可能采用计量检定或校准方式溯源时，则应当定期参加实验室之间的比对，以确保计量标准量值的可靠性和一致性。

计量标准应当有效溯源。"有效溯源"的含义如下。

（1）有效的溯源机构：计量标准器应当定点定期经法定计量检定机构或县级以上人民政府计量行政部门授权的计量技术机构建立的社会公用计量标准检定合格或校准来保证其溯源性；主要配套设备应当经具有相应测量能力的计量技术机构的检定合格或校准来保

证其溯源性。

（2）检定溯源要求：凡是有计量检定规程的计量标准器及主要配套设备，应当以检定方式溯源，不能以校准方式溯源。在以检定方式溯源时，检定项目必须齐全，检定周期不得超过计量检定规程的规定。

（3）校准溯源要求：没有计量检定规程的计量标准器及主要配套设备，应当依据国家计量校准规范进行校准；如无国家计量校准规范，可以依据有效的校准方法进行校准。校准的项目和主要技术指标应当满足其开展检定或校准工作的需要。

（4）采用比对的规定：只有当不能以检定或校准方式溯源时，才可以采用比对方式，确保计量标准量值的一致性。

（5）计量标准中标准物质的溯源要求：要求使用处于有效期内的有证标准物质。

（6）对溯源到国际计量组织或其他国家具备相应能力的计量标准的规定：当计量基准和社会公用计量标准不能满足计量标准器及主要配套设备量值溯源需要时，建标单位应当按照有关规定向国家质检总局提出申请，经国家质检总局同意后方可溯源到国际计量组织或其他国家具备相应能力的计量标准。

（二）计量标准的主要计量特性

（1）计量标准的测量范围：测量范围应当用计量标准能够测量出的一组量值来表示，对于可以测量多种参数的计量标准，应当分别给出每种参数的测量范围。计量标准的测量范围应当满足开展检定或校准工作的需要。

（2）计量标准的不确定度或准确度等级或最大允许误差：应当根据计量标准的具体情况，按本专业规定或约定俗成用不确定度或准确度等级或最大允许误差进行表述。对于可以测量多种参数的计量标准，应当分别给出每种参数的不确定度或准确度等级或最大允许误差。计量标准的不确定度或准确度等级或最大允许误差应当满足开展检定或校准的需要。

（3）计量标准的稳定性：计量标准的稳定性用计量标准的计量特性在规定时间间隔内发生的变化量表示。新建计量标准一般应当经过半年以上的稳定性考核，证明其所复现的量值稳定可靠后，方可申请计量标准考核；已建计量标准一般每年至少进行一次稳定性考核，并通过历年的稳定性考核记录数据比较，以证明其计量特性的持续稳定。若计量标准在使用中采用标称值或示值，则计量标准的稳定性应当小于计量标准的最大允许误差的绝对值；若计量标准需要加修正值使用，则计量标准的稳定性应当小于修正值的扩展不确定度。当计量检定规程或计量技术规范对计量标准的稳定性有规定时，则可以依据其规定判断稳定性是否合格。

（4）计量标准的其他计量特性，如灵敏度、鉴别阈、分辨力、漂移、死区、响应特性等也应当满足相应计量检定规程或计量技术规范的要求。

（三）环境条件及设施

（1）温度、湿度、洁净度、振动、电磁干扰、辐射、照明、供电等环境条件应当满足计量检定规程或计量技术规范的要求。

（2）建标单位应当根据计量检定规程或计量技术规范的要求和实际工作需要，配置必要的设施，并对检定或校准工作场所内互不相容的区域进行有效隔离，防止相互影响。

（3）建标单位应当根据计量检定规程或计量技术规范的要求和实际工作需要，配置监控设备，对温度、湿度等参数进行监测和记录。

（四）人员

人是最宝贵的资源之一，一个实验室水平的高低，计量标准能否持续正常运行，很大程度上取决于计量技术人员的素质与水平。因此人员对于计量标准是至关重要的。

建标单位应当配备能够履行职责的计量标准负责人，计量标准负责人应当对计量标准的建立、使用、维护、溯源和文件集的更新等负责。

建标单位应当为每项计量标准配备至少两名具有相应能力，并满足有关计量法律法规要求的检定或校准人员。

（五）文件集

1.文件集的管理

计量标准的文件集是关于计量标准的选择、批准、使用和维护等方面文件的集合。为了满足计量标准的选择、使用、保存、考核及管理等需要，应当建立计量标准文件集。文件集是原来计量标准档案的延伸，是国际上对于计量标准文件集合的总称。

每项计量标准应当建立一个文件集，在文件集目录中应当注明各种文件保存的地点和方式。所有文件均应现行有效，并规定合理的保存期限。建标单位应当确保所有文件完整、真实、正确和有效。

文件集应当包含以下18个文件。

（1）计量标准考核证书（如果适用）。

（2）社会公用计量标准证书（如果适用）。

（3）计量标准考核（复查）申请书。

（4）计量标准技术报告。

（5）检定或校准结果的重复性试验记录。

（6）计量标准的稳定性考核记录。

（7）计量标准更换申报表（如果适用）。

（8）计量标准封存（或撤销）申报表（如果适用）。

（9）计量标准履历书。

（10）国家计量检定系统表（如果适用）。

（11）计量检定规程或计量技术规范。

（12）计量标准操作程序。

（13）计量标准器及主要配套设备使用说明书（如果适用）。

（14）计量标准器及主要配套设备的检定或校准证书。

（15）检定或校准人员能力证明。

（16）实验室的相关管理制度。

（17）开展检定或校准工作的原始记录及相应的检定或校准证书副本。

（18）可以证明计量标准具有相应测量能力的其他技术资料（如果适用）。如检定或校准结果的测量不确定度评定报告、计量比对报告、研制或改造计量标准的技术鉴定或验收资料等。

2.五个重要文件的要求

（1）计量检定规程或计量技术规范。

建标单位应当备有开展检定或校准工作所依据的有效计量检定规程或计量技术规范。如果没有国家计量检定规程或国家计量校准规范，可以选用部门、地方计量检定规程。

对于国民经济和社会发展急需的计量标准，如果没有计量检定规程或国家计量校准规范，建标单位可以根据国际、区域、国家、军用或行业标准编制相应的校准方法，经过同行专家审定后，连同所依据的技术规范和实验验证结果，报主持考核的人民政府计量行政部门同意后，方可作为建立计量标准的依据。

（2）计量标准技术报告。

①总体要求。

新建计量标准，撰写《计量标准技术报告》报告内容应当完整、正确；已建计量标准，如果计量标准器及主要配套设备、环境条件及设施、计量检定规程或计量技术规范等发生变化，引起计量标准主要计量特性发生变化时，应当修订《计量标准技术报告》。

建标单位在《计量标准技术报告》中应当准确描述建立计量标准的目的、计量标准的工作原理及其组成、计量标准的稳定性考核、结论及附加说明等内容。

②计量标准器及主要配套设备。

计量标准器及主要配套设备的名称、型号，测量范围、不确定度/准确度等级/最大允许误差、制造厂及出厂编号，检定周期或复校间隔以及检定或校准机构等栏目信息应当填写完整、正确。

③计量标准的主要技术指标及环境条件。

计量标准的测量范围、不确定度/准确度等级/最大允许误差以及计量标准的稳定性等主要技术指标及温度、湿度等环境条件填写完整、正确。对于可以测量多种参数的计量标准，应当给出对应于每种参数的主要技术指标。

④计量标准的量值溯源和传递框图。

根据相应的国家计量检定系统表、计量检定规程或计量技术规范，正确画出所建计量标准溯源到上一级计量器具和传递到下一级计量器具的量值溯源和传递框图。

⑤检定或校准结果的重复性试验。

新建计量标准应当进行重复性试验，并将得到的重复性用于检定或校准结果的测量不确定度评定；已建计量标准，每年至少进行一次重复性试验，测得的重复性应当满足检定或校准结果的测量不确定度的要求。

⑥检定或校准结果的测量不确定度评定。

检定或校准结果的测量不确定度评定的步骤、方法应当正确，评定结果应当合理。必要时，可以形成独立的《检定或校准结果的测量不确定度评定报告》。

⑦检定或校准结果的验证。

检定或校准结果的验证方法应当正确，验证结果应当符合要求。

（3）检定或校准的原始记录。

检定或校准的原始记录格式规范、信息量齐全，填写、更改、签名及保存等符合相应规定；原始数据真实、完整，数据处理正确。

（4）检定或校准证书。

检定或校准证书的格式，签名、印章及副本保存等符合有关规定的要求；检定或校准证书结果正确，内容符合计量检定规程或计量技术规范的要求。

（5）管理制度。

各项管理制度是保持计量标准技术状态稳定和建立正常工作秩序的保证，遵守各项管理制度是做好计量标准管理和开展好检定或校准工作的前提。建标单位应当建立并执行下列管理制度，以保持计量标准的正常运行。

①实验室岗位管理制度。

②计量标准使用维护管理制度。

③量值溯源管理制度。

④环境条件及设施管理制度。

⑤计量检定规程或计量技术规范管理制度。

⑥原始记录及证书管理制度。

⑦事故报告管理制度。

⑧计量标准文件集管理制度。

（六）计量标准测量能力的确认

通过如下两种方式进行计量标准测量能力的确认。

1.通过对技术资料的审查确认计量标准测量能力

通过建标单位提供的计量标准的稳定性考核、检定或校准结果的重复性试验、检定或校准结果的不确定度评定、检定或校准结果的验证以及计量比对等技术资料，综合判断计量标准测量能力是否满足开展检定或校准工作的需要以及计量标准是否处于正常工作状态。

2.通过现场实验确认计量标准测量能力

通过现场实验的结果、检定或校准人员实际操作和回答问题的情况，判断计量标准测量能力是否满足开展检定或校准工作的需要以及计量标准是否处于正常工作状态。

三、计量标准的考核程序和考评方法

（一）计量标准考核的程序

计量标准考核是国家行政许可项目，其行政许可项目的名称为计量标准器具核准。计量标准器具核准行政许可实行分四级许可，即由国家质检总局和省、市（地）及县级质量技术监督部门对各自职责范围内的计量标准实施行政许可。

计量标准考核应当按照以下流程办理。

1.计量标准考核的申请

（1）申请资料。申请考核单位依据《计量标准考核办法》的有关规定向主持考核的质量技术监督部门提出考核申请，并需提交以下六个方面的资料。

①《计量标准考核（复查）申请书》原件和电子版各一份；

②《计量标准技术报告》原件一份；

③计量标准器及主要配套设备有效的检定或校准证书复印件一套；

④开展检定或校准项目的原始记录及相应的模拟检定或校准证书复印件两套；

⑤检定或校准人员资格证明复印件一套；

⑥可以证明计量标准具有相应测量能力的其他技术资料。

需要注意的是，如采用计量检定规程或国家计量校准规范以外的技术规范，应当提供技术规范和相应的文件复印件一套。另外，《计量标准技术报告》相应栏目中应当提供《计量标准重复性试验记录》和《计量标准稳定性考核记录》。

（2）复查资料。申请计量标准复查考核应提交以下十一个方面的资料。

①《计量标准考核（复查）申请书》原件和电子版各一份；

②《计量标准考核证书》原件一份；

③《计量标准技术报告》原件一份；

④《计量标准考核证书》有效期内计量标准器及主要配套设备的连续、有效的检定或校准证书复印件一套；

⑤随机抽取该计量标准近期开展检定或校准工作的原始记录及相应的检定或校准证书复印件两套；

⑥《计量标准考核证书》有效期内连续的《计量标准稳定性考核记录》复印件一套；

⑦《计量标准考核证书》有效期内连续的《计量标准重复性试验记录》复印件一套；

⑧检定或校准人员资格证明复印件一套；

⑨计量标准更换申报表（如果适用）复印件一份；

⑩计量标准封存（或撤销）申报表（如果适用）复印件一份；

⑪可以证明计量标准具有相应测量能力的其他技术资料。

2.计量标准考核的受理

主持考核的质量技术监督部门收到申请考核单位的申请资料后，应当对申请资料进行初审。通过查阅申请资料是否齐全、完整，是否符合考核的基本要求，确定是否受理。

申请资料齐全并符合要求的，受理申请，发送受理决定书。

申请资料不符合要求的：

（1）可以立即更正的，应当允许申请考核单位更正。更正后符合要求的，受理申请，发送受理决定书。

（2）申请资料不齐全或不符合要求的，应当在5个工作日内一次告知申请考核单位需要补正的全部内容，发送补正告知书。经补充符合要求的予以受理；逾期未告知的，视为受理。

（3）申请不属于受理范围的，发送不予受理决定书，并将有关申请资料退回申请考核单位。

3.计量标准考核的组织与实施

主持考核的质量技术监督部门受理考核申请后，应当及时组织考核，并将组织考核的质量技术监督部门、考评单位以及考评计划告知申请考核单位（必要时，征求申请考核单位的意见后确定）。计量标准考核的组织工作应当在10个工作日内完成。

每项计量标准一般由1~2名考评员执行考评任务。

4.计量标准考核的审批

主持考核的质量技术监督部门对考核资料及考评结果进行审核，批准考核合格的计量标准，确认考核不合格的计量标准。审批工作应当在10个工作日内完成。

主持考核的质量技术监督部门应根据审批结果在10个工作日内向考核合格的申请考核单位下达准予行政许可决定书，并颁发《计量标准考核证书》；或者向考核不合格的申请考核单位发送不予行政许可决定，说明其不合格的主要原因，并退回有关申请资料。

《计量标准考核证书》的有效期为4年。

（二）计量标准的考评方法

1.书面审查

考评员通过查阅申请考核单位所提供的申请资料进行书面审查。审查的目的是确认申请资料是否齐全、正确，所建计量标准是否满足法制和技术的要求。如果考评员认为申请考核单位所提供的申请资料存在疑问，应当与申请考核单位进行沟通。

（1）书面审查的内容。

书面审查的内容是《计量标准考评表》中带△号的项目，共20项，其中包括重点考评项目中的6项，即同时带有△号和*号的项目。

（2）书面审查结果的处理。

对新建计量标准书面审查结果有三种处理方式：①基本符合考核要求的，安排现场考评；②存有一些小问题或某些方面不太完善，考评员应当与申请考核单位交流，申请考核单位经过补充、修改、完善，解决了存在问题的，则安排现场考评；③如果发现计量标准存在重大的或难以解决的问题，考评员与申请考核单位交流后，确认计量标准测量能力不符合考核要求，则考评不合格。

对计量标准复查考核书面审查结果有四种处理方式：第一，符合考核要求，则考评合格；第二，基本符合考核要求，存在部分缺陷或不符合项，考评员应当与申请考核单位进行交流，申请考核单位经过补充、修改、完善，符合考核要求的，则考评合格；第三，对计量标准的检定或校准能力有疑问，考评员与申请考核单位交流后仍无法消除疑问；或者已经连续两次采用了书面审查方式进行复查考核的，应当安排现场考评；第四，存在重大或难以解决的问题，考评员与申请考核单位交流后，确认计量标准的检定或校准能力不符合考核要求，则考评不合格。

2.现场考评

现场考评是考评员通过现场观察、资料核查、现场试验和现场提问等方法，对计量标准的测量能力进行确认。现场考评以现场试验和现场提问作为考评重点。现场考评的时间一般为1~2天。

（1）现场考评的内容。

计量标准现场考评的内容为《计量标准考评表》中六个方面共30项。计量标准现场考评时，考评员应当按照《计量标准考评表》的内容逐项进行审查和确认。

（2）现场考评的程序和方法。

①首次会议：考评组组长宣布考评的项目和考评组成员分工，明确考核的依据、现场考评程序和要求，确定考评日程安排和现场试验的内容以及操作人员名单；申请考核单位主管人员介绍本单位概况和计量标准（复查）考核准备工作情况。

②现场观察：考评组成员在申请考核单位有关人员的陪同下对考评项目的相关场所进行现场观察。通过观察，了解计量标准器及配套设备、环境条件及设施等方面的情况，为进入考评做好准备。

③申请资料的核查：考评员应当按照《计量标准考评表》的内容对申请资料的真实性进行现场核查，核查时应当对重点考核项目以及书面审查没有涉及的项目予以重点关注。

④现场试验和现场提问：检定或校准人员用被考核的计量标准对考评员指定的测量对象进行检定或校准。根据实际情况可以选择盲样、被考核单位的核查标准、经检定或校准过的计量器具作为测量对象。现场试验时，考评员应对检定或校准操作程序、过程、采用的检定或校准方法进行考评，并通过对现场试验数据与已知参考数据进行比较，确认计量标准测量能力。

现场提问的内容包括有关本专业基本理论方面的问题、计量检定规程或技术规范中有关的问题、操作技能方面的问题以及考核中发现的问题。

⑤末次会议：末次会议由考评组组长或考评员报告考评情况，与申请考核单位有关人员交换意见，对考评中发现的主要问题予以说明，确认不符合项或缺陷项，提出整改要求和期限，宣布现场考评结论。

四、计量标准考核中有关技术问题

（一）检定或校准结果的重复性

重复性是指在一组重复性测量条件下的测量精密度。重复性测量条件是指相同测量程序、相同操作者、相同测量系统，相同操作条件和相同地点，并在短时间内对同一或相类似被测对象重复测量的一组测量条件；测量精密度是指在规定条件下，对同一或类似被测对象重复测量所得示值或测得值间的一致程度。检定或校准结果的重复性是指在重复性测量条件下，用计量标准对常规被检定或被校准对象（以下简称"被测对象"）重复测量所得示值或测得值间的一致程度。通常用重复性测量条件下所得检定或校准结果的分散性定量地表示。检定或校准结果的重复性通常是检定或校准结果的不确定度来源之一。

对于新建计量标准，检定或校准结果的重复性应当直接作为一个不确定度来源用于检定或校准结果的不确定度评定中。对于已建计量标准，如果测得的重复性不大于新建计量标准时测得的重复性，则重复性符合要求；如果测得的重复性大于新建计量标准时测得的重复性，则应当依据新测得的重复性重新进行检定或校准结果的不确定度的评定，如果评定结果仍满足开展的检定或校准项目的要求，则重复性试验符合要求，并可以将新测得的重复性作为下次重复性试验是否合格的判定依据；如果评定结果不满足开展的检定或校准项目的要求，则重复性试验不符合要求。

（二）计量标准的稳定性

计量标准的稳定性是指计量标准保持其计量特性随时间恒定的能力。因此计量标准的稳定性与所考虑的时间段长短有关。计量标准的稳定性应当包括计量标准器的稳定性和配套设备的稳定性。如果计量标准可以测量多种参数，应当对每种参数分别进行稳定性考核。

在进行计量标准的稳定性考核时，应当优先采用核查标准进行考核；若被考核的计量标准是建标单位的次级计量标准时，也可以选择高等级的计量标准进行考核。若有关计量检定规程或计量技术规范对计量标准的稳定性考核方法有明确规定时，也可以按其规定进行考核；当上述方法都不适用时，方可采用计量标准器的稳定性考核结果进行考核。

1.稳定性的考核方法

（1）采用核查标准进行考核。

①用于日常验证测量仪器或测量系统性能的装置称为核查标准或核查装置。在进行计量标准的稳定性考核时，应当选择量值稳定的被测对象作为核查标准。

②对于新建计量标准，每隔一段时间（大于1个月），用该计量标准对核查标准进行一组n次的重复测量，取其算术平均值为该组的测得值。

③对于已建计量标准，每年至少一次用被考核的计量标准对核查标准进行一组n次的重复测量，取其算术平均值作为测得值。以相邻两年的测得值之差作为该时间段内计量标准的稳定性。

（2）采用高等级的计量标准进行考核。

①对于新建计量标准，每隔一段时间（大于1个月），用高等级的计量标准对新建计量标准进行一组测量。共测量m组（m≥4），取m组测得值中最大值和最小值之差，作为新建计量标准在该时间段内的稳定性。

②对于已建计量标准，每年至少一次用高等级的计量标准对被考核的计量标准进行测量，以相邻2年的测得值之差作为该时间段内计量标准的稳定性。

（3）采用控制图法进行考核。

①控制图（又称休哈特控制图）是对测量过程是否处于统计控制状态的一种图形记录。它能判断测量过程中是否存在异常因素并提供有关信息，以便于查明产生异常的原

因，并采取措施使测量过程重新处于统计控制状态。

②采用控制图法对计量标准的稳定性进行考核时，用被考核的计量标准对一个量值比较稳定的核查标准进行连续的定期观测，并根据定期观测结果计算得到的统计控制量（如平均值、标准偏差、极差）的变化情况，判断计量标准的量值是否处于统计控制状态。

③控制图的方法仅适合于满足下述条件的计量标准。

a.准确度等级较高且重要的计量标准；

b.存在量值稳定的核查标准，要求其同时具有良好的短期稳定性和长期稳定性；

c.比较容易进行多次重复测量。

（4）采用计量检定规程或计量技术规范规定的方法进行考核。

当计量检定规程或计量技术规范对计量标准的稳定性考核方法有明确规定时，可以按其规定进行计量标准的稳定性考核。

（5）采用计量标准器的稳定性考核结果进行考核。

将计量标准器每年溯源的检定或校准数据，制成计量标准器的稳定性考核记录表或曲线图，作为证明计量标准量值稳定的依据。

2.计量标准稳定性的判定方法

若计量标准在使用中采用标称值或示值，则计量标准的稳定性应当小于计量标准的最大允许误差的绝对值；若计量标准需要加修正值使用，则计量标准的稳定性应当小于修正值的扩展不确定度。当计量检定规程或计量技术规范对计量标准的稳定性有规定时，则可以依据其规定判断稳定性是否合格。

（三）在计量标准考核中与不确定度有关的问题

1.测量不确定度的评定方法

测量不确定度的评定方法应当依据《测量不确定度评定与表示》（JJF 1059.1-2012）。对于某些计量标准，如果需要，也可以采用《用蒙特卡洛法评定测量不确定度》（JJF 1059.2-2012）。如果相关国际组织已经制定了该计量标准所涉及领域的测量不确定度评定指南，则测量不确定度评定也可以依据这些指南进行（在这些指南的适用范围内）。

2.检定和校准结果的测量不确定度的评定

（1）在进行检定和校准结果的测量不确定度的评定时，测量对象应当是常规的被测对象，测量条件应当是在满足计量检定规程或计量技术规范前提下至少应当达到的临界条件。在《计量标准技术报告》的"检定或校准结果的不确定度评定"一栏中，既可以给出测量不确定度评定的详细过程，也可以给出测量不确定度评定的简要过程。在给出测量不确定度评定的简要过程时，还应当单独给出描述测量不确定度评定详细过程的《检定或校准结果的不确定度评定报告》。测量不确定度评定的简要过程应当包括对被测量的简要描述，测量模型、不确定度分量的汇总表（包括各分量的尽可能多的信息）、被测量分布的判定和包含因子的确定、合成标准不确定度的计算以及最终给出的扩展不确定度。

（2）如果计量标准可以测量多种被测对象时，应当分别评定不同种类被测对象的测量不确定度。

（3）如果计量标准可以测量多种参数时，应当分别评定每种参数的测量不确定度。

（4）如果测量范围内不同测量点的不确定度不相同时，原则上应当给出每一个测量点的不确定度，也可以用下列两种方式之一来表示。

①如果测量不确定度可以表示为被测量y的函数，则用计算公式表示测量不确定度；

②在整个测量范围内，分段给出其测量不确定度（以每一分段中的最大测量不确定度表示）。

（5）无论采用何种方式来评定检定和校准结果的测量不确定度，均应当具体给出典型值的测量不确定度评定过程。如果对于不同的测量点，其不确定度来源和测量模型相差甚大，则应当分别给出它们的不确定度评定过程。

（四）检定或校准结果的验证

1.验证方法

检定或校准结果的验证一般应通过更高一级的计量标准采用传递比较法进行验证。在无法找到更高一级的计量标准时，也可以通过具有相同准确度等级的建标单位之间的比对来验证检定或校准结果的合理性。

（1）传递比较法。用被考核的计量标准测量一稳定的被测对象，然后将该被测对象用另一更高级的计量标准进行测量。

（2）比对法。如果不可能采用传递比较法时，可采用多个实验室之间的比对。假定各建标单位的计量标准具有相同准确度等级，此时采用各建标单位所得到的测量结果的平均值作为被测量的最佳估计值。

当各建标单位的测量不确定度不同时，原则上应采用加权平均值作为被测量的最佳估计值，其权重与测量不确定度有关。但由于各建标单位在评定测量不确定度时所掌握的尺度不可能完全相同，故仍采用算术平均值作为参考值。

2.验证方法的选用

传递比较法是具有溯源性的，而比对法则并不具有溯源性，因此检定或校准结果的验证原则上应采用传递比较法，只有在不可能采用传递比较法的情况下才允许采用比对法进行检定或校准结果的验证，并且参加比对的建标单位应尽可能多。

（五）计量标准的量值溯源和传递框图

计量标准的量值溯源和传递框图是表示计量标准溯源到上一级计量器具和传递到下一级计量器具的框图，计量标准的量值溯源和传递框图通常依据国家计量检定系统表（计量检定规程或计量技术规范）来画，但是它与国家计量检定系统表不一样，它只要求画出三级，不要求溯源到计量基准，也不一定传递到工作计量器具。

计量标准的量值溯源和传递框图包括三级三要素。三级是指上一级计量器具、本级计量器具和下一级计量器具；三要素是指每级计量器具都有三要素：上一级计量器具三要素为计量基（标）准名称、不确定度或准确度等级或最大允许误差和计量基（标）准拥有单位（保存机构）；本级计量器具三要素为计量标准名称、测量范围和不确定度或准确度等级或最大允许误差；下一级计量器具三要素为计量器具名称、测量范围、不确定度或准确度等级或最大允许误差。三级之间应当注明溯源和传递方法。

第四节　计量标准的使用

一、计量标准的使用要求

计量标准经考核合格，取得《计量标准考核证书》后，建标单位应当按照计量标准的性质、任务及开展量值传递的范围，办理计量标准使用手续。

政府质量技术监督部门组织建立的社会公用计量标准，应当办理《社会公用计量标准证书》后，向社会开展量值传递；部门最高计量标准应当经主管部门批准后，在本部门内部开展非强制检定或校准；企事业单位最高计量标准应当经本单位批准后，在本单位内部开展非强制检定或校准；部门、企事业单位计量标准，需要对社会开展强制检定、非强制检定的，或者需要对部门、企业、事业内部执行强制检定的，应当向有关质量技术监督部门申请计量授权。取得《计量授权证书》后，依据授权项目、范围开展计量检定工作。

此外，建立计量标准的单位应当授权取得计量检定或校准资格的人员负责计量标准的操作和日常检定或校准工作。

二、计量标准的保存和维护

取得《计量标准考核证书》的计量标准，要自觉加强考核后的管理，对计量标准的更换、复查、改造、封存与撤销等，应当按照《计量标准考核规范》（JJF 1033-2016）的要求实施管理。具体来说，应该注意以下几点。

（1）建立计量标准的单位应当指定专门的人员，负责计量标准的保管、修理和维护工作。

（2）为监督计量标准是否处于正常状态，每年至少应当进行一次计量标准测量重复性试验和稳定性考核。当重复性和稳定性不符合要求时，应停止工作，要查找原因，予以排除。

（3）应制订计量标准器及配套设备量值溯源计划，并组织实施，保证计量标准溯源的有效性、连续性。

（4）使用标签或其他标志表明计量标准器及配套设备的检定或校准状态，以及检定或校准的日期和失效的日期。当计量标准器及配套设备检定或校准后产生了一组修正因子时，应确保其所有备份得到及时、正确的更新。当计量标准器及配套设备离开实验室而失去直接或持续控制时，计量标准器及配套设备在使用前应对其功能、检定或校准状态进行核查，满足要求后方可投入使用。

（5）计量标准器及配套设备如果出现过载、处置不当、给出可疑结果、已显示缺陷及超出规定要求等情况时，均应停止使用。恢复功能正常后，必须经重新检定合格或校准后再投入使用。

（6）积极参加由主持考核的质量技术监督部门组织或其认可的实验室之间的比对等测量能力的验证活动。

（7）计量标准的文件集应当实施动态管理，及时更新。

三、计量标准器或主要配套设备的更换

（一）相关手续

在计量标准的有效期内，若需要对计量标准器或主要配套设备进行更换，应当按下述规定履行相关手续。

（1）更换计量标准器或主要配套设备后，如果计量标准的不确定度或准确度等级或最大允许误差发生了变化，应按新建计量标准申请考核。

（2）更换计量标准器或主要配套设备后，如果计量标准的测量范围或开展检定或校准的项目发生变化，应当申请计量标准复查考核。

（3）更换计量标准器或主要配套设备后，如果计量标准的测量范围、准确度等级或最大允许误差以及开展检定或校准的项目均无变更，则应当填写《计量标准更换申报表》一式两份，提供更换后计量标准器或主要配套设备的有效检定或校准证书复印件一份，必要时，还应提供《计量标准重复性试验记录》和《计量标准稳定性考核记录》复印件一份，报主持考核的质量技术监督部门审核批准。申请考核单位和主持考核的质量技术监督部门各保存一份《计量标准更换申报表》。

（4）如果更换的计量标准器或主要配套设备为易耗品（如标准物质等），并且更换后不改变原计量标准的测量范围、准确度等级或最大允许误差，开展的检定或校准项目也无变更的，应当在《计量标准履历书》中予以记载。

（二）更换条件

在计量标准的有效期内，除了计量标准器或主要配套设备以外，还存在其他情况的更换。

（1）如果开展检定或校准所依据的计量检定规程或技术规程发生更换，应当在《计量标准履历书》中予以记载；如果这种更换导致技术要求和方法发生实质性的变化，则应当申请计量标准复查考核，申请复查考核时应当同时提供计量检定规程或技术规范变化的对照表。

（2）如果计量标准的环境条件及设施发生重大变化，例如，固定的计量标准保存地点发生变化、实验室搬迁等，应当向主持考核的质量技术监督部门报告，主持考核的质量技术监督部门根据情况决定采用书面审查或者现场考评的方式进行考核。

（3）更换检定或校准人员，应当在《计量标准履历书》中予以记载。

（4）如果申请考核单位名称发生更换，应当向主持考核的质量技术监督部门报告，并申请换发《计量标准考核证书》。

四、计量标准的封存、撤销、恢复使用

在计量标准有效期内，需要暂时封存或撤销的，申请考核单位应填写《计量标准封存（或撤销）申报表》一式两份，报主管部门审批。主管部门同意封存或撤销的，主管部门应在《计量标准封存（或撤销）申报表》的主管部门意见栏中签署意见，加盖公章后连同《计量标准考核证书》原件一并报主持考核的质量技术监督部门办理手续。封存的计量标准由主持考核的质量技术监督部门在《计量标准考核证书》上加盖"同意封存"印章。同意撤销的计量标准由主持考核的质量技术监督部门收回《计量标准考核证书》。

封存的计量标准需要重新开展检定或校准工作时，如在《计量标准考核证书》的有效期内，申请考核单位应当向主持考核的质量技术监督部门申请计量标准复查考核；如《计

量标准考核证书》超过了有效期，申请考核单位应当按新建计量标准向主持考核的质量技术监督部门申请考核。

五、计量标准的技术监督

计量标准的技术监督主要有如下两种方式。

（1）主持考核的质量技术监督部门组织考评组对有效期内的计量标准进行不定期的监督抽查，以达到实现动态监督的目的。监督抽查的方式、频次、抽查项目、抽查内容等由主持考核的质量技术监督部门确定。抽查合格的，维持其有效期；抽查不合格的，要限期整改，整改后仍达不到要求的，主持考核的质量技术监督部门注销其《计量标准考核证书》并予以通报。

（2）主持考核的质量技术监督部门采用技术手段进行监督。技术手段包括量值比对、盲样试验及测量过程控制等。要求凡是建立了相应项目计量标准的单位，都应当参加由主持考核的质量技术监督部门组织的技术监督活动。技术监督结果不合格的，应当限期整改，并将整改情况报主持考核的质量技术监督部门。对于无正当理由不参加技术监督活动的或整改后仍不合格的，由主持考核的质量技术监督部门注销其《计量标准考核证书》并予以通报。

第四章　计量管理

第一节　计量管理要素

一、计量概述

（一）计量的内涵

1.计量的本质内涵

计量的本质是一种活动，其目的是保证单位统一、量值准确可靠。

人类在生产生活、科学研究、经济贸易等活动中，时刻都离不开计量；现代计量已经成为国民经济的重要技术基础。计量还是质量工作的重要技术基础，国际标准化组织和联合国工发组织强调，计量、标准化、合格评定是现代质量基础的三大支柱。

2.计量与测量的区别

计量与测量密切相关，是两个含义相近的术语。通常情况下，计量不能简单等同于测量；特指情况下，计量与测量才具有相同的含义。计量与测量的主要区别是：

（1）计量：计量活动是有特定目的和要求的测量，其目的是"实现单位统一、量值准确可靠"，其包括法规层面、技术层面、管理层面的一系列要求。

（2）测量：是从技术层面确定某量"量值"的一组操作，其目的在于确定"量值"。广义的测量既包括有特定目的和要求的测量，也包括其他目的和要求的测量（如个人需要的量身高、称体重）；狭义的测量可特指有特定目的和要求的测量，此时的测量与计量具有相同的内涵。

（二）计量工作的特点

1.统一性

统一性是计量工作的基本特性，指在统一计量单位的基础上，无论在何时何地采用何种方法，使用何种计量器具，以及由何人测量，只要符合有关要求，其测量结果就应当具有一致性，测量结果应是可复现和可比较的。统一主要包括在横向和纵向两个方面。横向的统一主要指与国际计量单位的统一，计量量值与世界各国保持一致。目前，我国采用的单位制正是被世界上绝大多数国家所采用的科学、先进的国际计量单位制度，用于复现量值的计量基准、计量标准，通过与国际计量局以及经济发达国家的计量基准、计量标准进行比对，与国际上保持一致。纵向的统一主要是指把全国各领域、各行业、各部门、各单位使用的不同准确度等级的计量器具，通过量值溯源或者量值传递，使其显现的量值都统一到国家计量基准上来。

2.准确性

准确性是计量工作的核心，也是统一性的基础。准确是指测量结果与被测量真值的一致程度。对于任何一个测量过程，由于测量误差的存在，在给出量值的同时必须给出适用的误差范围或者测量不确定度，这种量值的表示要求是计量工作有别于其他测量工作的最大不同之处。不断提高测量的准确性、可靠性是计量学研究的对象，也是一切计量科学研究的目的和归宿。

3.社会性

计量是经济生活、国防建设、科学研究、社会发展的重要技术基础，人们在广泛的社会活动中，每天都在进行着各种不同的测量。可以说，测量已经渗透到人类活动的各个领域。而测量的准确与否，直接影响着测量活动的成效，计量工作是实现测量结果准确的基本保证，没有准确可靠的计量，社会事务就无法进行。计量工作的属性必然包含着浓重的社会性。

4.法制性

由于计量工作具有上述统一性、准确性与社会性等特点，就决定了计量工作必须由国家用法律法规的形式进行规范、监督、管理。为了保证计量单位的统一和量值的准确一致，适应科学技术、制造生产、贸易往来的需要，维护国家和人民的利益，国家制定了有关计量工作的法律、法规、命令、条例、办法等一系列法制性文件，作为各地区、各部门、各行业以及个人共同遵守的计量行为准则。目前，世界上的大多数国家计量监督管理都突现了计量工作的法制性特点，将计量作为国家管理事务的组成部分。计量学作为一门学科，它所具有的法制特点在其他学科中是很少见的。

（三）计量的地位

从社会科学角度来说，计量是权力和公正的象征。计量单位制的统一是国家统一的重要标志，也是国家主权意志行使的表现，"尺子"和"统治者"在英文中是同一个词（ruler）；天平象征着公平公正，是我国质检系统目前徽标的主要组成部分。

从自然科学角度来说，计量是支撑人类生产生活、经济科技发展、社会文明进步的重要技术基础。计量与经济建设、科技发展、国防安全、生产生活息息相关，无论是工农业生产、国内外贸易，还是衣食住行、国防建设、科学研究，处处都是计量在支撑。人类为了生存和发展，必须认识自然、利用自然和改造自然，而自然界的一切现象或物质，是通过一定的"量"来描述和体现的；人类要认识世界和改造世界，就必须对各种"量"进行分析确认，既要区分量的性质，又要确定其量值。

当前，计量已经渗透到了人们工作、学习、生产、生活的方方面面，人类在生产生活、科学研究、经济活动和社会活动中，一刻都离不开计量；人们在不知不觉当中，每天都在应用计量技术、享用计量知识和成果。可以说计量在经济、文化生活中的地位是"度万物，量公平，衡民心"。

（四）计量的作用

（1）计量是保障社会公正、公平、和谐的基础。这正是法制计量的目的所在。

（2）计量是工农业生产的"眼睛"，对产品质量、节能减排全程控制起着"四两拨千斤"的作用。国外经济发达国家，把优质的原材料、先进的工艺装备和现代化的计量检测手段，视为现代化生产的三大支柱。生产工艺流程的全过程监控，离不开计量测试；产品质量、性能的检验判定，离不开计量测试；优质原材料的制取与筛选、先进工艺装备的高效运转，都离不开计量测试。规模化、标准化的先进生产线广泛应用在线计量、在线测控技术，现代计量在提升产品品质、降低能源消耗、充分利用物料、减轻劳动强度、促进自动化水平提高方面，发挥着举足轻重的作用。

（3）计量是科技发展的基石。俄国科学家门捷列夫说过："没有测量，就没有科学。"聂荣臻元帅曾说过："科技要发展，计量须先行。"大量的事实证明，物理学上的许多重要发展，技术创新的诸多成果，先进技术标准的制定，国防尖端技术的突破，都是在计量测试获得大量数据的基础上取得的；开发设计新产品，需要通过计量测试进行评价、验证、确认。

（4）计量是提升管理水平，实现科学发展的重要技术支撑。通过计量（测量）数据的收集、统计、分析、应用，才能做到：科学制定考核指标，加强全方位、多层次的经济核算；查找技术和管理缺陷，采取措施加以改进；掌握能源和物料消耗规律，通过调整运行参数、改善工艺流程，实现均衡高效用能、科学合理用料，最终达到清洁生产、节能增效的目标。

（五）计量的范畴

1.计量研究的内容

计量是一门研究测量、保证测量统一和准确的科学。计量的基本范畴涉及长度、热工、力学、电磁学、无线电、时间频率、光学、电离辐射、声学和化学十大专业领域。计量研究的内容包括：

（1）计量单位与单位制；

（2）研究计量器具（标准物质）和测量方法，建立、维护复现计量单位值的计量基准、计量标准；

（3）组织实施量值传递、量值溯源、量值比对、测量检验等技术工作，确保国家内部以及国际间量值的准确统一；

（4）测量结果的误差分析处理，不确定度评估；改进、完善测量技术和方法，提高测量水平；

（5）计量管理，包括计量行政管理、计量技术管理、计量人员管理等方面的内容。

2.计量的分类

为便于管理和研究，人们习惯把计量分为法制计量、工程计量、科学计量三大类。

（1）法制计量。指由政府或政府授权机构根据法律法规、技术和行政的要求强制管理和实施的计量活动；其目的是采用法律法规强制约束的方式来规定并保证与贸易结算、安全防护、医疗卫生、环境监测、资源控制、社会管理、量值传递等有关的测量工作的公正性和可靠性。如水表、电能表、煤气表、压力表，燃油加油机、出租汽车里程计价表，呼出气体酒精含量探测器、测速仪，绝缘电阻测量仪、接地电阻测量仪，医用激光源、医用超声源、医用辐射源，验光仪、验光镜片组贸易用衡器、计量标准装置等实行强制检定。

（2）工程计量。指各种工业、企业、工程实际中的实用计量活动。如工业生产过程能源消耗、工艺流程的监控，企业产品质量、产品性能的测试，房屋建筑、水电设施、道路交通等基础设施建设质量把关控制等。

（3）科学计量。指基础性、先行性、探索性的计量科学研究活动。如计量单位与单位制的研究，各种计量基准与标准的研究，适应和满足新工艺、新技术发展需要的新的计量检测方法的研究等。

（六）计量的要素

从技术角度来说，计量涉及的要素包括计量单位制、计量人员、计量仪器设备、计量技术、计量检校方法、计量环境条件、被测对象、测量过程控制、测量数据处理等。

从管理角度来说，计量涉及的要素包括计量法律法规、计量检校规程、计量管理制度、计量检测体系、法制计量管理、计量技术考核等。

（七）计量发展的新进程

现代计量已经成为国民经济的重要技术基础；大量的事实证明，物理学上的许多重要发展，都是在精密计量测试的基础上取得的，许多国防尖端技术的突破，也和计量测试分不开。可以毫不夸张地说："质量要振兴，经济要发展，科技要突破，国防要领先，计量须先行。"

在相当长的时间里，计量的对象主要是物理量，随着科技进步和社会发展，逐渐扩展到工程量、化学量、生理量，甚至心理量。在生物工程、医学工程、环保、信息、航天和软件等领域，一些技术创新方面的专业计量测试正在不断增长。例如，在生物工程方面，计量已开始进入微观领域，人们正在对构成蛋白质生产的核糖核酸的15万个标志进行测试和编排，以期研究生命的本质及其生理、生物化学、分子遗传等知识；以DNA（Deoxyribo Nucleic Acid）计算机为代表的生物计算机，将为解决当前硅芯片集成器件的计算机处理能力接近极限的难题提供理想的方案。

历史上三次大的技术革命，每次都充分依靠了计量，并反过来促进了计量技术的发展。蒸汽机的诞生，给工业带来了第一次技术革命，力学计量、热工计量和几何量计量在这一期间有了迅速的发展。以电的产生和应用为基本标志的第二次技术革命，更加推动了电磁计量、无线电计量、温度计量、几何量计量、热辐射计量的进一步发展，同时也把计量从宏观世界带入微观世界。随着量子力学、核物理学的创立和发展，电离辐射计量逐渐形成。核能及化工等技术的开发与应用，推动了第三次技术革命。在这个时期，科学技术和社会生产的发展更加迅速，原子能、化工、半导体、电子计算机、超导、激光、遥感、宇航等新技术的广泛应用，使计量日趋现代化，推动经典计量进入量子计量的新阶段，计量由宏观实物基准逐步向自然（量子）基准过渡。如新的米定义和原子频标的建立，有着相当重要的意义；长度和频率的精密测定，促进了现代科技的发展；光速的测定、原子光谱的超精细结构的探测、航海、航天、遥感、激光等许多科技领域，都是以频率和长度的精密计量为重要基础的。以微电子学和计算机为先导的第四次技术革命，是信息技术和能源技术的革命，许多高科技产业都必须以精密计量测试为基础。

当前，在工程技术领域，动态测量、在线测量技术研究的地位和作用日益显现。通过在线动态测量位移、振动、速度、压力、加速度、应力应变等参数，以及光学、声学、热力学、电磁学等方面的相关参量，可获得大量测量器具、测量方法、环境条件、外界干扰等因素影响测量过程和测量结果的信息，正确分析和处理好在线动态测量数据，就能得到很多反映客观事物规律的关键信息，更有效地对被测量实施测控。

能源计量是"能源数据"的来源和基础，事关我国节能减排工作的成效，事关科学发展、社会和谐。国家节能减排目标任务的逐级分解落实，全社会节能减排工作的实施成效，企业产品生产和技术改造，关键过程、关键工序、关键设备的能耗状况等，必然要靠量化数据来实施控制、考核、管理，"能源计量"正是这些量化数据唯一真实的来源，也只有通过有效的"能源计量"才能确保各类能源数据、污染排放监测数据准确统一、真实可靠、受控可比；"科学发展、保护环境、构建和谐"是节能减排工作的科学内涵，"全面优化存量，合理控制增量"是其出发点和落脚点，节能减排实施过程需要用客观真实的"计量数据"来科学公正地评判存量，科学合理地控制增量，最终实现有理有据地优化或淘汰落后产能，全面科学地鼓励和发展先进产能。

二、计量管理基础知识

（一）计量管理的原则

有人提出，实现计量科学管理应遵循以下六项基本原则。

（1）系统原则。全国及各地区计量管理是一个系统，要有全面观念，统筹规划，从整个系统到每个分系统来权衡利弊。

（2）分工原则（分解综合原则）。首先把计量管理分解成一个个基本要素，根据明确的分工把每项工作规范化，建立责任制，然后进行科学的组织综合。

（3）反馈原则。管理要有效、有活力，关键就在于有灵敏、准确而有力的反馈，决策、执行，反馈、再决策、再执行、再反馈，如此无穷尽地螺旋式上升，使管理不断改进、完善，不断提高水平。

（4）封闭原则。系统内的管理必须封闭，才能形成有效的管理。

（5）能级原则。不同能级的管理岗位，应该表现在不同的权力、物质利益和精神荣誉，要在其位、谋其政、行其权、尽其责、取其值、获其荣。反之，怠其职就惩其误。

（6）经济原则。要以最少的费用获得最好的经济效果。

（二）计量管理的特性

1.统一性

统一性集中地反映在统一计量制度和统量值两个方面，计量单位的统一是量值统一的重要前提，也是从事计量管理所追求的最基本目标。

2.准确性

它表征的是测得值与被测量的接近程度。这是计量管理的命脉，也是实现统一的量的根本依据。一切计量管理研究的最终目的都是寻求预期的某种准确度。

3.法制性

就是将实现计量管理和发展计量技术的各个重要环节，如计量制度的统一，基准的建立，量值传递网的形成等，以法律、法规和各种规章的形式做出相应的规定。特别是对于那些对国计民生有明显影响的计量，诸如社会安全、医疗保健、环境保护以及贸易结算中的计量，更必须有法制保障。

4.溯源性

任何一个计量结果，都能通过连续的比较链溯源到计量基准，所有的量值应溯源于国家计量基准，溯源于国际计量基准或约定的计量基准，使计量的"精确"和"一致"得到技术保证，"溯源"可以使计量结果与人们的认识相对统一。

5.社会性

社会性是指计量管理涉及的广泛性，它与国民经济的各部门、人民生活的各个方面，都有着密切的联系。对维护社会经济秩序、建立和谐社会起着重要的作用。

6.服务性

我国是社会主义国家，计量是为各行各业服务的一项技术基础工作。因此，要倡导计量管理和测试服务相结合。在计量管理中要体现服务，在服务中要贯彻管理的原则。

7.群众性

这是指在计量管理中首先要考虑广大人民群众的利益，即保证群众利益免受计量不准或不诚实测量所造成的危害。同时，也是指在计量管理中，既要发挥专职计量人员的作用，也要充分发动群众参与计量管理，共同做好计量管理工作。

（三）计量管理的方法

1.法制管理方法

如制定计量法律、法规，建立健全计量执法机构，组织计量执法队伍，执行计量监督等。

由于法制管理方法具有法制性（强制性），权威性高，统一性强，管理效果也好。20多年来的依法计量管理实践充分证明这是一种有效的管理方法。但法制管理必须建立在法制意识较强的基础上，因此必须辅之以持久的普法宣传和教育。

2.行政管理方法

主要是指按行政管理体系，对所管理的对象发出的命令、指示，规定指令性计划，进行行政干预等。

行政管理方法能充分发挥各级政府的领导作用，能集中统一贯彻国家计量方针、政策，有计划地开展计量工作。目前，我国省级以下计量行政管理已改为垂直领导，依据《中华人民共和国行政许可法》等法律实行计量行政管理，使计量行政管理更为有效，但横向协作困难，容易造成包办代替、一家办计量现象，同时管理成效往往受各级计量行政部门领导人的领导水平、工作能力的影响较大。

3.技术管理方法

主要是指从研究各类计量器具的技术特性出发，科学地制订计量器具的周期检定计划，不断提高计量人员的技术素质等。

计量管理是以计量技术为基础的专业性技术性很强的业务管理。毫无疑义，应该重视和运用各种技术管理方法，如：

（1）认真开展科技创新，不断研发新技术，新方法，研制高水平的计量基准器。

（2）依据我国计量基准、标准实际水平，制定科学合理的计量检定系统表，合理地组织量值传递和溯源。

（3）根据我国计量器具的技术水平和使用环境，编制计量器具检定/校准规程。

（4）根据计量器具的实际使用状况，科学地确定检定/校准周期。

（5）建立和认真执行各项计量（实验）室技术管理制度或管理标准，确保各项计量工作正常开展。

（6）组织计量人员的业务技术培训和教育及计量科研管理。

4.经济管理方法

主要是研究如何以经济为杠杆，经济合理地组织量值传递，提高计量管理效率的办法和措施，以及提高计量投资的经济效益等。

为了充分调动各级计量机构和科技人员的工作积极性，确保完成各项计量工作，促进计量面向全民经济服务和增强计量机构自我发展的能力提升，近年来，各地各部门都运用了经济杠杆，实行以经济目标责任制为主要内容的经济管理方法。如：

（1）认真研究计量投资的经济效益，合理安排和使用计量经费，提高计量工作投入产出比。

（2）积极开展各项计量校准和测试服务，增加计量业务收入。

（3）严格执行经济责任和经济奖惩制度，奖勤罚懒，拉开收入分配档次等。

实践证明：在计量管理中运用经济管理方法是有成效的，但也容易产生滥收、多收计量检修费；滋长唯经济观点和一些不正之风，必须对计量人员坚持职业道德方面的思想教育。

5.系统管理方法

即将计量管理实践中的经验、数据积累上升为用数量、图表和符号来表达，从而建立起计量管理系统数学模型以指导一般。

6.宣传教育方法

即通过宣传计量在国民经济中的重要作用，普及计量科学知识，加强计量技术与管理教育，提高计量业务素质和法制管理水平，为计量管理打好思想基础。

上述计量管理原则、特性和方法的理论探讨可归结为要研究探讨以下八个方面。

（1）计量管理的定义、概念。

（2）计量管理的领域、内容。

（3）计量管理的特性。

（4）计量管理的基本原理和原则。

（5）计量管理的方法。

（6）计量管理的形式、方式。

（7）计量体系的要素结构。

（8）计量管理与其他管理科学的关系等。

（四）计量管理的基本原理

计量管理的基本原理，是对计量活动过程中一些客观规律认识的总结，它既是计量工作中客观存在的客观规律，又是指导我们进行有效的计量管理的理论依据。

以下提出的一些原理，是作者从事多年计量管理的经验总结，已取得成效和大家认可，也为国内外计量管理活动实践所证明。

1.计量系统效应最佳原理

计量管理的根本任务就是组织和建立一个国家、一个地区、一个部门或者一个企业的计量工作网络，通过这个网络，把计量单位量值迅速、准确地传递到生产和生活实践中去，又把社会生产和生活中的测量值通过校准，溯源到国家以及国际计量基准上。从而保证经济建设、国防建设、科学研究和社会生活的正常进行。

这一个个计量工作网络就是一个个计量管理系统工程，它有着同其他系统工程一样的特征。

（1）集合性。计量管理系统都存在两个以上可以相互区别的单元。如计量管理人员与计量管理信息；长度计量管理和力学计量管理等。都是由两个以上单元有机结合起来的综合体。

（2）相关性。计量管理系统内各单元之间是相互联系又相互作用的，他们中任何一个单元发生问题，都可能损害整体。如企业计量管理系统内一个单位发生问题，会使该企业的产品质量不合格。

（3）目的性。计量管理系统的目的性是很明确的，如一个国家、一个地区的量值要准确统一。而一个企业的计量保证体系就是要保证产品质量等。

（4）环境适应性。任何一个计量管理系统存在于一定的社会、经济和科学技术环境之中。它必然要受到地缘、经济和科学技术环境的制约和促进。

（5）整体性。计量管理系统的整体性比任何其他系统更明显，它不仅在一个企业、一个专业、一个国家里是一个整体，而且超越国界，使整个世界计量体系形成一个整体。

2.计量管理两重性原理

马克思主义认为管理有两重性。就是说：管理一方面是由于许多个人进行协作劳动而产生的，是有效地组织共同劳动所必需的，因此它具有同生产力、社会化生产相联系的自然属性；另一方面，管理必然体现生产资料占有者指挥劳动、监督劳动的意志，因此它又具有同生产关系、社会制度相联系的社会属性。

两重性原理同样适用计量管理，这就提出了第二个计量管理原理。

在计量管理过程中，既要重视计量管理的技术属性，又要重视计量管理的管理属性；既要严格实施法制计量管理，又要主动做好计量测试服务。

一般来说，计量监督就是以计量技术为手段、计量法规为依据的法定监督，它充分体现了管理的两重性。

具体地说，第一，计量管理要把技术和管理有机结合起来，计量管理人员必须熟悉计量技术。要搞好我国的计量管理工作，就要有一大批既懂计量技术，又懂管理科学的内行者。

第二，要把计量监督和计量服务密切结合起来。法制计量管理具有严肃性和权威性，一般都由国家的法令、法律来统一计量制度，强化法制计量管理。我们应该加快计量管理法规的建设，健全完善的计量法规体系，同时要积极主动地开展各项计量测试服务工作，为工农业生产服务，为科研服务，只有二者密切结合，才能有效地做好计量管理工作。

第三，计量管理系统中应该有一个正确合理的量值传递体系。各级政府计量管理部门应该首先抓好本辖区内强检计量器具的计量量值的传递体系工作，以统一量值。但是，又要让各单位在保证量值准确的前提下，打破行政区域就近校准溯源，还要允许其根据计量器具使用实际情况，确定检定/校准周期，这样"统而不死""活而不乱"，正是计量管理两重性原理的具体体现。

总之，计量管理中的两重性原理是普遍存在的，我们应经常自觉运用两重性原理，以利于制定和实施正确的计量管理方针政策和工作方法。

3.量值传递与溯源原理

量值要准确、可靠，既可要求量值从国家基准器逐级传递到工作计量器具；又可要求量值从工作计量器具溯源到该量值的标准器和国家基准。如能实现量值的传递和溯源，那就说明计量管理是有效的，这就导出了计量管理中第三个重要的原理——量值溯源和反馈原理。

测量系统中只有其每个量值信息数据能溯源到计量单位量值的国际或国家基准或者是由某计量单位的国际基准或国家基准传递时，才是准确、可信、有效的。

因此，我们在计量认证，实验室认可，企业计量水平检查考评时，在新产品技术鉴定出具有关技术数据时，都要认真审查有关计量标准器、计量器具是否有合格证书，有效期是否在检定/校准周期内，分析测量系统是否受控，甚至还要用高一级精度的计量标准检定是否确实合格。实际上，这是闭环管理原理在计量管理中的具体应用。

计量管理系统中量值传递系统只有遵循量值溯源和反馈原理，形成了一个封闭环路系统时，才是有效的系统。

遵循这个原理，每个单位既要认真按时做好计量标准器的鉴定，又要自觉做好计量器具的校准，以能够溯源到上级计量标准。

4.社会计量效益最佳原理

计量管理本身是技术经济活动，是国家经济总体活动中一个重要基础的组成部分，要消耗人力、物力和财力，因此必然有一个经济效益问题。

但是，计量的经济效益又有很大部分是间接经济效益，这就是说，它的效益融合在整个国家、部门或企业的效益之中。它往往体现在节约上，而不是表现在增加收入上；它又常常与其他管理措施的效益混合在一起，而无法单独地计算出来。由于计量的经济效益具有这两个特点，就使计量管理活动应注重社会效益最佳。

"计量管理工作中，只有根据工农业生产、国防建设和科学研究的需要，设计和建立科学、经济、合理的计量系统或测量体系，才能发挥最佳的社会效益。"这就是计量管理的社会计量效益最佳原理。

遵照这个原理，在建立量值传递或溯源系统时，要讲究科学性、经济性、合理性，做到用最少的费用，获得最大的经济效益。但更要讲究社会效益。

因此，计量部门要破除一家办计量和一地多级办计量的狭隘观念，要广泛联合各部门、各企事业单位计量机构，组成科学合理的社会计量网络，组织经济合理的量值传递或溯源系统。

而企业不仅要重视能获取经济效益的计量投入，而且也要重视一些不能直接获取经济效益但却能获取最佳社会效益的计量投入。如环境监测、安全卫生等方面的测量设备配置等。

三、计量管理的要素

从不同侧面、用不同理论方法剖析计量管理过程，可对计量管理涉及的要素进行不同的划分。依据前述管理的要素，这里将计量管理涉及的要素分为"人、机、料、环、法、测"六大要素，即：

（1）"人"：计量管理人员、计量技术人员、计量操作辅助人员等。

（2）"机"：测量设备、测量器具等。

（3）"料"：被测对象（样品）、消耗材料等。

（4）"法"：规程规范、作业指导书等。

（5）"环"：测量环境条件。

（6）"测"：测量过程的控制、实施。

四、计量管理各要素的要求

（一）"人"——计量人员

计量人员泛指所有从事计量活动的人员，是计量管理诸要素中唯一起能动作用、处于第一位、可以决定其他要素作用发挥程度的关键要素。计量人员通常包括：从事计量管理、计量监督、数据统计、理化分析、产品测试、检验试验，以及计量技术开发、资料管理、相关操作的人员；从事计量器具检定、校准、安装、调试、修理、维护、保管的人员。计量工作技术性和法制性都很强，为确保各项计量工作有效实施，必须培养配备懂技术、有经验、善于管理、法治意识强的计量人员队伍。

对计量人员的要求：一是配备方面，应根据实际工作要求，合理配备各类计量人员，人员的数量、比例、结构应满足要求并保持相对稳定。二是培养方面，计量人员需经专门的技能培训、上岗培训，通过考试考核合格，以具备可证明的资质和能力，执行规定的任务。三是履职方面，计量人员应严格执行国家有关计量法律、法规、规章、技术规程规范，内部的计量管理制度、程序及相关文件等；清楚认识到个人正确高效履职对测量结果有效性、产品质量、公共安全、科技进步、社会和谐等可能带来的影响。

（二）"机"——测量设备

测量设备是测量仪器、测量标准、参考物质、辅助设备以及进行测量所必需的资料的总称，包括用于测量的软件、用于监视和记录影响量的测量设备（如温度、湿度测量控制设备）等，是计量管理中一个非常关键的要素。对测量设备的要求：提供满足规定的计量要求所需的所有测量设备；在用的测量设备应处于有效检定（校准）状态；测量设备应在受控的或已知满足需要的环境中使用，以确保有效的测量结果。

（三）"料"——被测对象（样品）、消耗材料

确保被测对象稳定、可靠、安全，既关系到测量结果准确可靠、测量数据重复可比，也关系到测量风险控制的能力和水平。如对产品质检实验室，其被测对象通常为样品，则抽样、制样、标识、留样等样品处置环节与测量结果密切相关；对检测和校准实验室，其被测对象通常为仪器设备，则仪器收发、流转、标识、保管等环节涉及安全可靠，仪器检校时的静置、恒温、预热、防振等特殊要求涉及重复稳定性能；对企业而言，被测对象可能是样品（成品或半成品）、仪器设备、生产过程参数等，需要区分不同情况，识别确定不同的计量管理要求。

当消耗材料（如测量过程使用的蒸馏水、电力、氧气及其他气体等）作为测量必须消耗的资源，且影响测量结果时，事先需要对消耗材料是否满足使用要求进行确认。

（四）"法"——测量方法

测量方法是指进行测量时所用的，按类别叙述的一组操作逻辑次序。测量方法通常由相关技术标准、计量检定规程、校准规范，以及检测程序文件、作业指导书，产品接收准则、设计规范、检验（试验）规范等技术文件规定。

使用相同的测量方法，是确保同类测量结果（量值）统一可比的前提；采用不同的测量方法对同一量进行测量，是发现问题、分析对比、查找缺陷、改进测量的重要手段。

为提高测量水平，需要不断研究、创新、改进、完善测量方法，这是计量工作的一个重要方面。

（五）"环"——测量环境条件

测量环境条件是指测量时所处的一组环境条件，包括外部和内部所有条件，如温度、湿度、辐射、磁场、冲击、振动等或其组合，这些条件影响测量结果的可靠性。

通常，检定规程、校准规范、测量设备使用说明书等技术文件对测量仪器设备都限定在规定环境条件下使用。为了确保测量结果准确有效，必须在满足要求并受控的环境条件下组织实施测量，包括使用测量设备执行测量操作，对计量标准和测量仪器进行检定、校准、调整等。

（六）"测"——测量过程的控制、实施

测量过程控制理念强调采用过程方法控制测量活动，即有效控制测量活动的策划、设计、确认、实施、分析、评价等环节。目前，国际国内计量界已普遍认识到，计量工作单

靠对测量设备进行检定、校准、确认等方面的管理控制，远远不能保证测量过程正确，测量数据准确；只有对测量过程涉及的环节、参数及其变化进行连续有效测控，使其保持在预期状态下，才能真正把"设备管理"与"数据管理"很好地结合起来，为计量管理、技术控制提供有效的支撑。

测量过程应在满足计量要求的受控条件下实施。受控条件包括：使用经计量确认合格的测量设备；使用具备资格和能力的人员；应用经确认有效的测量程序；保持所要求的环境条件；获得所要求的信息资料；按规定的方式、内容、权限报告测量结果。

第二节　计量管理过程

一、计量管理过程的确定

（一）识别计量管理涉及的过程

采用过程方法进行计量管理，有助于提高和保证测量结果的有效性。为此，必须分析、监视、控制相互关联和相互作用的计量活动，识别、管理、确认计量管理涉及的诸多过程。

计量管理涉及计量人员管理、测量设备管理、测量过程管理、测量数据管理、计量标准管理、计量机构管理、实验室资质管理等若干过程。理论上，计量管理涉及的每一项活动均可作为一个过程加以识别和管理，考虑到计量管理工作系统高效的要求，通常以计量管理关键要素来识别划分计量管理过程。上述的计量人员管理、测量设备管理、测量过程管理、测量数据管理是任何组织都不能缺少的计量管理过程，计量标准管理、计量机构管理、实验室资质管理等过程则依据具体计量工作的性质、权限、内容、范围等分别选定、识别、管理。

（二）确定计量管理过程

为确定计量管理过程，需要：

1.明确计量工作当前和未来的需求

依据组织的规模、效益、结构、管理要求、行业特点、未来发展规划、人员素质状况等，提出对计量工作当前和未来的需求。

2.研究评价现有计量管理过程

通过研究评价现有计量管理过程，分析判定当前过程是否合理、可操作并满足各方要求，过程是否增值；过程的目标、构架、业绩、能力、效率是否符合预定要求；过程的成本风险如何，过程文件的有效性、适用性如何，过程资源信息等是否得到保证，过程监视和数据分析控制是否有效等。

3.确定计量管理过程新要求

将计量管理过程与当前和未来计量需求的分析对比，找出已有过程中存在的问题和不足，进而对现有计量管理过程进行评价，确定哪些方面需要进一步改进和提高，需要新增、补充、完善哪些计量管理过程。

需要着重强调的是，以往工作中容易忽视测量数据结果的分析应用过程，必须新增或补充、完善综合应用测量数据结果的管理要求，高度重视测量数据结果的分析应用，才能充分体现计量工作的作用和成效。

4.策划计量管理过程

（1）策划计量管理过程的各个阶段，包括过程的设计、确认、实施和控制等几个阶段。

（2）确定计量管理过程的组织管理，根据任务和要求科学分工，明确部门、人员和岗位的职责、权限，确保过程接口顺畅。

（3）确定计量管理过程的控制程度。根据法律法规、顾客和内部控制的要求，从总体上分析计量管理过程的复杂程度，分析某一过程结果的不正确可能产生的风险，确定对不同的过程分别采取不同的控制方法、不同的控制程度。

（4）制定计量管理过程需要采用的有关程序文件。通过制定有关程序文件，明确过程管理的方法和要求，明确过程管理的责任部门、相关部门，明确过程管理的内容，界定各部门的职责和权限，规定过程策划原则，编制过程管理文件，规定对过程进行评价和改进的措施，实现科学的过程管理。

（5）制定计量管理过程需要采用的工作记录。应用计量管理过程的工作记录，作为计量过程策划和实施的依据，以及过程评审的结果。

二、计量管理过程的控制

（一）计量管理过程控制的目标

计量管理过程控制的目标是：确保测量要素受控并满足规定要求，包括测量过程受控、测量数据结果有效应用、所有在用的测量设备符合要求、计量人员具备资质和能力等。

为确保计量管理控制的结果满足规定的计量要求，必须确定对测量过程、测量设备、测量人员、测量数据、环境条件等测量要素管理的基本要求；在确定计量管理过程控制的程度、范围和内容时，应考虑由于过程不符合计量要求可能带来的风险和后果。

（二）确保测量过程受控

要管理好任何一个测量过程，确保测量过程受控，测量结果准确可靠，需要回答好"5W1H"。即：

（1）What：要做什么？有什么要求？明确规定某一测量过程的内容及要求。

（2）Why：为什么要做？明确此时此地开展测量工作的原因、目的。

（3）Where：在何地点执行？明确规定实施测量工作的地点。

（4）Who：由谁负责完成？明确规定由哪些部门、哪些人员负责实施。

（5）When：什么时间完成？明确规定测量工作的实施时间。

（6）How：如何按要求完成？明确规定测量的方法和程序，数据结果处理的规则。

第三节　计量监督管理

一、计量监督管理概念

计量监督是指为保证计量法的有效实施所进行的计量法制管理，它是计量管理的一种特殊形式。计量监督管理体制是指计量监督工作的具体组织形式，它体现国家与地方各级计量行政部门之间各主管部门，各企业、事业单位之间在计量监督中的关系。

我国的计量监督管理实行按行政区划统一领导、分级负责的体制。全国的计量工作由国务院计量行政部门负责实施统一监督管理。县级以上地方行政区域内的计量工作由当地计量行政部门负责实施监督管理，县级以上计量行政部门是本行政区域内的计量监督管理机构。县级以上计量行政部门要监督本行政区域内的机关、团体、部队、企事业单位和个人遵守与执行计量法律、法规。中国人民解放军的计量工作，按照《中国人民解放军计量条例》实施。各有关部门设置的计量行政机构，负责监督计量法律、法规在本部门的贯彻实施。

计量行政部门所进行的计量监督，是纵向和横向的行政执法性监督；部门计量行政机构对所属单位的监督和企事业单位的计量机构对本单位的监督，则属于行政管理性监督，一般只对纵向发生效力。从全国来讲，国家和部门的计量监督是相辅相成的，各有侧重，相互渗透，互为补充，构成一个有序的计量监督网络。从法律实施的角度讲，部门和企事业单位的计量机构，不是专门的行政执法机构。因此，对计量违法行为的处理，部门和企事业单位或者上级主管部门只能给予行政处分。而县级以上地方计量行政部门对计量违法行为，则可依法给予行政处罚，因为计量行政处罚是由特定的具有执法监督职能的计量行政部门行使的。

二、计量技术机构体系

县级以上人民政府计量行政部门可以根据需要设置计量检定机构，或者授权其他单位的计量检定机构，执行强制检定和其他检定、测试任务。因此，各级人民政府计量行政部门下设的计量技术机构包括两种：一是县级以上人民政府计量行政部门依法设置的计量检定机构，为国家法定计量检定机构；二是县级以上人民政府计量行政部门可以根据需要，授权专业性或区域性计量检定机构，作为法定计量检定机构。

此外，还有一些其他计量检定机构和技术机构，虽然不是法定计量检定机构，但是经过政府计量行政部门的授权，可以承担建立社会公用计量标准，对其内部使用的强制检定计量器具执行检定或承担法律规定的其他检定、测试任务。

国家级计量技术机构中包括中国计量科学研究院和国家质检总局授权的国家专业计量站等机构；省、市、县三级计量技术机构中包括依法设置的国家法定计量检定机构和依法授权的计量技术机构。

在社会上，除了各级人民政府计量行政部门依法设置和授权的计量技术机构外，还有国务院有关主管部门和省级人民政府有关主管部门根据本部门的特殊需要建立的计量技术机构，以及广大企事业单位根据本单位的需要建立的计量技术机构或计量实验室。

三、法定计量检定机构的监督管理

法定计量检定机构是计量行政部门依法设置或授权建立的计量技术机构，是保障我国计量单位制的统一和量值的准确可靠，为计量行政部门依法实施计量监督提供技术保证的技术机构。为了加强对法定计量检定机构的监督管理，在《计量法》《计量法实施细则》和《法定计量检定机构监督管理办法》中对法定计量检定机构的组成、职责和监督管理等做出了明确的规定。

法定计量检定机构通过理顺机构的设置，计量资源得到合理配置，计量工作的社会效益和经济效益明显提高。按照国家科技体制改革的要求，中国计量科学研究院与国家标准物质中心合并，组建新的中国计量科学研究院，成为国家重点支持的公益型科研机构。全国大部分省、区、市对省级法定计量检定机构进行了重组、整合，完成了省会城市保留一个法定计量检定机构的合并工作，科技力量布局和科技资源配置得到优化。改变了机构重复建设、力量分散、资源浪费的局面，使重组、整合后的法定计量检定机构焕发了生机，通过加大对技术装备和科研开发的投入，机构社会服务功能得到显著提高，有效地为经济和社会发展提供保证和支持。

（一）法定计量检定机构的组成

县级以上人民政府计量行政部门依法设置的计量检定机构，为国家法定计量检定机构。各级质量技术监督部门依法设置的计量检定机构是法定计量检定机构的主体，主要承担强制检定和其他检定、测试任务。专业计量站是根据我国生产，科研需要的一种授权形式，在授权项目上，一般选定专业性强、跨部门使用、急需的专业项目。根据需要，国务院计量行政部门设立大区计量测试中心为法定计量检定机构。地方政府计量行政部门也可以根据本地区的需要，建立区域性的计量检定机构，作为法定计量检定机构，承担政府计量行政部门授权的有关项目的强制检定和其他计量检定，测试任务。这些授权的专业和区域计量检定机构是全国法定计量检定机构的一个重要组成部分，在确保全国量值的准确可靠方面发挥了积极作用。

（二）法定计量检定机构的职责

《计量法实施细则》规定，国家法定计量检定机构的职责："负责研究建立计量基准、社会公用计量标准，进行量值传递，执行强制检定和法律规定的其他检定、测试任务，起草技术规范，为实施计量监督提供技术保证，并承办有关计量监督工作。"

《法定计量检定机构监督管理办法》规定："法定计量检定机构应当认真贯彻执行国家计量法律、法规，保障国家计量单位制的统一和量值的准确可靠，为质量技术监督部门依法实施计量监督提供技术保证。"

《法定计量检定机构监督管理办法》明确规定："法定计量检定机构根据质量技术监督部门授权履行下列职责：

（1）研究、建立计量基准、社会公用计量标准或者本专业项目的计量标准；

（2）承担授权范围内的量值传递，执行强制检定和法律规定的其他检定、测试任务；

（3）开展校准工作；

（4）研究起草计量检定规程、计量技术规范；

（5）承办有关计量监督中的技术性工作。"

上述"承办有关计量监督中的技术性工作",一般包括政府计量行政部门授权或委托的计量标准考核、计量器具新产品型式评价,仲裁检定、计量器具产品质量监督检验,定量包装商品净含量计量监督检验等工作。

(三)法定计量检定机构的行为准则

《法定计量检定机构监督管理办法》明确规定:"法定计量检定机构不得从事下列行为:

(1)伪造数据;

(2)违反计量检定规程进行计量检定;

(3)使用未经考核合格或者超过有效期的计量基、标准开展计量检定工作;

(4)指派未取得计量检定证件的人员开展计量检定工作;

(5)伪造、盗用、倒卖强制检定印、证。"

《计量法实施细则》规定:"被县级以上人民政府计量行政部门授权,在规定的范围内执行强制检定和其他检定、测试任务的单位,应当遵守下列规定:

(1)被授权单位执行检定、测试任务的人员,必须经授权单位考核合格;

(2)被授权单位的相应计量标准,必须接受计量基准或者社会公用计量标准的检定;

(3)被授权单位承担授权的检定、测试工作,须接受授权单位的监督;

(4)被授权单位成为计量纠纷中当事人一方时,在双方协商不能自行解决的情况下,由县级以上有关人民政府计量行政部门进行调解和仲裁检定。"

(四)对法定计量检定机构的监督管理

《法定计量检定机构监督管理办法》明确规定了对法定计量检定机构实施监督管理的体制、机制、内容和法律责任。

法定计量检定机构的监督管理体制实施两级管理的模式。《法定计量检定机构监督管理办法》明确规定:"国家质量技术监督局对全国法定计量检定机构实施统一监督管理。省级质量技术监督部门对本行政区域内的法定计量检定机构实施监督管理。"

对法定计量检定机构监督管理的机制,主要是实施考核授权制度。《法定计量检定机构监督管理办法》明确规定了法定计量检定机构应当具备的条件、如何组织考核、如何颁发计量授权证书、如何进行复查换证、如何对新增项目进行授权和终止承担的授权项目。法定计量检定机构必须经质量技术监督部门考核合格,经授权后才能开展相应的工作。

1.监督内容

省级以上质量技术监督部门应当加强对法定计量检定机构的监督,主要包括以下内容。

（1）本办法规定内容的执行情况；

（2）《法定计量检定机构考核规范》（JJF 1069-2012）规定内容的执行情况；

（3）定期或者不定期对所建计量基、标准状况进行赋值比对；

（4）用户投诉举报问题的查处。

2.相关规定

《法定计量检定机构监督管理办法》中对法定计量检定机构监督管理的措施、要求和法律责任，做出了以下规定。

（1）对监督中发现的问题，法定计量检定机构应当认真进行整改，并报请组织实施监督的质量技术监督部门进行复查。对经复查仍不合格的，暂停其有关工作；情节严重的，吊销其计量授权证书。

（2）法定计量检定机构对未经质量技术监督部门授权开展须经授权方可开展的工作的和超过授权期限继续开展被授权项目工作的，可予以警告，并处以罚款。

（3）对未经质量技术监督部门授权或者批准，擅自变更授权项目的和违反《法定计量检定机构监督管理办法》规定的，予以警告，处以罚款；情节严重的，吊销其计量授权证书。

（4）违反《法定计量检定机构监督管理办法》规定，伪造、盗用、倒卖强制检定印、证的，没收其非法检定印、证和全部违法所得，并处以罚款；构成犯罪的，依法追究刑事责任。

（5）从事法定计量检定机构监督管理的国家工作人员违法失职、徇私舞弊，情节轻微的，给予行政处分；构成犯罪的，依法追究刑事责任。

第四节　计量人员管理

一、计量人员的技能要求和基本职责

计量检测体系的建立是否科学、完善，能否有效地发挥保证作用，很大程度取决于计量人员的水平。因此，建立起一支技术水平高、有经验、有才能、懂管理的计量人员队伍，是保证计量检测工作有效实施的关键。目前，我国企业对计量工作重视不够，对计量管理人员素质要求不高，认为计量工作是一个简单的工作，没有专业技术、能力方面的要求，其实这是对计量工作的偏见。多数企业安排本企业中文化层次不高的员工来从事计量工作，这些缺少一定水平的计量检定人员和检测人员，专业知识与技能没有达到一定的水准，不仅严重影响计量结果的精确度，还会制约计量检定行业的发展与进步。计量检定工作中一个微小的差错都会造成严重的后果。哪怕测量数值存在小数点以内的误差，产生的损失都是无法估计的。测量新方法的采用，测量技术的进步，以及计量检测体系的完善提高，都要求计量人员具有计量理论知识和实际操作技能。

（一）计量人员需掌握的理论知识

（1）计量基础知识：计量概论、法定计量单位和误差理论及数据处理。

（2）计量专业知识：专业基础知识、专业项目知识、相应计量标准、工作计量器具的原理和使用维护及专业项目常用误差理论等知识。

（3）计量技术法规：相应的国家计量检定系统、计量检定规程和检定、测试技术规范。

（4）法律知识：计量法律、法规、规章。

（二）具体岗位需掌握的技能要求

（1）测量设备校准、调试、修理、操作的人员，要掌握或了解相关的测量设备原理、结构、性能、使用和溯源等方面知识。

（2）测量技术人员要掌握基本的误差理论，要熟知相关的测量技术文件，要具有对测量设备计量特性进行误差修正的专业技术知识，掌握对相关的测量设备的确认要求及测量新技术、溯源新方法、检测新要求等知识。

（3）测量管理人员应掌握法制计量管理和科学计量管理的基本知识，测量设备配置和管理的知识，以及对先进计量管理方法、人际关系技巧、工作统筹计划的了解。

（4）计量体系审核人员，不仅要了解各方面计量管理和测量技术知识，还要不断提高对其掌握的程度，以增强对体系审核的能力。要更多地了解体系审核的方法和技巧，进一步提高审核效率和审核质量，提高计量检测体系的有效性、适宜性、符合性。

（三）计量人员从事检定工作必须取得计量检定员资格

申请计量检定员资格应当具备以下条件。

（1）具备中专（含高中）或相当于中专（含高中）毕业以上文化程度；

（2）连续从事计量专业技术工作满1年，并具备6个月以上本项目工作经历；

（3）具备相应的计量法律法规以及计量专业知识；

（4）熟练掌握所从事项目的计量检定规程等有关知识和操作技能；

（5）经有关组织机构依照计量检定员考核规则等要求考核合格。

对计量检定人员能够从事的检定项目进行理论考核与实际操作考试，合格者颁发检定员证，持证方能上岗。计量检定员从事新的检定项目，应当另行申请新增项目考核和许可。《计量检定员证》有效期为5年。有效期届满，需要继续从事计量检定活动的，应当在有效期届满3个月前，向原颁发《计量检定员证》的质量技术监督部门提出复核换证申请。原颁发《计量检定员证》的质量技术监督部门应当按照有关规定进行复核换证。

同时，要加强计量人员的培训。随着计量检测体系的完善提高，计量人员要不断更新思想观念，改善知识结构，增强业务能力。定期参加相关知识与技能培训，帮助计量人员巩固已经掌握的专业知识，了解最新出现和崛起的计量检定技术。只有这样，计量人员才能不断地进步，做到与时俱进，满足工作的要求和时代的需求。

二、计量人员的职业道德规范

计量人员必须充分认识职业道德建设是提高计量人员整体素质的重要环节，是关系到计量工作的改革发展与进行。因此要求计量人员必须具备较高的职业道德。

（一）忠于事业、热爱事业

这是计量人员必须遵循的基本原则。计量人员要有较高的职业责任心和职业自豪感，并能自觉地以职业道德规范来约束自己，以维护职业的尊严。

（二）满腔热忱，热情服务

这是计量人员职业道德的重要表现。计量工作有依法进行监督管理的职能，同时又有服务于基层、经济建设和人民生活的光荣使命。这一特点要求计量工作人员必须具备满腔热忱、热情服务的崇高职业道德。

（三）坚持原则、秉公执法

这是计量人员的道德原则。随着企业走进市场经济的大潮，计量纠纷日益增多。这就需要计量人员必须有较强的法制观念，熟悉法律法规，自觉地以职业道德来约束自己的行为。

（四）精益求精，一丝不苟

计量事业要求计量工作者必须具备精湛的技术、较高的文化水平。随着时代的进步，计量技术也在日新月异地发展，这就要求计量人员必须不断地吸收新鲜知识。业务上刻苦钻研，技术上精益求精，检测上一丝不苟，真正建立保证产品质量的检测手段、检测水平，为赶超国际先进计量技术而努力。

第五节　计量器具管理

依据《计量法》及其相关法律、法规的要求对有关计量器具实施监督管理，主要是对计量器具检定/校准的法制管理和对计量器具（包括进口计量器具）产品的法制管理，而对计量标准器具则实行考核管理制度。

一、计量器具产品的法制管理

（一）计量器具新产品管理

1.计量器具新产品的概念

计量器具新产品是指本单位从未生产过的计量器具，包括对原有产品在结构、材质等方面做了重大改进导致性能、技术特征发生变更的计量器具。

在中华人民共和国境内，任何单位或个体工商户制造以销售为目的的计量器具新产品，必须遵守《计量器具新产品管理办法》。

2.计量器具新产品的型式批准

凡制造计量器具新产品，必须申请型式批准。型式批准是"承认计量器具的型式符合法定要求的决定"。型式评价是"为确定计量器具型式可否予以批准，或是否应当签发拒绝批准文件，而对该计量器具型式进行的一种检查"。型式评价有时也称定型鉴定。

3.计量器具新产品的管理体制

国家质检总局负责统一监督管理全国的计量器具新产品型式批准工作。省级质量技术监督部门负责本地区的计量器具新产品型式批准工作。

列入国家质检总局重点管理目录的计量器具，型式评价由国家质检总局授权的技术机构进行；《中华人民共和国依法管理的计量器具目录（型式批准部分）》中的其他计量器具的型式评价，由国家质检总局或省级质量技术监督部门授权的技术机构进行。

4.型式批准的申请程序

（1）单位制造计量器具新产品，在申请制造计量器具许可证前，应向当地省级质量技术监督部门申请型式批准。申请型式批准应递交申请书以及营业执照等合法身份证明。

（2）受理申请的省级质量技术监督部门，自接到申请书之日起在5个工作日内对申请资料进行初审，初审通过后，按计量器具新产品法制管理的分工，委托相应的技术机构进行型式评价，并通知申请单位。

（3）承担型式评价的技术机构，根据省级质量技术监督部门的委托，在10个工作日内与申请单位联系，做出型式评价的具体安排。

（4）申请单位应向承担型式评价的技术机构提供试验样机，并递交有关的技术资料。

5.型式评价的程序

（1）承担型式评价的技术机构必须具备计量标准、检测装置以及场地、工作环境等相关条件，按照《计量授权管理办法》取得国家质检总局或省级质量技术监督部门的授权，方可开展相应的型式评价工作。

（2）承担型式评价的技术机构必须全面审查申请单位提交的技术资料，并根据国家质检总局制定的型式评价技术规范拟定型式评价大纲。型式评价大纲由承担型式评价技术机构的技术负责人批准。

（3）型式评价应按照型式评价大纲进行。国家计量检定规程中已经规定了型式评价要求的，按规程执行。

（4）型式评价一般应在3个月内完成。型式评价结束后，承担型式评价的技术机构将型式评价结果报委托的省级质量技术监督部门，并通知申请单位。

（5）型式评价过程中发现计量器具存在问题的，由承担型式评价的技术机构通知申请单位，可在3个月内进行一次改进；改进后，送原技术机构重新进行型式评价。申请单位改进计量器具的时间不计入型式评价时限。

（6）承担型式评价的技术机构在型式评价后，应将全部样机、需要保密的技术资料退还申请单位，并保留有关资料和原始记录，保存期不少于3年。

6.型式批准的审批程序

（1）省级质量技术监督部门应在接到型式评价报告之日起10个工作日内，根据型式评价结果和计量法制管理的要求，对计量器具新产品的型式进行审查。经审查合格的，向申请单位颁发型式批准证书；经审查不合格的，发给不予行政许可决定书。

（2）对已经不符合计量法制管理要求和技术水平落后的计量器具，国家质检总局可以废除原批准的型式。任何单位不得制造已废除型式的计量器具。

7.型式批准的监督管理

（1）承担型式评价的技术机构，对申请单位提供的样机和技术文件、资料必须保密。违反规定的，应当按照国家有关规定，赔偿申请单位的损失，并给予直接责任人员行政处分；构成犯罪的，依法追究刑事责任。

（2）技术机构出具虚假数据的，由国家质检总局或省级质量技术监督部门撤销其授权型式评价技术机构资格。

（3）任何单位制造已取得型式批准的计量器具，就不得擅自改变原批准的型式。对原有产品在结构、材质等方面做了重大改进导致性能、技术特征发生变更的，必须重新申请办理型式批准。地方质量技术监督部门负责进行监督检查。

（4）申请单位对型式批准结果有异议的，可申请行政复议或提出行政诉讼。

（二）制造、修理计量器具许可管理

1.管理体制

国家质检总局统一负责全国制造、修理计量器具许可的监督管理工作。省级质量技术监督部门负责本行政区域内制造、修理计量器具许可的监督管理工作。市、县级质量技术监督部门在省级质量技术监督部门的领导下，负责本行政区域内制造、修理计量器具许可的监督管理工作。制造、修理计量器具许可的监督管理应当遵循科学、高效、便民的原则。

2.申请条件

申请制造、修理计量器具许可，应当具备以下条件。

（1）具有与所制造、修理计量器具相适应的固定生产场所及条件；

（2）具有与所制造、修理计量器具相适应的技术人员和检验人员；

（3）具有保证所制造、修理计量器具量值准确的检验条件；

（4）具有与所制造、修理计量器具相适应的技术文件；

（5）具有相应的质量管理制度和计量管理制度。

申请制造计量器具许可的，还应当按照规定取得计量器具型式批准证书，并具有提供售后技术服务的条件和能力。

3.许可效力

许可的法律效力主要体现在项目效力、生产地效力，时间效力、委托加工效力四个方面。

（1）项目效力。制造、修理计量器具许可只对经批准的计量器具名称、型号等项目有效。新增制造、修理项目的，应当另行办理新增项目的制造、修理计量器具许可。制造量程扩大或者准确度提高等超出原有许可范围的相同类型计量器具新产品，或者因有关技术标准和技术要求改变导致产品性能发生变更的计量器具的，应当另行办理制造计量器具许可；其有关现场考核手续可以简化。

（2）生产地效力。因制造或修理场地迁移、检验条件或技术工艺发生变化、兼并或重组等原因，造成制造、修理条件改变的，应当重新办理制造、修理计量器具许可。

（3）时间效力。制造、修理计量器具许可证的有效期为3年。有效期届满，需要继续从事制造、修理计量器具的，应当在有效期届满3个月前，向原准予制造、修理计量器具许可的质量技术监督部门提出复查换证申请。

（4）委托加工效力。采用委托加工方式制造计量器具的，被委托方应当取得与委托加工产品项目相应的制造计量器具许可，并与委托方签订书面委托合同。委托加工的计量器具，应当标注被委托方的制造计量器具许可证标志和编号。

4.监督管理

（1）任何单位和个人未取得制造、修理计量器具许可，不得制造、修理计量器具。任何单位和个人不得销售未取得制造计量器具许可的计量器具。

（2）各级质量技术监督部门应当对取得制造、修理计量器具许可单位和个人实施监督管理，对制造、修理计量器具的质量实施监督检查。

（3）根据不同的情况，原准予制造、修理计量器具许可的质量技术监督部门或者其上级质量技术监督部门可以依法撤回、撤销、注销其制造、修理计量器具许可。

二、计量器具检定的法制管理

实施计量器具强制检定是计量的重要内容之一。强制检定是指由县级以上人民政府计量行政部门所属或者授权的计量检定机构，对法律规定必须强制检定的计量标准器具、工作计量器具实行的定点定期的检定。

（一）实施计量检定应遵循的原则

计量检定就是为评定计量器具的计量性能是否符合法定要求，确定其是否合格所进行的全部工作。它是计量检定人员利用计量基准、计量标准对新制造的、使用中的、修理后的和进口的计量器具进行一系列实际操作，以判断其准确度等计量特性及其是否符合法定要求，是否可供使用。因此，计量检定在计量工作中具有非常重要的作用。计量检定具有法制性，其对象是法制管理范围内的计量器具。它是进行量值传递或量值溯源的重要形式，是保证量值准确一致的重要措施，是计量法制管理的重要环节。根据《计量法》及相关法规和规章的规定，实施计量检定应遵循以下原则。

（1）计量检定活动必须受国家计量法律、法规和规章的约束，按照经济合理的原则、就地就近进行。"经济合理"是指计量检定，组织量值传递要充分利用现有的计量设施，合理地布置检定网点。"就地就近"进行检定，是指组织量值传递不受行政区划和部门管辖的限制。

（2）从计量基准到各级计量标准直至工作计量器具的检定程序，必须按照国家计量检定系统表的要求进行。国家计量检定系统表由国务院计量行政部门制定。

（3）对计量器具的计量性能、检定项目、检定条件、检定方法、检定周期以及检定数据的处理等，必须执行计量检定规程。国家计量检定规程由国务院计量行政部门制定。没有国家计量检定规程的，由国务院有关主管部门或省、自治区、直辖市人民政府计量行政部门制定部门计量检定规程、地方计量检定规程，并向国务院计量行政部门备案。

（4）检定结果必须做出合格与否的结论，并出具证书或加盖印记。计量检定过程包括检查和加标记、出证书的全过程。检查一般包括计量器具外观的检查和计量器具的计量特性的检查等。计量器具计量特性的检查，其实质是把被检定的计量器具的计量特性与计量标准器的计量特性相比较，评定被检定的计量器具的计量特性是否在计量检定规程规定的允许范围之内。

（5）从事检定的工作人员必须是经考核合格，并持有有关计量行政部门颁发的检定员证。

（二）强制检定的计量器具的管理和实施

实施计量器具的强制检定是《计量法》的重要内容之一，它既是计量行政部门进行法制监督的主要任务，也是法定计量检定机构和被授权执行强制检定任务的计量技术机构的重要职责。属于强制检定的工作计量器具被广泛地应用于社会的各个领域，数量多，影响大，关系到人民群众身体健康和生命财产的安全，关系到广大企业的合法权益以及国家、集体和消费者的利益。

县级以上人民政府计量行政部门对社会公用计量标准器具、部门和企业，事业单位使用的最高计量标准器具，以及用于贸易结算、安全防护、医疗卫生，环境监测方面的列入强制检定目录的工作计量器具，实行强制检定。未按规定申请检定或者检定不合格的，不得使用。

强制检定是由县级以上人民政府计量行政部门指定的法定计量检定机构或者授权的计量技术机构，实行定点、定期的检定。使用单位必须按规定申请检定，这是法律规定的义务。

强制检定的范围包括强制检定的计量标准和强制检定的工作计量器具。由于强制检定的计量标准是根据用途决定的，作为社会公用计量标准、部门和企事业单位各项最高等级的计量标准的，才属于强制检定的计量标准，不做上述用途的，就不属于强制检定的计量标准。对于强制检定工作计量器具，按《计量法》规定，应制定强制检定工作计量器具目录，以明确需强制检定的范围。

实施强制检定有以下主要特点。

（1）县级以上人民政府计量行政部门对本行政区域内的强制检定工作统一实施监督管理，并按照经济合理、就地就近原则，指定所属法定计量检定机构或授权的计量技术机构执行强制检定任务。

（2）固定检定关系，定点送检。属于强制检定的工作计量器具，由当地县（市）级政府计量行政部门安排，由指定的计量检定机构进行检定。政府计量行政部门之间可以协商跨地区委托检定。属于强制检定的计量标准，由主持考核的有关人民政府计量行政部门安排，由指定的计量检定机构进行检定。

（3）使用强制检定计量器具的单位，应按规定登记造册，向当地政府计量行政部门备案，并向指定的计量检定机构申请强制检定。

（4）承担强制检定的计量检定机构，要按照计量检定规程所规定的检定周期，安排好周期检定计划，实施强制检定。

（5）县级以上政府计量行政部门对强制检定的实施情况，应经常进行监督检查；未按规定向政府计量行政部门指定的计量检定机构申请周期检定的，要追究法律责任，责令其停止使用，可并处罚款。

（三）非强制检定计量器具的管理

对其他非强制检定的计量标准器具和工作计量器具，《计量法》规定："使用单位应当自行定期检定或者送其他计量检定机构检定，县级以上人民政府计量行政部门应当进行监督检查。"

企业、事业单位应根据所配备与生产、科研、经营管理相适应的计量检测设施情况，制定具体的检定/校准管理办法和规章制度，规定本单位管理的计量器具明细目录及相应的检定/校准周期，保证使用的非强制检定的计量器具定期检定/校准溯源。

（四）计量仲裁检定的实施和管理

处理因计量器具准确度所引起的纠纷，以国家计量基准或者社会公用计量标准器具检定的数据为准。因计量器具准确度所引起的纠纷，即计量纠纷。由县级以上人民政府计量行政部门用计量基准或者社会公用计量标准所进行的以裁决为目的的计量检定，测试活动，统称为仲裁检定。以计量基准或者社会公用计量标准检定的数据作为处理计量纠纷的依据，具有法律效力。

处理因计量器具准确度所引起的纠纷，以国家计量基准或社会公用计量标准器具检定的数据为准。这就是说，当计量纠纷的双方在相互协商不能解决的情况下，或双方对数据争执不下时，最终应以国家计量基准或社会公用计量标准器具检定的数据来判定。

仲裁检定的实施和管理应履行以下程序。

（1）申请仲裁检定应向所在地的县（市）级人民政府计量行政部门递交仲裁检定申请书；属有关机关或单位委托的，应出具仲裁检定委托书。

（2）接受仲裁检定申请或委托的人民政府计量行政部门，应在接受申请后7日内发出进行仲裁检定的通知。纠纷双方在接到通知后，应对与计量纠纷有关的计量器具实行保全措施，不允许以任何理由破坏其原始状态。

（3）仲裁检定由县级以上人民政府计量行政部门指定有关计量检定机构进行。进行仲裁检定时应有纠纷双方当事人在场，无正当理由拒不到场的，可以缺席进行。

（4）承接仲裁检定的有关计量检定机构，应在规定的期限内完成检定、测试任务，并对仲裁检定结果出具仲裁检定证书。受理仲裁检定的政府计量行政部门对仲裁检定证书审核后，通知当事人或委托单位。当一方或双方在收到通知书之日起15日内不提出异议，仲裁检定证书生效，具有法律效力。

（5）当事人一方或双方如对一次仲裁检定不服时，可在接到仲裁检定通知书之日起15日内向上一级政府计量行政部门申请二次仲裁检定，也就是终局仲裁检定。我国仲裁检定实行二级终裁制，目的是保证检定数据更加准确无误，上级计量检定机构复检一次，充分体现执法的严肃性。

（6）承办仲裁检定工作的工作人员，有可能影响检定数据公正的，必须自行回避。

（五）计量检定印、证的管理

计量器具经检定机构检定后出具的检定印、证，是评定计量器具的性能和质量是否符合法定要求的技术判断，是评定该计量器具检定结果的法定结论，是整个检定过程中不可或缺的重要环节。经计量基准、社会公用计量标准检定出具的检定印证，是一种具有权威性和法制性的标记或证明，在调解、审理、仲裁计量纠纷时，可作为法律依据，具有法律效力。

1.计量检定印、证的种类

计量检定印、证包括：

（1）检定证书：以证书形式证明计量器具已经过检定，符合法定要求的文件。

（2）检定结果通知书（又称检定不合格通知书）：证明计量器具不符合有关法定要求的文件。

（3）检定合格证：证明检定合格的证件。

（4）检定合格印：证明计量器具经过检定合格而在计量器具上加盖的印记。例如，在计量器具上加盖检定合格印（喷印、钳印、漆封印）或粘贴合格标签。

（5）注销印：经检定不合格，注销原检定合格的印记。

2.计量检定印、证的管理

计量检定印、证的管理，必须符合《计量检定印、证管理办法》及有关国家计量检定规程和规章制度的规定。计量器具的检定结论不同，使用的检定印、证也不同。

（1）计量器具经检定合格的，由检定单位按照计量检定规程的规定出具《检定证书》《检定合格证》或加盖检定合格印。

（2）计量器具经检定不合格的，由检定单位出具《检定不合格通知书》（或《检定结果通知书》），或注销原检定合格印、证。

（3）《检定证书》或《检定不合格通知书》必须字迹清楚，数据无误，内容完整，有检定、核验、主管人员的签字，并加盖检定单位印章。

（4）计量检定印、证应有专人保管，并建立使用管理制度。检定合格印应清晰完整。残缺、磨损的检定合格印，应立即停止使用。

（5）对伪造、盗用、倒卖强制检定印、证的，没收其非法检定印、证和全部违法所得，可并处罚款；构成犯罪的，依法追究刑事责任。

（六）计量检定人员的管理

计量检定人员作为计量检定的主体，在计量检定中发挥着重要的作用。计量检定人员所从事的计量检定工作是一项法制性和技术性都非常强的工作，尤其是作为法定计量检定机构的计量检定人员，不仅要承担计量检定任务，而且要受计量行政部门的委托承担为计量执法提供计量技术保证的任务。因此，不仅要求计量检定人员应全面掌握与所从事的计量检定有关的专业技术知识和操作技能，而且应全面掌握有关的计量法律法规知识，并认真遵守有关计量法制管理的要求，为此必须加强对计量检定人员的管理。

1.计量检定人员的监督管理体制

国家质检总局对全国计量检定人员实施统一监督管理，省级及市、县级质量技术监督部门在各自职责范围内对本行政区域内的计量检定人员实施监督管理。

《计量检定人员管理办法》适用于在法定计量检定机构等技术机构中从事计量检定活动的计量检定人员的管理。上述"法定计量检定机构等技术机构"指：①质量技术监督部门依法建立的法定计量检定机构；②质量技术监督部门依法授权的法定计量检定机构；③执行质量技术监督部门授权的强制检定和其他检定，测试任务的技术机构。国务院各主管部门和企事业单位执行非强制检定工作的计量检定人员可以向其主管部门申请考核，没有主管部门的可以向当地计量行政部门申请考核。

2.计量检定人员的资格

计量检定人员从事计量检定活动，必须具备相应的条件，并经质量技术监督部门核准，取得计量检定员资格。

申请计量检定员资格，应当具备以下条件。

（1）具备中专（含高中）或相当于中专（含高中）毕业以上文化程度；

（2）连续从事计量专业技术工作满1年，并具备6个月以上本项目工作经历；

（3）具备相应的计量法律、法规以及计量专业知识；

（4）熟练掌握所从事项目的计量检定规程等有关知识和操作技能；

（5）经有关部门依照计量检定员考核规则等要求考核合格。

此外，具备相应条件，并按规定要求取得《注册计量师注册证》的，可以从事计量检定活动。注册计量师注册管理，依照《注册计量师制度暂行规定》等有关规定执行。

3.计量检定人员的权利

计量检定人员享有下列权利。

（1）在职责范围内依法从事计量检定活动；

（2）依法使用计量检定设施，并获得相关技术文件；

（3）参加本专业继续教育。

4.计量检定人员的义务

计量检定人员应当履行下列义务。

（1）依照有关规定和计量检定规程开展计量检定活动，恪守职业道德；

（2）保证计量检定数据和有关技术资料的真实完整；

（3）正确保存、维护、使用计量基准和计量标准，使其保持良好的技术状况；

（4）承担质量技术监督部门委托的与计量检定有关的任务；

（5）保守在计量检定活动中所知悉的商业和技术秘密。

5.计量检定人员的法律责任

（1）计量检定人员出具的计量检定证书，用于量值传递、裁决计量纠纷和实施计量监督等，具有法律效力。任何单位和个人不得要求计量检定人员违反计量检定规程或者使用未经考核合格的计量标准开展计量检定；不得以暴力或者威胁的方法阻碍计量检定人员依法执行任务。

（2）未取得计量检定人员资格，擅自在法定计量检定机构等技术机构中从事计量检定活动的，由县级以上地方质量技术监督部门予以警告，并处以罚款。

（3）任何单位和个人不得伪造、冒用《计量检定员证》或者《注册计量师注册证》。构成违法行为的，依照有关法律法规追究相应责任。

（4）计量检定人员不得有下列行为。

①伪造、篡改数据、报告、证书或技术档案等资料；

②违反计量检定规程开展计量检定；

③使用未经考核合格的计量标准开展计量检定；

④出租、出借或者以其他方式非法转让《计量检定员证》或《注册计量师注册证》。违反上述规定，构成违法行为的，依照有关法律法规追究相应责任。

（七）注册计量师的管理

在计量领域实行职业资格准入制度，是为了进一步规范全社会计量专业技术人员的管理，提升计量专业技术人员的素质，以适应国民经济发展对计量技术人才提出的新要求。注册计量师制度的实施，将有利于整合考试资源，为计量专业技术人员的能力考核提供一个社会平台，实现计量专业技术人员资质管理的社会化和分层次管理。

第六节　计量检校过程管理

一、计量检定与量值传递

（一）量值传递基本概念

说到计量检定和校准的概念，首先要搞清楚量值传递的概念和相关内容。因为，计量检定和校准都是为了准确传递量值而采取的技术方法。

1.量值传递概念

通过对计量器具检定或校准的办法,将国家基准(标准器)所复现的计量单位值,通过各级标准(装置)逐级传递到工作计量器具,以保证计量器具对被测对象所得的量值的准确和一致。

2.量值传递的特点

传递的对象表面是计量器具,实质是"量值",是国家基准(标准)保存和复现的量值;手段是使用具有不同测量误差限(或准确度等级)的标准(装置)逐级传递,直至工作计量器具;逐级传递的过程中计量器具在检定与被检定中的主从关系及对技术、计量性能的规定就构成了量值传递系统,或称检定系统、量传系统、计量器具等级图等。

3.量值传递的必要性和基本方法

随着测量方法研究深入、材料科学发展、实验设施条件改进,人类测量的能力和水平达到了前所未有的高度。但任何新的高度和水平都面临着新的局限和盲区,正是由于方法、工具、实验条件的局限,任何一种或一次的测量都始终具有不同程度的误差。另外,对于不同的行业、产品和不同的需求,对每次测量的准确度要求也不一样。因此,通过量值传递,才能明确不同等级标准器的测量误差,满足不同层次测量的需求。可见,量值传递是统一计量器具量值的重要手段,是保证计量结果准确可靠的基础。

量值传递的基本方式:实物标准逐级传递、标准装置全面考核、标准物质传递、发播标准信号四种方式。也不排除随科学技术进步,采用新的方式传递或对独特的量值采用独特的方式进行传递。

(二)计量检定的基本概念

1.计量检定的定义和特点

查明和确认计量器具是否符合法定要求的程序。它包括检查、加标志和(或)出具检定证书。从定义可看出计量检定就是为了评定计量器具包括外观在内的品质、技术条件、计量性能是否符合规程规定的全面检查。重点是仪器的计量性能,并根据检定结果给出合格、不合格结论,加注标志或出具检定证书(或结果通知书)所进行的全部工作。

计量检定是量值传递过程采用的技术手段之一,是保证量值准确和统一的重要措施,是我国对计量器具进行管理的主要技术手段。在计量工作中具有十分重要的地位。

计量检定的特点和主要内容:法制性是计量检定最突出的特点。建立计量检定标准必须按照国家检定系统进行,计量标准器必须满足规定的技术条件和达到测量准确度等级要求,社会公用和企业最高计量标准必须经过政府计量部门考核。检定必须依据技术法规即检定规程规定的检定项目、检定条件、检定方法、周期(检定间隔时间即周期)以及检定结果的处理等要求进行。检定必须给出结论和有效期。

2.计量检定的方法：整体检定法和单元检定法

（1）整体检定法，又称为综合检定法，指直接用计量基准或计量标准来检定计量器具的计量性能，是主要方法之一，在日常检定中主要采用这种方法。它分为：①用计量基准或标准来检定计量器具；②用标准量具检定计量器具；③用标准物质检定计量器具；④用标准信号检定计量器具。

特点：简便可靠，直接得出计量器具的误差，但在不合格时，有时较难确定原因。

（2）单元检定法，又称为部件检定或分项检定，分别检定影响受检计量器具准确度的各项因素所产生的误差，然后通过计算求出总误差，以确定受检计量器具是否合格的方法。

特点：弥补整体检定不能涵盖的器具或对整体进行检定较困难时；用于探索新的检定方法，但检定和计算的过程均较烦琐，可靠性不高或较易出错，需做验证实验。

我国《计量法》规定，无论采用何种方法，"计量检定必须按照国家计量检定系统表进行""计量检定必须执行计量检定规程"。关于这两个技术法规，前面章节已有论述，此处不再赘述，只强调一点：检定系统表和检定规程不是一成不变的，随着技术条件、经济条件的改变，对其进行修订，制定科学先进、经济合理的检定系统表和检定规程，既可保证被检计量器具的准确度，满足生产需要和技术发展，体现出国家计量技术和计量管理水平，又可避免标准器精度过高造成的浪费和维护成本及人力的不必要浪费。

在计量检定中，检定的主要内容是计量器具的计量性能。因此，这里简单介绍计量器具的计量性能。

3.计量器具的计量性能

计量器具的计量性能，是指与仪器测量功能和性能有关的和对器具功能性能造成影响的仪器的特性和技术指标。主要包括准确度、稳定度、重复性、量程、分辨力、测量范围、静态、动态响应特性等技术指标和特性。

需要强调的是，不能将计量器具的耐压、绝缘、额定工作条件等安全、环境、机械的特性指标与计量特性指标混淆。

（三）计量检定的实施

在前面的章节中介绍了计量检定的概念和进行计量检定必须遵循的技术法规——计量检定系统表和计量检定规程。这里重点介绍实施计量检定必须具备的条件。要实施计量检定工作，必须具备相应的标准器（装置）及配套设备、满足检定规程要求的实验室、检定技术人员和实验室管理人员等基本的标准设备和实验室设施条件。此外，如果作为企业或本行业最高计量标准或社会公用计量标准，开展相应计量检定，还需要通过建立计量标准考核许可和行政授权许可（限强制检定类项目适用）。概括起来，有法制要求、技术能力和行政管理三个方面的实施要求。本节重点介绍实施计量检定的技术条件要求。

（1）实施计量检定的技术条件主要包括：

①具有计量性能符合规程要求并通过建立计量标准考核的标准器（装置）、标准物质等计量标准；

②有正常开展检定工作所需要的满足规程要求的实验场所和环境条件等基础设施；

③有满足相应条件和技术资质（如检定员证、注册计量师等）的研究、检定使用、维护的人员；

④具有完善的实验室管理、设备使用、维护和运行等制度。

上述技术条件中，计量标准设备是计量检定实施的物质基础。离开计量标准设备，检定工作就无从谈起。由于覆盖面、应用领域和在量值传递系统的地位不同，对同一个标准装置的功能，特别是准确度等级的要求也不一样。即使同为企业的最高标准，由于行业性质、产品特点不同，对标准装置的准确度等级要求也不一样。这里重点阐述一下企业建立量值传递体系，开展检定工作应遵循的原则。

（2）计量检测体系建立和设备配置应遵循：

①按照企业生产工艺过程检测、产品质量控制等企业经营管理和发展的需求，结合能力提升需要，确立企业计量检测体系建立的层次，确定配备企业所需的各类计量器具。

②依据企业计量器具的种类、功能、性能来确定要建立的计量标准的种类、数量和应具备的功能、性能。量值溯源是保证计量标准量值准确可靠的必要技术手段，要严格按期定时对计量标准进行量值溯源。进行区间核查和参加量值比对，对保证计量标准的准确可靠、促进计量检定技术提高非常必要。

③在满足覆盖需求的同时，还要兼顾使用、维护、溯源的方便性。

④应基于上述基本要素对计量体系建立、检定工作开展进行技术经济分析。计量标准设备的性能指标是设备价格的重要构成部分，应避免"大马拉小车"的资源、资金浪费现象，尤其要杜绝功能、性能不能覆盖需求的情况发生。

（3）使用维护人员是检定实施的关键。从业人员的基本素质和综合技术能力决定了检定工作的质量。计量管理、检定工作岗位是企业关键的生产技术岗位，对该岗位重要性认识的不足和偏离，可能导致计量管理和检定工作质量低下和不能满足企业需求的情况发生。要杜绝把计量管理、检定工作纳入后勤服务或闲职次要部门的做法。

（4）实验室基础条件和相应的管理制度是计量体系建立和检定实施的基础保障。维护和保持计量标准量值的准确可靠，是计量管理的主要内容之一，是保证被测量值准确可靠的前提。标准器（装置）的维护和保持需要满足一定的实验室和环境基础条件，建立和提供这些基础条件是企业的基础工作之一。

二、计量检校过程的控制

过程控制，是指为达到质量要求，对过程中的参数、因素等进行控制的过程。计量检校过程控制就是监控检校的各环节，为排除可能导致不合格、不满意的原因，以取得准确可靠的数据和结果而采取的作业技术活动、措施和管理手段等。

计量检校过程的控制强调的是检校过程各个环节均处于受控状态。这些环节包括管理体系、人员、设备、环境条件、技术规程/规范、样品的处置等。其中，人员是计量检校过程控制的关键，设备功能、性能的控制是基础，管理体系、技术规程/规范的控制是保障。

控制的方法就是针对检校过程可能产生影响的因素采取应对的控制手段、管理措施和技术活动。

可采取的控制手段、管理措施和技术活动的具体形式多种多样，可以是一次性的，也可以是定期进行的。如针对管理体系，定期进行内审和管理评审，保证体系的有效性和适应性；针对人员因素，制订继续学习和定期培训的计划和实施方案，通过人员比对和技术考核制度，控制人员因素；针对标准装置、设备的因素，通过制订期间核查计划并实施，通过量值比对、能力验证和实验室间比对等，实现对标准装置设备的控制；针对规程/技术法规及技术方法，可通过方法比对及定期技术法规、方法评审，保证规程/规范的现行有效，保证技术方法的科学先进，实现对方法的控制等。

计量检校过程的控制的措施和技术活动，针对不同行业和不同层次实验室的情况，侧重点、采取的方式和频次可能不一样，这里不再展开叙述，但保证检校质量的目的是一致的。在具体实施中，要因地制宜，制定符合性和可行性满足的控制措施和技术活动。要避免形式化、敷衍了事和过度控制化、谨小慎微妨碍技术的创新和改进。

第五章 产品质量检验基础

第一节 产品质量检验的基本概念

一、产品质量检验的意义与作用

产品质量检验是人类生产活动的一个组成部分，其目的在于科学地判定产品特性是否符合要求，从而剔除那些不符合要求的产品，确保产品质量达到技术标准要求。产品质量检验是生产过程中保证产品质量必不可少的重要环节，也是质量管理的基本内容、

（一）质量

质量是指产品、过程或服务满足规定要求或潜在需要的特征和特性的总和。对用户来讲，质量主要指适用性。因此，对质量的要求与人们的认知程度、时间、环境、条件等有关，一般可用定量或定性指标表示。

（1）产品——生产活动的成果。产品可分为硬件类产品（如机床、齿轮）和软件类产品（如计算机程序，也可分为成品、半成品和在制品）。

（2）过程——生产活动的组成环节。例如，由若干工序组成的产品制造过程，由设计、制造、检验、包装等子过程及其组合组成的产品质量形成过程。

（3）服务——生产活动的辅助环节。包括产品的社会性服务、企业性服务、技术性服务和售前售后业务性服务。

（4）规定要求——标准和规范中对产品、过程或服务所明确提出的质量要求，如空调器的耗电量、噪声、制冷速度等。也可包括政府有关法令、合同、技术协议书等。

（5）潜在需要——用户的质量要求，这些要求在标准和规范中并未明确规定。如用户对汽车所期望的乘坐舒适性等。

（6）特性和特征——特性指事物所特有的性质。如钢的含碳量、电烙铁的温度等。特征是事物的象征和标志，如钢材的品种规格、录像机的制式等。

（二）产品质量特性

产品质量是产品能够满足使用要求所具备的属性，即适用性。无论是简单的产品，还是复杂的产品都可把适用性（或用户的要求）归结为六个基本目标，即性能、可靠性、安全性、适应性、经济性和时间性。

一般人们将使用中所要求的质量特性称为真正质量特性，而把标准和规范中所规定的质量特性称为代用质量特性。例如，汽车轮胎的真正质量特性是使用寿命。而其代用质量特性则是抗压强度、材质要求及耐磨性、轮毂的材料及形式要求，等等。

（三）质量的波动性

质拉特性往往按一定的规律不断变化，此即质量的波动性。

导致产品质量波动的因素很多，如原材料性能的差异，机器误差和振动，工人操作中的不稳定性，工艺方法的变更以及环境温度的变化等都可能影响产品质量的波动。通常概为5M1E，即材料（Material）、设备（（Machine）、方法（Method）、操作者（Man）、测（Measurement）、环境（Environment）。

上述六项波动因素在不同的条件下，对产品质量的影响亦不同。作为质量管理的主要任务之一，就是要稳定由于偶然性原因造成的随机波动，消除由于异常原因造成的系统波动。

（四）质量检验

在产品的形成过程中，质量波动是客观存在而又无法完全消除的。为确定质量波动的大小，判断波动是否超出了允许的范围，以及判断哪些产品的质量波动超出了允许的范围，就必须进行检验。

检验是对产品的一种或多种特性进行测量、检查、试验，并与指定要求进行比较以确定其符合性的活动。

1.检验对象

检验的对象有原材料、元器件或零部件、标准件、半成品、单件成品或批量产品。

2.检验项目

检验项目既有单项检验，如检验机床床身导轨的直线度；又有综合检验，如齿轮、螺纹的综合检验等。

3.检验要素

检验的构成要素如下。

（1）定标——明确技术要求，掌握质量标准，制定检验方案；

（2）抽样——除全数检验外，应按抽样方案随机抽取样品；

（3）测定——采用测试、试验、化验、分析或感官检验等方法，确定产品的质量特性；

（4）比较——将测定结果同技术标准中的质量指标要求进行比较；

（5）判断——根据比较的结果，判定产品合格与否，或进而将合格品分等分级；

（6）处理——对判为不合格的产品，视其不合格的性质、状态和严重程度区分为返修品、次品或废品等；

（7）记录——记录测定的数据，填写相应的质量证明文件，以反馈质量信息，评价产品，推动质量改进。

（五）质量检验的职能和作用

从事产品质量检验的人员和部门是代表用户对产品质量实施监督的。因此，要充分重视检验的以下三项职能。

（1）保证职能——通过检验把住质量关，保证不合格品不转入下道工序或出厂。

（2）预防职能——采用先进的检验方法和检测手段，在生产过程中预防不合格品的产生通过工序能力的测定和控制，监测工序状态的异常变化，减小质量被动，提高产品一次合格率。

（3）报告职能——将检验中所获得的产品质量信息及时进行整理、分析和评价，向有关部门和领导报告，为进一步提高质量、完善管理提供依据和建议。

检验的过程要有记录，记录的信息要有分析，分析的结果要有反馈，反馈的部门要有措施。

产品质量检验的作用可归纳为以下四点：①判定产品（批或单件）是否合格；②测定工序能力；③监控工序状态的变异；④反馈质量管理所需的质量信息。

二、基本术语

（一）质量管理

质量管理指为确定和达到质量要求所必需的职能与活动（包括质量检验和试验）的管理，是企业全部管理职能的一个重要方面。

由于产品质量的重要性和质量影响因紫的复杂性，质量管理应由企业主要负责人主持，企业全体职工均应有强烈的质量意识，有义务支持和参与有关活动。要进行质量管理，首先就要制定质量方针和目标，并围绕质量方针和目标的实施，建立健全质量体系，对影响产品质量的各种活动（包括人、财、物的组织与分配）进行有效的控制，并开展质量保证活动。

（二）质量控制

质量控制指为保持某一产品、过程或服务质量满足规定要求所采取的作业技术和活动。质量控制的目的在于减小或排除影响质量变坏的各种因素，使生产过程及其各个阶段始终处于有效的受控状态，满足规定的质量要求。质量控制的范围包括质量环（或质量螺旋）的11个阶段。即市场调研、设计开发、采购、工艺准备、生产制造、检验和试验、包装贮存、销售发运、安装运行、技术服务与维护、用后处置等全过程。质量控制的手段既包括数理统计方法，计算机应用软件和生产过程自动检测、自动反馈的自适应控制，也包括各种管理技求与专业技术。质量控制活动可分为预防阶段和评定与处理阶段。预防阶段主要是针对控制目标和手段，制订相应的控制计划、程序与标准，评定与处置阶段是对整个实施过程与活动进行连续评价和验证，发现质量问题后进行调查分析，并及时进行处理。

（三）质量保证

质量保证指为使人们确信某一产品、过程或服务质量能满足规定要求所必需的有计划、有系统的全部活动。

质量保证的目的在于使需方和供方领导确信企业具有能够生产满足规定质量要求的产品所必需的有效保证质量的能力。质量保证的完善程度，以满足用户需要为尺度来衡量。

质量保证有内部质量保证和外部质量保证之分。内部质量保证是使企业领导确信本企业产品的质量满足规定要求所进行的活动，其中包括质量体系的评价与审核，以及对质量成绩的评定，是企业内部的一种管理手段，外部质量保证是为使需方确信供方企业的产品质量满足规定要求所进行的活动，是供方取得需方信任的手段。

（四）质量体系

质量体系指企业为达到预定的质量目标而建立的，包括组织机构、职责、程序、过程和资源等有机结合而构成的综合体。

一个完善的质量体系，包括若干基本要素。而这些要素是构成质量体系的基本单元，它可以是一项质量活动（如不合格品的控制），也可以是一个过程中的几项活动（如产品验证中的检验和试验）。根据不同的经营因素，存在合同环境和非合同环境这样两种不同的质量体系环境。对应于不同环境，企业所建立的质量体系又可分为质量管理体系和质量保证体系。前者存在于合同环境和非合同环境中，后者仅存在于合同环境中。一个企业只能有一个质量体系，但对于不同的产品，则可有多个质量保证体系。企业的质量管理、质量控制和质量保证都应通过建立和运行质量体系来实现。

（五）质量认证

质量认证指由具有公正性的权威机构，依据有关标准或规范，按照规定的条件和程序，对申请认证的企业产品的实物质量及其质量保证能力，进行全面审查并确认符合规定后，授予产品质量认证证书，准许该产品使用认证标志。质量认证是质量监督工作的重要组成部分，是维护消费者利益的有效方法，也是国际上通行的做法。

认证分为合格认证和安全认证。一般情况下，质量认证指合格认证。质量认证的基本特征是：

（1）认证的对象是产品。

（2）认证的基础是标准。由于认证是科学性、严肃性和公正性很强的一项活动，因此，用于认证的标准必须完整、严密、严格、实用。我国规定的认证所用标准为国家标准或行业标准。

（3）认证是由经过论证确系可以充分信任的第三方，即独立于供需双方的机构从事的一项工作。

（4）被认证的产品要经过认证机构的审查、检验、认可或鉴定；认证后，还要由认证机构进行跟踪监督。

证明取得认证资格的方式是有效的合格证书或合格标志。

任何一项产品，要取得认证资格，必须具备两个条件，即产品质量符合认证机构规定的要求，企业的质量保证能力符合认证机构规定的要求。质量认证的实施程序一般为：①企业申请；②检查企业的质量体系或质量保证能力；③由认可的检验机构对样品做型式试验；④审查、批准、颁发合格证书或标志；⑤对企业质量体系进行监督检查和对产品质量进行监督检验；⑥监督后的处理。

第二节 产品质量检验的主要形式和实施要点

一、产品质量检验的主要形式

检验形式可按不同的情况或从不同的角度进行分类。例如。按实施检验的人员可分为自检、互检和专检，按生产的不同阶段可分为入厂检验、工序检验和成品检验；按被检验产品的数量可分为抽样检验和全数检验；按检验场所可分为固定检验和巡回检验；按对产品是否有破坏性可分为破坏性检验和非破坏性检验（或称无损检测）；按受检质量特征可分为规格限检验、功能检验和感官检验；按被对象的性质可分为几何量检验、物理量检验、化学量检验；等等。

二、产品质量检验的实施要点

质量检验是判定产品质量、考核工程质量、反映工作质量必不可少的重要手段。即使是自动化生产系统，也必须在系统内设置自动检验和调控装置。因此，为了有效地实施质量检验，必须注意以下几个问题。

（一）质量检验应以保证质量为前提

质量检验应以质量第一和为用户服务的思想贯穿检验过程的始终，严格把好质量关。

（二）切实维护质量监督检验的公正性、科学性和权威性

要站在供需之外的（第三方）公正立场上，坚持原则，秉公办事，不徇私情，检验方法要正确，出具数据应准确；以严格的科学态度和强有力的法律武器，维护检验的权威性。

（三）检验人员应具有完成下列各项任务的能力

（1）熟悉被检产品的主要性能特点及其技术标准，掌握产品的质量要求，了解有关的工艺流程。

（2）正确使用并合理维护各种通用量具和量仪，以及专用检验器具、检测仪器和装置。

（3）按照技术条件及图纸提出的质量标准检验产品，并准确判断出产品是否合格。

（4）按规定准确及时地填写检验记录，签发合格证、报废单、返修单等原始记录和质量证明凭据。

（5）辅导、帮助自检与互捡，提出改进产品质量的意见。

（6）对现场废品进行隔离，杜绝合格品与废品相混。

（四）实施检验的基本条件

（1）必须有相应的质量标准，以便对检验结果进行判定。这些标准应尽可能量化。

（2）必须制订出相应的检验计划，规定检验程序、操作要点和取样部位等事项。

（3）拥有较为完善的检验设施，一般包括进行检验的场所、试验室、精密测试室（恒温、恒湿、消声、屏蔽等）以及各种检验仪器、设备、手段。

（五）检验水平的估价

检验水平是指检验员对产品质量作出正确判断的程度。主要表现为错、漏检率，适用性的判断力和分析能力。

错检是指检验环节中的失误，导致检验结论的错误，把合格品误判为废品（称为第一种错判），或把废品误判为合格品（称为第二种错判）。漏检是指漏掉了检验工序或检验项目。错、漏检的直接结果是使不合格品继续在生产现场流转或出厂，造成经济损失。给用户带来种种危害。产生错漏检的原因有管理性、技术性和过失性三种。检验结果是否准确可靠还取决于检验员的分析能力，具体表现在检验人虽是否善于"用数据说话"，是否能通过检验数据的变化预估质量的趋势，若产生了质量问题能否找到其影响因素等。

三、检验计划的编制

为加强对检验工作的指导，尤其是对于复杂产品的检验。应在实施检验前制订检验计划，以作为检验活动的依据。

（一）检验计划的内容

产品质检检验计划内容一般包括检验流程图和检验指导书两个方面。

（1）检验流程图——从原材料投入成品入库整个过程中各项检验安排的一种图表。是对检验活动的总体安排。具体内容包括检验点设置、检验项目、检验方式、检验手段、检验方法和检验数据处理等。

（2）检验指导书——是对某一具体检验活动的具体安排。一般来说，对关键和重要的零部件都应编制检验指导书。在指导书上应明确规定需要检验的质量特性项目及质量要求、检验手段、抽样的样本大小等内容。根据质量形成的不同阶段，可分原材料入厂检验用指导书、加工用检验指导书、装配和成品检验用指导书等。

（二）检验计划的编制程序

（1）设计、编制检验流程图。

（2）设立检验点或检验站。

（3）质量缺陷严重性分级，可采用贝尔系统缺陷分级方案，即分为A、B、C、D四级：

A级——非常严重，缺陷值100；

B级——严重，缺陷值50；

C级——中等严重，缺陷值10；

D级——不严重，缺陷值1。

（4）对一些标准规范作补充说明。

（5）编制检验指导书或检验规程。

编制检验计划的依据是技术标准、图纸和工艺。

第三节　产品质量检验中的标准化和计量技术

技术监督体系的形成与发展，依赖于质量、标准、计量三者的有机结合。就一定意义上讲，标准是控制质量的依据，计量是控制质量的手段，而质量则是标准与计量的目的。

一、质量检验与标准化

标准化是指通过制定和贯彻标准以获得社会经济效益的整个活动过程。标准化工作的任务是制定标准、贯彻实施标准和对标准的实施进行监督。从标准化的角度看，质量检验非常重要，它是对贯彻实施标准的检查和验证。

（一）质量检验与标准化的关系

标准化是质量监督检验的基础和依据，而质量检验又是对标准的实施进行监督的有力保证，二者相辅相成。

（1）二者的工作目标是一致的，都是取得经济活动的最佳效果。

（2）二者的工作依据都是技术标准、标准化要制定标准和贯彻标准；质量监督检验除了依据技术标准外，还要贯彻和依据国家有关质量的法规，如《工业产品质量责任条例》等。同时，在实施监督检验过程中，对没有标准的产品，可促使尽快制定标准；对标准贯彻执行中的情况，应及时反馈，为修订标准提供依据。

（3）二者的技术性都很强。制定标准时需依据科学技术和实践经验的综合研究成果。

（4）二者都具有管理上的强制性。标准化把质量监督检验作为其工作的一部分，用以维护标准的法规性。《中华人民共和国标准化法》规定，县级以上政府标准化行政主管部门，可以根据需要设置检验机构。或者授权其他单位的检验机构，对产品是否符合标准进行检验。处理有关产品是否符合标准的争议，以上述检验机构的检验数据为准。

（二）技术标准中的质量要求

产品的技术标准应明确提出一些应该达到的，并能运用一定的方法和手段进行检验的质量要求，这些质量要求构成标准的核心。

拟定产品标准中的质量要求应遵循下列基本原则。

（1）应以系统最佳为目标——标准中各项质量要求的组合构成了一个系统，必须从系统的整体性出发，对标准的质量要求进行优化组合，选出最佳方案；

（2）应尽可能具体和数量化——标准中规定的产品质量特性或特征值应数量化，便于分析计算；

（3）应能够测试和便于检验——在选择和确定质量特性值时，应同时制定其检验方法和规则。

二、质量检验与计量技术

质量检验过程的重要环节是测定。而要进行准确可靠的测定，就必须以计量技术为手段，通过严格的量值传递系统，保证各种测量器具在测量结果上的统一。

（一）检验与计量在生产过程中的关系

在产品的生产和形成过程中，检验与计量交织在一起，是一个有机结合的动态过程。过程中每道工序工位都离不开测量。计量器具精度的高低，加工人员和检验人员计量水平的高低都会直接影响产品的质量。不仅零件的加工精度与测量精度有关，而且零件的制造工时也与测量有关。机械加工过程的检测、成品检验以及计量器具的检修所耗工时占全部机加工工时的25%～45%、在轴承行业甚至高达50%。

（二）产品质量检验机构的计量认证

产品质量检验机构的职能是对产品进行测试，并根据测试结果判断产品质量是否符合技术标准要求。

《中华人民共和国计量法》规定，为社会提供公证数据的产品质量检验机构，其计量检定、测试能力和可靠性，必须经省级以上人民政府计量行政部门考核合格。在计量法实施细则中，称其为产品质量检验机构的计量认证。计量认证的内容包括以下四个方面。

（1）计量检定和测试设备的性能。

（2）计活检定和测试设备的工作环境。

（3）检验机构人员的水平和操作技能。

（4）保证量值统一、准确的措施及检测数据公正可靠的管理制度。

因此，产品质量检验机构的计量认证就是我国的法定计量机构的法律认可，其目的在于监督考核质检机构的计量检验数据，帮助质检机构树立产品检验工作的权威性和信誉。计量认证的程序一般包括申请、初审、预审、正式评审、审批发证、监督检查和复评六个环节。

第四节　产品质量检验中的抽样技术

当产品批量较大或需要进行破坏性检查时，通常采用随机抽样的方法。研究抽样方案，使抽样检验的结论公正地、客观地代表产品的实际质量的科学方法称为抽样技术。

一、抽样检验的类型

欲使从一批产品中抽出来的样品质量能可靠地代表该批产品的质量，有必要根据产品的质量特性要求来划分抽样的类别。

（一）计数抽样检验

计数抽样包括计件抽样和计点抽样。如果只须判断每个单位产品质量是否合格，然后利用子样中不合格产品件数来推断整批产品是否合格，这就是计件抽样检验。如果要考察单位产品中有外观缺陷点的个数。须从这批产品中抽取几个样品，然后根据几个样品中的缺陷点数来判断该批产品是否合格，称为计点抽样检验。

（二）计量抽样检验

当产品质量特性值是用一种连续的物理量来表示时，可以采用计量抽样检验方法。如检验材料的抗拉强度时，通过拉伸试验检验其强度数值为多少帕（Pa），从而判断这批材料是否符合强度要求。如果要检查一批白炽灯泡的平均寿命是否超过5000h，可根据几个样品的使用寿命来推断这批产品是否合格。

此外，还可以分为一次计数抽样、二次计数抽样和多次抽样检验。目的是进一步提高检验的可靠度。为了减少抽检量，还可采用序贯抽样方法等。

二、一次计数抽样检验

具体到产品质量抽样检验中，习惯上常用产品批的概念代替总体概念，所谓产品批是指在基本相同的制造条件下和相近的时间内生产出来的一批待判定的同一种产品，简称为批，或称交检批。

从产品的交检批中抽取容量为n的子样，经检验后，根据子样中的不合格数来决定这批产品是否合格。称此方案为一次抽样检验。产品批质量合格的判断原则是次抽祥检验中的一个重要内容。

第五节　产品质量检验中的数据处理

产品质量检验中的数据有两种，一种是通过测量器具得到的测量结果，另一种是感官检验中专家评定的得分。下面仅对测量数据予以分析和讨论。

一、测试过程中的误差及减小测量误差的措施

通过测量器具对产品质量指标进行检测所得到的是一些数据。往往因为测量器具本身质量原因，实际环境条件如温度、湿度、振动、气压、电压等变化与严重不稳定，采用近似测量原理或方法，以及测量人员主观因素所引起误差等，致使测量结果不能真实反映产品质量的实际状态。产品质量指标测量结果与其真值之差为测量误差。由此可知，测试过程中所取得的数据一般都包含有误差成分。为了减小或消除产品质量测量结果中的误差，在测试方法和数据处理两个方面必须采取相应的有效措施。

（一）系统误差的消除

系统误差的特征是其绝对值与符号保持恒定或按某一确定规律变化。产生系统误差的主要原因是测量条件的影响和测试方法的差异。系统误差反映了测量数值对产品质量真值的偏离程度，决定测量结果的准确度。从理论上讲，系统误差是可以消除的，而实际上是只能找到相应的措施。将系统误差的影响减小到一定限度。比如，可采用以下方法减少或消除系统误差。

（1）检定修正法——将测试器具送交有关法定计量部门，采取相应措施消除产生误差的因素，或者对示值误差予以直接修正。

（2）反向对称法——通过正向和反向各测量一次，将两次测量结果代数相加取其平均值，可消除某种系统误差。

（3）区组管理法——将同一产品置于两种环境中测量，环境条件保持相对稳定，将两个环境下测量结果的平均值相减，即为环境条件系统误差。采取针对性平均值作为测量结果的措施，消除或减小部分系统误差，可以提高测量结果的准确度。

（二）随机误差的控制

随机误差的特征是其绝对值和方向以不可预定的方式变化，但具有统计规律，通常服从正态分布。一般情况下，符号相反而绝对值相等的随机误差出现的概率相等；绝对值大的随机误差出现的概率小，所有随机误差的代数和等于零。

随机误差产生于许多独立因素的综合作用，且无特别突出的影响因素。随机误差引起测量结果的分散性，反映测量的精密度。

减小随机误差影响的主要方法是重复测量，根据随机误差上述概率分作特性，可采用多次测量数据的平均值作为产品质量指标的评价结果，或者对多件产品的同一指标进行检测，以平均值来评价产品总的质量状态。

虽然重复测量或多次测量可以减小随机误差，但是不可能完全消除，同时还应照顾到

检测效率和抽样检验原则，所以重复测量次数是有限的。

（三）粗大误差的消除

粗大误差是在规定的检验条件下，测量数据中极少数超出预计的误差。粗大误差多半是由于测量人员疏忽大意或测量条件突变等原因所致，如突然的振动，电网上的电压突变，观测者一时眼睛恍惚读错数据等。在正常测试过程中是不允许有粗大误差的，一旦发现必须剔除。

从一批测量数据中，发现并剔除粗大误差的方法很多，其中比较简便适用的是极限误差法。首先计算这批数据的标准差，再根据随机误差中绝对值大的出现的概率很小的有界性特点，认为大于3倍统计值的误差就是粗大误差，应该从观测数据中剔除。

二、检验数据的处理

检验数据的处理包括判断并剔除粗大误差，判断和消除系统误差，评定随机误差的影响以及抽样检验后的假设实验等，这里主要是讨论含有随机误差的数据处理。考虑到有效数值的作用，首先介绍数据修约规则，然后讨论平均值和标准差的计算与意义。

（一）数值修约规则

由于在实际检测过程中，测量数据最后几位数字在仪器误差或其他条件影响并不准确，有时只要求数据精确到前几位，这就需确定有效数据。对于从测数据的位数取舍，应该遵守修约规则。

1.进舍规则

当决定应该保留几位数字作为有效数字后，对于有效数字后的一位应根据进舍规则，即"四舍六入五考虑，五后非零则进一，五后皆零视奇偶，五前为偶应舍去，五前为奇则进一"，这是在数据修约时应该遵守的规则。

例如，要求修约17.4546到个位数，正确的修约结果为17。修约规则特别强调不许连续修约，否则造成17.4546→17.455→17.46→17.5→18，显然这是一个错误的修约结果，应当只对要求保留的后一位数字进行修约。

2.半个单位修约与0.2单位修约

考虑到实际工作中有的量具仪表，其指示精度为半个单位或0.2个单位，有的指标按现有位数表达显得精度不够或达不到。因此提出了半个单位修约与0.2个单位修约规则。

半个单位修约是指修约间隔为指定数位的半个单位，一般表示修约间隔为0.5，即修约值在0.5的整数倍系列中选取。

0.2单位修约是指修约间隔为指定数位的0.2个单位，即修约到指定数位的0.2个单位。

（二）平均值与标准差

平均值是统计学中最常用的统计量，是表示一组数据集中趋势的量数。

平均值的计算方法是一组数据中所有数据之和再除以这组数据的个数。用平均数表示一组数据的情况，具有直观、简明的特点。

标准差是总体各单位标准值与其平均数离差平方的算术平均数的平方根，用 σ 表示，标准差是方差的算术平方根。

标准差在概率统计中最常作为统计分布程度使用，还能反映一个数据集的离散程度。平均数相同的两组数据，标准差未必相同。

第六章　建筑装修材料及污染物的检测技术

第一节　建筑装饰装修材料基础知识

一、建筑装饰装修材料的概念与种类

（一）建筑装饰装修材料的概念

建筑装饰装修材料，一般是指建筑物主体结构工程完工后，进行室内外墙面、顶棚及地面的装饰、室内空间及室外环境美化处理所需的材料。它是实现建筑装饰装修目的的重要物质基础，既能起到装饰效果，又可以满足一定使用要求的功能性材料。

建筑装饰装修材料集材料性能、工艺、造型设计、色彩、美学于一体，它的品种门类繁多，更新周期快，新品层出不穷，发展潜力巨大。它发展速度的快慢、品种的多少、质量的优劣、款式的新旧、配套水平的高低，决定了建筑物装饰性的好坏，对于美化城乡建筑、改善人民生活环境和工作环境具有十分重要的意义。

（二）建筑装饰装修材料的种类

伴随着我国经济的高速发展，我国建筑装饰装修行业的发展速度越来越快，建筑装饰装修业已成为国民经济和社会发展的一个新兴产业。建筑装饰装修业的快速发展带动了建筑装饰装修材料的消费，也促进了其快速发展。目前，我国建筑装饰装修材料已经形成了门类齐全、产品配套完善的工业体系，无论在性能、质量还是数量上，已能满足国内各层次的消费需求。目前，我国市场上主要的建筑装饰装修材料有以下几类。

1.壁纸、墙布

壁纸是一种应用相当广泛的室内装修材料，主要分为纸质壁纸、PVC塑料壁纸、织物

壁纸。

与墙纸不同，墙布的本体为织物，用棉布为底布，并在底布上施以印花或轧纹浮雕，也有以大提花织成，可以纹出许多精美的绣花图案。根据材料，墙布主要分为玻璃纤维印花贴墙布、无纺贴墙布、化纤装饰贴墙布、丝绸壁布等。

2.地板、地砖、地毯

目前，能够用于地面装饰的材料非常多，但总的来讲，主流材料主要包括地板、地砖和地毯三大类。

地板主要包括塑料半硬质地板、PVC塑料卷材地板、防滑塑地板、抗静电活动地板、防腐蚀塑料地板、拼花木地板、实木地板、强化木地板、复合木地板、橡胶地板、竹质拼花地板等。

地砖按照其制作工艺，可分为釉面砖、通体砖、抛光砖、玻化砖、马赛克等。

地毯也是室内地面家装建材的常用材料之一，同地板和地砖相比，它可以吸收及隔绝声波，具有良好的吸音和隔音效果，在保持自身居室内的舒适宁静之余，也防止声音太吵而打扰到楼下住户。地毯主要分为化纤地毯、剑麻地毯、橡胶绒地毯、塑料地毯几大类。

3.塑料管道

塑料管道是主要推广应用的化学建材产品，按其制作材料，可分为硬聚氯乙烯塑料管、聚乙烯管、聚丙烯管、PVC双壁波纹管、芯层发泡PVC管、ABS管、发泡ABC管、聚丁烯管、铝芯层高密度聚乙烯管、加砂玻璃钢管等。

4.门窗

门窗可分为塑料门窗、涂锌彩板门窗、铝合金门窗、玻璃钢门窗、PVC浮雕装饰内门、折叠式塑料异型组合屏风、塑料百页窗帘、铝合金百页窗帘、防火门、金属转门、自动门、不锈钢门等。

5.建筑涂料

在我国，一般将用于建筑物内墙、外墙、顶棚、地面的涂料称为建筑涂料。实际上建筑涂料的范围很广，除上述内容外，还包括功能性涂料及防水涂料等。建筑涂料包括聚醋酸乙烯乳胶涂料、乙丙乳液内墙涂料、苯丙乳液内墙涂料、云彩涂料、硅酸钠无机内墙涂料、乙丙外墙乳液涂料、苯丙外墙乳胶涂料、硅酸钾无机外墙涂料、硅溶胶无机内墙涂料、溶剂型丙烯酸树脂涂料、丙烯酸系复层涂料、有机–无机复合外墙涂料、环氧树脂地面涂料、聚醋酸乙烯酯地面涂料、聚氨酯地面涂料等。

6.装饰板材

装饰板材是所有板材的总称，主要有细木工板、胶合板、装饰面板、密度板、集成材、刨花板、防火板、石膏板、铝扣板等。

7.浴缸制品

按照材料，浴缸主要分为铸铁搪瓷浴缸、钢板搪瓷浴缸、人造大理石浴缸、人造玛瑙浴缸、玻璃钢浴缸、GRC浴缸、亚克力浴缸等。

8.胶粘剂

胶粘剂主要包括壁纸和墙布胶粘剂、塑料地板胶粘剂、塑料管道胶粘剂、竹木专用胶粘剂、瓷砖大理石胶粘剂、玻璃和有机玻璃胶粘剂、塑料薄膜胶粘剂、防水片材胶粘剂等。

9.玻璃装饰材料

玻璃装饰材料主要包括夹丝玻璃、压花玻璃、饰面玻璃、玻璃砖、镭射玻璃、彩印玻璃、雕刻玻璃等。

10.陶瓷装饰材料

陶瓷装饰材料主要包括釉面砖、墙地砖、大型陶瓷饰面砖、陶瓷锦砖、陶瓷壁画等。

11.装饰石材

装饰石材，是指在建筑物上作为饰面材料的石材，包括天然石材和人造石材两大类。天然石材指天然大理石和花岗岩，人造石材则包括水磨石、人造大理石、人造花岗岩和其他人造石材。

12.吊顶装饰材料

吊顶是房屋居住环境的顶部装修，它有隔热、隔音、保温的作用，在房屋中占有重要的区域。吊顶装饰材料不仅能美化室内空间，也能营造出温馨大方的氛围。吊顶装饰材料主要包括石膏装饰吸音板、塑料装饰吊顶板、玻璃装饰吊顶板、珍珠岩吸音装饰板、矿棉吸音装饰板、玻璃棉装饰吸音板、铝合金装饰吊顶板、彩色钢板装饰吊顶板等。

二、建筑装饰材料中有害物质的危害

装修污染物的释放长达3～15年，其危害主要有：引起人体免疫功能异常、肝损伤及神经中枢受影响；对眼、鼻、喉、上呼吸道和皮肤造成伤害；引起慢性健康伤害，减少人的寿命；严重的可引起致癌、胎儿畸形、妇女不孕症等；对小孩的正常生长发育影响很大，可导致白血病、记忆力下降、生长迟缓等；对女性容颜肌肤的侵害。甲醛对皮肤黏膜有很强的刺激作用，在接触之后，皮肤会出现皱纹、汗液分泌减少等现象，而汗液分泌减少会影响毛孔内脏物和人体新陈代谢。所以，装修材料对室内环境的污染危害越来越引起人们的重视。

近来研究表明，室内空气质量不仅受到室外大气污染物渗透扩散的影响，也受室内污染源的影响。在室内常见的有害物质有数千种，种类复杂，其中对人体健康危害最大的是挥发性有机物、甲醛、苯系物、重金属元素、甲苯二异氰酸酯、氨和放射性核素等。

（一）挥发性有机物

非工业环境中最常见的空气污染物之一。在室内装饰过程中，挥发性有机物（Volatile Organic Compound，VOC）主要来自油漆、涂料和胶粘剂。据最新报道，在建筑和装饰材料中已鉴定出307种VOC，其中常见的VOC单体有苯乙烯、丙二醇、甘烷、酚、甲苯、乙苯、二甲苯、甲醛等。VOC毒性可概括为非特异毒性和特异毒性。非特异性毒性主要表现为建筑物综合征：头痛、注意力不集中、厌倦、疲乏等。特异性毒性涉及某些VOC和某些VOC单体，可导致过敏和癌症。有些特异性毒性效应由VOC的代谢产物引起，如甲醇产生毒性症状可表现在感官方面（视觉或听觉受损）、认识方面（长期和短期的记忆消失、混淆、迷向等）、情感方面（神经质、应激性、压抑症、冷淡症等）和运动功能方面（握力变弱、震颤等）。

（二）甲醛

甲醛主要来自室内装饰材料，如用作室内装饰的胶合板、细木工板、中密度纤维板和刨花板等，在加工生产中使用脲醛树脂和酚醛树脂等作为黏合剂，其主要原料为甲醛、尿素、苯梵和其他辅料。板材中残留的未完全反应的甲醛逐渐向周围环境释放，成为室内空气中甲醛的主体，从而造成室内空气污染。而生产家具的一些厂家为了追求利润，使用不合格的人造板材，在粘接贴面材料时使用劣质胶水，制造工艺不规范，挥发性有机物含量极高。另外，含有甲醛成分的其他各类装饰材料，如壁纸、化纤地毯、泡沫塑料、油漆和涂料等，也可能向外界释放甲醛。有关研究表明，人造板材中甲醛的释放期为3～15年。甲醛是一种无色易溶的刺激性气体，经呼吸道吸收，长期接触低剂量甲醛可引起慢性呼吸道疾病，甚至引起鼻咽癌；高浓度的甲醛对神经系统、免疫系统、肝脏等都有害。此外，甲醛还有致畸、致癌作用，长期接触甲醛的人，可引起鼻腔、口腔、咽喉、皮肤和消化道的癌症。

（三）苯系物

在各种建筑材料的有机溶剂中大量存在，如各种油漆和涂料的添加剂、稀释剂和一些防水材料等；劣质家具也会释放出苯系物等挥发性有机物；壁纸、地板革、胶合板等也是室内空气中芳香烃化合物污染的重要来源之一。这些建筑装饰材料在室内会不断释放苯系物等有害气体，特别是一些水包油类的涂料，释放时间可达1年以上。苯为无色具有特殊芳香味的液体，是室内挥发性有机物之一。在通风不良的环境中，短时间内吸入高浓度苯蒸气可引起以中枢神经系统抑制为主的急性苯中毒。轻度中毒会造成嗜睡、头痛、头晕、恶心、呕吐、胸部紧束感等；重度中毒可出现视物模糊、震颤、呼吸短促、心律不齐、抽搐和昏迷等，严重的可出现呼吸和循环衰竭，心室颤动。苯已被有关专家确认为严重致癌物质。

（四）重金属元素

重金属元素主要来源于传统的无机颜料和有机材料合成所用的无机助剂。重金属污染材料主要来源于涂料、油漆、胶粘剂、壁纸、聚氯乙烯卷材地板等装饰材料。铅、镉、铬和汞是常见的有毒物质，这些可溶物质对人体有明显的危害。

尤其是铅能损害人体神经、造血和生殖系统，对儿童青少年危害很大，影响儿童生长发育和智力发展。因此，铅等重金属污染的控制已经成为世界性的关注热点和发展趋势。长期吸入镉尘可损害肾或肺功能。长期接触铬化合物易引起皮炎湿疹。慢性汞中毒主要引起中枢神经系统等疾病。

（五）甲苯二异氰酸酯

甲苯二异氰酸酯（Toluene Disocyanate，TDI）是白色或淡黄色液体，具有强烈的刺激性气味。TDI在人体中具有积聚性和潜伏性，对皮肤、眼睛和呼吸道有强烈刺激作用，吸入高浓度的甲苯二异氰酸酯蒸气会引起支气管炎、支气管肺炎和肺水肿；液体与皮肤接触可引起皮炎。液体与眼睛接触可引起严重刺激作用，如果不加以治疗，可能导致永久性损伤。长期接触甲苯二异氰酸酯可引起慢性支气管炎。对甲苯二异氰酸酯过敏者，可能引起气喘、伴气喘、呼吸困难和咳嗽。游离TDI对人体的危害主要是致过敏和刺激作用，经呼吸道吸入，不经正常皮肤吸入。接触TDI蒸气后对眼有刺激性，疼痛流泪，结膜充血；呼吸道吸入后有咳嗽胸闷、气急、哮喘症状；皮肤接触后可发生红色丘疹、斑丘疹、接触性过敏性皮炎；个别重病者可引起肺水肿及哮喘，引起自发性气胸纵隔气肿，皮下气肿。

（六）氨

氨主要来自建筑物本身，即建筑施工中使用的混凝土外加剂和以氨水为主要原料的混凝土防冻剂。含有氨的外加剂，在墙体中随着湿度、温度等环境因素的变化还原成氨气，从墙体中缓慢释放，使室内空气中氨的浓度大量增加。氨是一种无色而具有强烈刺激性臭味的气体，它对所接触的组织有腐蚀和刺激作用。它可以吸收组织中的水分，使组织蛋白变性，并使组织脂肪皂化，破坏细胞膜结构，减弱人体对疾病的抵抗力。氨浓度过高时，除腐蚀作用外，还可通过三叉神经末梢的反射作用而引起心脏停搏和呼吸停止。

（七）放射性核素

氡和镭主要来自建筑施工材料中的某些混凝土和某些天然石材。氡和镭是放射性元素，这些混凝土和天然石材中含有的氡和镭会在衰变中产生放射性物质。这些放射性物质对人体的危害，主要通过体内辐射和体外辐射的形式，对人体神经、生殖、心血管、免疫系统及眼睛等产生危害。

第二节　装饰装修材料中有害物质及其检测技术

一、木器涂料中有害物质检测

（一）木器涂料

木器涂料是指木制品上所用的涂料，包括家具、门窗、护墙板、地板、儿童玩具等，可简单分为家具木器漆和家装木器漆。若按涂料类型划分，则分为溶剂型涂料、水性涂料和无溶剂涂料；按成膜物质分为天然树脂类和合成树脂类涂料。我国木器涂料的发展趋势是向安全环保、高固体、低污染方向发展。品种上固化涂料、水性木器涂料将呈现较快的上升趋势，气干型的不饱和聚酯有所上升，符合环保的聚氨酯涂料稳中略有增长，硝基涂料会有所下降，但高固低黏无苯类溶剂的环保硝基涂料会继续存在，适合于自动化涂装生产线的涂料亦会有所增加。

（二）木器涂料的种类及性能

木器涂料分为溶剂型木器涂料和水性木器涂料两大类。

1.溶剂型木器涂料

溶剂型木器涂料是由石油溶剂、甲苯、二甲苯、醋酸丁酯、环己酮等作为溶剂，以合成树脂为基料，配合助剂、颜料等经分散、研磨而成，是建筑装饰装修中常用的一类材料。溶剂型木器涂料种类繁多、主要品种有醇酸类、酚醛类、硝基类、聚氨酯（PU聚酯）类以及在此基础上改性的各类涂料。目前家庭装饰装修中最常用的是聚氨酯树脂漆。

2.水性木器涂料

水性木器涂料是以水为分散介质的一类涂料，具有不燃、无毒、不污染环境、节省能源和资源等优点。水性木器涂料可分为水性醇酸树脂、水性硝基纤维素、水性环氧树脂、水性丙烯酸树脂和水性聚氨酯涂料以及丙烯酸-聚氨酯水性树脂涂料。

目前，涂料工业环保压力日趋加大，国家颁布了多项政策法规限制，对木器涂料同样造成不小的影响。不过，即便环保要求提高下，溶剂性合成树脂制成的木器涂料仍然占据主要地位。

上述报告数据显示，溶剂型木器涂料在市场中是绝对主流，占比高达95%以上。这主要是因为溶剂型木器涂料施工性能优异、物理化学性能突出、综合性价比高，但缺点同样不容忽视，如含有VOC、污染环境、易燃易爆、损害漆工健康等。

相对而言，水性木器涂料经过多年发展，因消费习惯、涂装环境、乳液价格等因素，市场接受程度始终不高。随着环保法规完善、环保意识觉醒，水性木器涂料需求有望得以快速增长。

从发展趋势来看，水性木器涂料是木器涂料领域的主要发展方向，未来有望凭着清洁、环保等特性取代溶剂型木器涂料。此外，在产品性能没有太大改观之前，需要运用新技术、新工艺来刺激需求增长，才能让木器涂料重回上升通道。

（三）木器涂料中主要的有害物质

《木器涂料中有害物质限量》（GB 18581-2020）规定了木器涂料中对人体和环境有害物质容许限量的术语和定义、产品分类、要求、测试方法、检验规则、包装标志、标准的实施等内容。适用于除拉色漆、架桥漆、木材着色剂、开放效果漆等特殊功能性涂料以外的现场涂装和工厂化涂装用各类木器涂料，包括腻子、底漆和面漆。该标准于2020年12月1日正式实施。

通过对比分析，新版标准的标准名称删除了"室内装饰装修材料"，删除了"溶剂型"；根据名称和范围的变化，修订的新版标准在保留原版的溶剂型类别基础上，增加了不饱和聚酯类产品，合并了水性类，同时新增了辐射固化类和粉末类木器涂料产品。

该标准由16个检测项目构成，与旧版相比新增了4项，8项检测方法发生变化，VOC、苯、甲苯与二甲苯（含乙苯）、苯系物、游离二异氰酸酯5项技术指标相比旧版更严。

VOC限量值有变：新标准中各产品的VOC限量值在原标准的基础上略有降低，同时增加了辐射固化型木器涂料的VOC限量值。

苯、甲苯与二甲苯（含乙苯）限量值有变：因水性涂料中苯很难添加，所以除了水性木器涂料对苯不进行限量外，其他几个品种的木器涂料均对苯、甲苯、乙苯和二甲苯进行了限量，其中苯含量不高于0.1%。

苯系物的总和含量指标有变：水性涂料（含腻子）、水性辐射固化涂料（含腻子）中苯系物的总和含量不高于250mg/kg，对溶剂型涂料和非水性辐射固化涂料不作限量要求。

游离二异氰酸酯的总和含量指标有变：聚氨酯溶剂型木器涂料中，潮（湿）气固化型不高于0.4%，其他不高于0.2%。

二、内墙涂料中有害物质限量及检测

（一）内墙涂料中的主要有害物质

根据国内外学者对室内环境污染的大量研究和论证，结合内墙涂料的具体情况，内墙涂料中能够造成室内空气质量下降并有可能影响人体健康的主要有害物质为挥发性有机化合物，游离甲醛，重金属（可溶性铅、可溶性镉、可溶性铬、可溶性汞）以及苯、甲苯和二甲苯系列。所以新修订的标准对以上各项目均作了规定。

在内墙涂料中，挥发性有机化合物及苯、甲苯、乙苯、二甲苯总和主要来自少量的成膜助剂、湿润剂、分散剂、乳化剂、稳定剂、表面活性剂、消泡剂和乳液聚合的残余单体等。

甲醛是一种无色易溶于水的刺激性气体。35%～40%的甲醛水溶液一般称为福尔马林。甲醛是原浆毒物，能与蛋白质结合。内墙涂料中的甲醛含量很低，不过有的以甲醛作为防腐剂，成膜助剂采用高挥发性的有机物，有的在乳液中掺加107胶，低档的乳液中游离甲醛含量是比较高的，具有强烈的刺激性。

内墙涂料中的重金属离子（可溶性铅、可溶性镉、可溶性铬、可溶性汞）通常是着色剂带入的。内墙涂料以白色最为流行，由颜料带入的重金属是微量的。有色内墙涂料，由于颜色的不同，重金属离子的种类和含量可能有所不同。

（二）内墙涂料中有害物质限量的技术要求

国内外对内墙涂料中有害物质限量的种类、含量及检测方法各有不同。我国《建筑用墙面涂料中有害物质限量》（GB 18582-2020）所规定的技术指标与国外有关标准基本一致，可溶性重金属铅、镉、铬和汞的技术指标与英国、德国、法国及欧洲经济委员会对玩具材料的要求完全相同。但对挥发性有机化合物的限量标准则有较大的差别。这一方面因为不同国家或不同的标准对VOC限量的要求不同，另一方面也由于对VOC的定义不同而引起差异，主要体现在VOC的计算公式上。

（三）内墙涂料中有害物质检测要求及规则

1.检测样品的取样

样品确有代表性，检测结果才有意义。产品按《色漆、清漆和色漆与清漆用原材料取样》（色漆、清漆和色漆与清漆用原材料取样）的规定取样，一份密封保存，另一份为检测样品。

2.检测规则

对产品必须做形式检验，检验项目包括挥发性有机化合物（VOC）、苯、甲苯、乙苯、二甲苯总和、游高甲醛、重金属（可溶性铅、可溶性镉、可溶性铬、可溶性汞）全部技术要求。在正常情况下，形式检验每年至少进行一次。但当新产品最初定型时，产品在异地生产时，生产配方、工艺及原材料有较大改变时或停产3个月又恢复生产时应随时进行形式检验。

3.检测结果的判定

对于检验中的合格判定问题，若所有项目的检验结果全部达到标准技术要求时，该产品符合标准要求，判定合格：若有一项检验结果不达标，应对保存样品进行复验，若复检结果仍不达标，该产品不符合标准要求，判定不合格。

三、胶粘剂中有害物质检测

（一）胶粘剂的定义

胶粘剂又称为黏合剂，是通过界面黏附、内聚、咬合和摩擦等作用使两种或两种以上部件连接在一起共同受力（或发挥功能性作用）的材料，它可以是天然的，也可以是人工制备的，可以是无机的、有机的，也可以是无机–有机复合的。简而言之，胶粘剂就是通过黏合作用，能使被黏物体结合在一起的材料。

（二）胶粘剂的分类

按照材料属性，胶粘剂可以分为天然胶粘剂和人工胶粘剂。天然胶粘剂是将自然界物质直接作为胶粘剂，或经简单加工得到的胶粘剂，如可以从动植物胶中提取一些成分，经加工得到胶粘剂。人工胶粘剂主要指采用化工原料加工而成的胶粘剂，常见的有合成树脂基、水玻璃基、水泥基、石膏基胶粘剂等。

按照用途划分，建材行业中的胶粘剂主要有建筑胶粘剂和装饰胶粘剂两类。建筑胶粘剂常用于建筑物中的结构承重部位，其主要成分为聚氨酯、沥青或硅酮和水泥等。装饰胶粘剂常用于室内装修、门窗和地下室等部位，市场上主要是氯丁橡胶胶粘剂和水泥基胶粘剂。

按照使用性能，可以把建材行业中的胶粘剂划分为六种类型，具体为无溶剂液体胶粘剂、热熔性胶粘剂、乳液型胶粘剂、水溶性胶粘剂、溶剂型胶粘剂和水泥基干混料型胶粘剂。其中，无溶剂液体胶粘剂最为常见，如环氧树脂胶粘剂等。常见的热熔性胶粘剂有聚丙烯酸酯胶粘剂和聚苯乙烯胶粘剂等。常见的乳液型胶粘剂有氯化橡胶胶粘剂和各种树脂型胶粘剂。常见的水溶性胶粘剂有乙烯醇胶粘剂等。常见的溶剂型胶粘剂有丁基橡胶胶粘剂等。水泥基干混料型胶粘剂使用时只要在现场按比例加水搅拌均匀即可，施工后随着水泥的水化逐渐凝结、硬化和产生强度。常见的水泥基干混料型胶粘剂有保温材料胶粘剂、瓷砖胶和加固材料胶粘剂等。

（三）胶粘剂在建筑行业中的应用

胶粘剂在建筑领域用途广泛，发挥着重要作用。下面列举部分应用实例。

1.建筑保温材料胶粘剂

膨胀聚苯板胶粘剂是建筑外墙外保温装饰系统的重要组成部分。外墙保温装饰系统是集保温隔热、隔声、装饰性为一体的环保型轻质非承重型外维护建筑墙体系统。目前工程中常使用的EIFS有胶粉聚苯颗粒外墙外保温系统和膨胀聚苯板薄抹灰外墙外保温系统两种类型。

2.瓷砖胶粘剂

传统的瓷砖（包括大理石、花岗岩等石材）粘贴，常以水泥（或水泥砂浆）加少许聚乙烯醇缩醛胶（107胶和801胶等）作为胶粘剂。由于传统胶粘剂性能的局限性，瓷砖空鼓、错位甚至脱落的现象时常发生，粘贴层的渗水问题严重，安全隐患不可忽视。而近来利用可再分散乳胶粉、纤维素醚等研制的瓷砖粘贴用水泥基胶粘剂很好地解决了该问题。

3.混凝土界面处理剂

混凝土界面处理剂也属于胶粘剂，它是一种增强混凝土与后续施工层（如找平层、抹面层、瓷砖粘贴层）之间黏结强度的特殊材料。混凝土界面处理剂主要用于处理混凝土、加气混凝土、粉煤灰砌块（砖）和烧结砖等的表面，增强黏结力，有效解决这些表面因光滑或因吸水太快而引起后续施工层不易黏结，施工后容易空鼓和开裂等的问题。这种界面处理剂的应用，完全可以取代传统的混凝土表面凿毛工序，省时省力，效果良好。

4.胶粘剂在建筑加固工程的应用

（1）粘接加固。

顾名思义，粘接加固就是采用胶粘剂粘接，将补强加固用的钢板或型材，或者是其他补强材料（如碳纤维、芳纶、氯纶）牢固粘接在钢筋混凝土构件（如梁、柱、节点、托架板面、隧道及拱形顶等）上形成完整的一体。目前已经采用粘接加固的工程均获得满意结果。以梁为例，被加固的梁可以是建筑物上的普通承重梁，也可以是起重吊车用梁，还可以是公路桥梁的梁及板梁、铁路桥的钢筋混凝土梁等。通过精心设计和施工，加固补强后的效果非常理想。

（2）植筋。

利用胶粘剂可将螺栓、钢筋、塑料杆等锚固件根植于混凝土、岩石、砖和石材等基材中。这种根植工艺也称"植筋"。

（3）灌注与修补。

胶粘剂可用于一般构件中裂纹的封堵（修补），防止裂缝继续扩大，使构件达到原来的设计要求。在建筑、水利和军事工程中，都有利用胶粘剂灌注和修补结构裂缝的应用实例。

（4）其他方面。

除了以上三个方面外，胶粘剂在工程的应急抢险、防水堵漏、密封防潮以及防腐蚀等方面都有较好的应用前景。

胶粘剂综合了化学、力学、材料、结构和光电等方面的先进技术成果，应用于建筑结构钢补强、锚栓植筋、现场灌注施工上，显示出其突出的优点与应用重要性。胶粘剂的广泛应用，不仅为建筑和相关行业带来了技术革新，也为国内胶粘剂行业创造了巨大的经济效益，社会效益明显。

（四）胶粘剂中常见的有害物质

用于室内装饰装修的胶粘剂主要有水溶性聚乙烯醇缩甲醛胶粘剂、陶瓷墙地砖胶粘剂、壁纸胶粘剂、天花板胶粘剂、木质地板胶粘剂、半硬质聚乙烯块状塑料地板胶粘剂等。按主体材料可以划分为以下几类：缩甲醛类胶粘剂、聚乙酸乙烯酯胶粘剂、橡胶类胶粘剂、聚氨酯类胶粘剂等。

这几类胶粘剂在施工和固化期间释放的有害物质有很多种，其中以下几种物质被列入《室内装饰装修材料胶粘剂中有害物质限量》（GB 18583-2008）标准中加以限定，有甲醛、苯、甲苯、二甲苯、甲苯二异氰酸酯、总挥发性有机物。

（五）检测要求及规则

1.取样

同一批产品中随机抽取3份样品，每份不小于0.5kg。值得注意的是由于胶粘剂种类不同，其组成和状态各异，因此在取样时一定要先将样品搅拌均匀，以保证取样具有代表性。

2.检测规则

标准所列的全部要求均为型式检验项目。在正常情况下，每年至少进行一次型式检验。当生产配方、工艺及原料有重大改变或停产3个月后又恢复生产时应进行型式检验。

3.检测结果的判定

在抽取的3份样品中，取1份样品按标准的规定进行测定，如果所有项目的检验结果符合标准规定的要求，则判定为合格。如果有1项检验结果未达到标准要求时，应对保存样品进行复验；如果结果仍未达到标准要求时，则判定为不合格。

（六）检测常见问题

在测定胶粘剂中的甲醛时，须注意不要将蒸馏烧瓶中的样品蒸发至过干，因为温度过高会导致样品中某些物质分解，若分解产物中包含甲醛，则会使检测结果明显偏高。胶粘剂中的苯、甲苯和二甲苯采用外标法进行检测，实验表明，内标法同外标法能够得到一致的结果。内标法较外标法的优势是可以缩短进标准系列溶液的时间，抵消仪器不稳定因素给检测结果带来的误差。但在采用内标法进行测定时要注意内标物的选择，避免对待测物产生干扰。水基型胶粘剂由于很难与有机溶剂混溶，且水基胶中很少含有苯系物，但在日常检测中偶然碰到部分产品中仍然含有少量的苯系物，因此要对样品逐一认真检测。

溶剂型胶粘剂中除含有苯系物外，有时会发现含量较高的丙酮和卤代烃，进行检测时须注意。部分溶剂型胶粘剂中存在苯的干扰物质，因此遇到此类样品要更换不同极性的色谱柱进行验证。

在测定胶粘剂中的TDI时，一定要注意溶解样品所使用的溶剂必须除水，因为TDI会与水发生化学反应，在保存TDI标准样品时也要注意这一点。

四、壁纸中有害物质检测

壁纸是现代装修中一种重要的室内装饰材料。它具有色彩多样、花色丰富、艺术表现力强、施工简便等优点，因而在各种大型装饰装修工程中被得到广泛应用，并逐渐进入家庭装修领域。然而在生产加工过程中由于原材料、工艺配方等原因，壁纸中不可避免地残留了重金属、甲醛、氯乙烯等有害物质。为保障人民的身体健康，控制壁纸产品中重金属、甲醛、氯乙烯等有害物质含量，提高壁纸的安全性能，国家质检批准发布了《室内装饰装修材料壁纸中有害物质限量》（GB 18583-2008）等10项室内装饰装修材料有害物质限量强制性国家标准。

（一）定义

最初壁纸是以纸为基材，以聚氯乙烯塑料、纤维等为面层，经压延或涂布以及印刷、轧花或发泡而制成的一种墙体装饰材料。随着科学技术的发展，又出现了以布、植物等为基材的墙体装饰材料，也称为壁纸。

（二）分类

1.按面层材质分类

（1）纸面壁纸。最常用的素材，具有材质轻、薄、花色多的特性。

（2）胶面壁纸。壁纸表面为塑胶材质，质感浑厚，经久耐用。

（3）布面壁纸。也称壁布。壁布重材质表现，不但质感温润，图案也古朴素雅，主材料有向无纺布发展的趋势。但壁布价格较高，多用于点缀空间。

（4）木面壁纸。木皮割成薄片作为壁纸表材，因价格较高，使用得很少。

（5）金属壁纸。将金、银、铜、锡、铝等金属，经特殊处理后，制成薄片装饰于壁纸表面，由于其材质成本较高，只适用于少量的空间点缀。

（6）植物类壁纸。以加工处理过的细草或麻像草席一样编织具有自然风情。

（7）硅藻土壁纸。硅藻土是由生长在海湖中的植物遗骸堆积数百万年变迁而成。由于硅藻土自身具有无数细孔，可吸附分解空气中的异味，使其具有调湿、透气、防霉除臭功能，可以被广泛地应用在居室、书房、客厅、办公地点。

2.按产品性能分类

（1）防霉抗菌壁纸。可有效地防霉、抗菌、阻隔潮气。

（2）防火阻燃壁纸。具有难燃、阻燃的特性。

（3）吸音壁纸。具有吸音能力，适合于歌厅、KTV包厢的墙面装饰。

（4）抗静电壁纸。可有效防止静电。

（5）荧光壁纸。能产生一种特别效果——夜壁生辉。夜晚熄灯后可持续45min发出荧光，深受小朋友的喜爱。

3.按产品花色及装饰风格分类

壁纸又可分为图案型、花卉型、抽象型、组合型、儿童卡通型、特别效果型等，以及能起到画龙点睛作用的腰线壁纸。

（三）壁纸中的有害物质

壁纸在生产加工过程中由于原材料、工艺配方等原因而可能残留铅、钡、氯乙烯、甲醛等对人体有害的物质。此外，壁纸的印花染料、防腐剂、阻燃剂也是这些有害物质的来源之一。

五、人造板及其制品中有害物质检测技术

（一）人造板的分类

人造板被广泛地应用于家庭装修和公共装修工程中，由此类材料产生的室内空气污染比较突出。为了更好地理解标准，首先将板材的种类做一简单介绍。

1.胶合板

胶合板是将原木沿年轮方向旋切成大张单板或木方刨切成薄木，经干燥、涂胶后按相邻单板层木纹方向相互垂直的原则组坯胶合而成的板材。制造出来的胶合板，通常用奇数层，单板一般为三层至十三层，常见的有三合板、五合板、九合板和十三合板（市场上俗称为三厘板、五厘板、九厘板、十三厘板）。

2.细木工板

细木工板，俗称大芯板，是由两片单板中间胶压拼接木板而成。中间木板是由优质天然的木板方经热处理（烘干室烘干）以后，加工成一定规格的木条，由拼板机拼接而成。拼接后的木板两面各覆盖两层优质单板，再经冷、热压机胶压后制成。

3.中、高密度纤维板

密度纤维板是用木材加工的边角料和锯末等作为原料，一般以木质纤维或其他植物纤维为原料，经打碎、纤维分离、干燥后施加脲醛树脂或其他适用的胶粘剂，再经热压后制成的一种人造板材。

力学性能指标有静曲强度、内结合强度、弹性模量、板面和板边握螺钉力；物理性能指标有密度、含水率、吸水率。按产品技术指标分为优等品、一等品和合格品3个等级。

4.刨花板

刨花板又称碎料板，是利用施加胶料和辅料或未施加胶料和辅料的木材或非木材植物制成的刨花材料（如木材刨花、亚麻屑、甘蔗渣等）经干燥拌胶、热压而制成的薄板。

5.定向刨花板

定向刨花板是刨花板的一种。定向结构刨花板是一种以小径材间伐材、木芯、板皮、树桠材等为原料通过专用设备加工成长40～70mm、宽5～20mm、厚0.3～0.7mm的刨片，经干燥施胶和专用的设备将表芯层刨片纵横交错定向铺装后，刨花铺装成型时，将拌胶刨花板按其纤维方向纵行排列，从而压制成的刨花板。

6.装饰单板贴面人造板

利用天然木质装饰单板胶贴在胶合板、刨花板、中密度纤维板及硬质纤维板表面制成的板材。装饰板一般是用优质木材经刨切或旋切加工方法制成的薄木片。

7.饰面人造板

饰面人造板包括浸渍胶膜纸饰面人造板、实木复合地板、竹地板和浸渍纸层压木质地板。《室内装饰装修材料人造板及其制品中甲醛释放限量》（GB 18580−2017）国家标准中，对于饰面人造板甲醛释放量采用两个方法：其一是40L的干燥器法，限量值是≤1.5mg/L；其二是气候箱法，此方法作为仲裁法，限量值是≤0.12mg/m³。

（二）人造板及其制品中甲醛释放量标准和检测技术

在装修工程中，造成室内空气甲醛污染的主要来源之一是人造板。由于人造板结构的影响，含有缩甲醛的胶粘剂被层压在各板材之间，装修过程中一旦使用了甲醛释放量大的板材，这些缩甲醛就会解聚成甲醛，并在以后的很长时间内缓慢地向室内释放，所以装修时就应该选择甲醛释放量小的人造板。人造板及其制品甲醛释放量的测定依据的标准为《室内装饰装修材料人造板及其制品中甲醛释放限量》（GB 18580−2017）。针对不同的板材采用相应的检测方法。

1.干燥器法

干燥器法测定甲醛释放量基于下面两个步骤：第一步，收集甲醛，在干燥器底部放置盛有蒸馏水的结晶皿，在其上方固定的金属架上放置试样，释放出的甲醛被蒸馏水吸收，作为试样溶液。第二步，测定甲醛浓度，在分光光度计412nm处测定试样溶液的吸光度，由预先绘制的标准曲线求得甲醛的浓度。

胶合板、装饰单板贴面胶合板、细木工板中甲醛采用9～11L干燥器法；饰面人造板（包括浸渍纸层压木质地板、实木复合地板、竹地板、浸渍胶膜纸饰面人造板等）中甲醛采用40L干燥器法。本方法的原理是将从板材表面释放出的甲醛，用定量的吸收液吸收。经过规定的时间，再测定吸收液中的甲醛浓度。

2.穿孔萃取法

中密度纤维板、高密度纤维板、刨花板、定向刨花板等的甲醛释放量检测采用穿孔萃取法。由于密度板和刨花板在装修中一般不直接用于室内，而是经过饰面处理后使用，干燥器法测定板材表面释放的甲醛含量的方法显然不适用，所以采用穿孔萃取的方法测定板材中的甲醛含量。

3.气候箱法

经过饰面处理的人造板产品，甲醛释放量的检测方法采用1m³气候箱法。欧洲标准限量规定小于0.12mg/m³，欧洲E级刨花板当穿孔萃取法测定值为10mg/100g时，对应的气候箱值小于0.12mg/m³。由于气候箱实验至少需要10天时间。因此，该方法不适合生产企业的产品控制，所以增加了40L干燥器法，限量值不超过1.5mg/L，因气候箱法检测结果最接近实际使用状况下的甲醛释放情况，故此法标准规定为仲裁法。

（三）其他几种甲醛检测方法的介绍

现有甲醛检测方法有分光光度法（包括乙酰丙酮法、酚试剂法、AHMT法、品红－亚硫酸法、变色酸法、间苯三酚法等）和电化学法（包括示波极谱测定法和电位法、气相色谱法、液相色谱法、甲醛传感器等），分析比较现有检测方法的优缺点，提出建立简便、快速、灵敏的甲醛在线检测方法将成为今后对甲醛检测方法的研究热点。下面介绍几种常用的检测方法。

1.电化学法

电化学分析法是基于化学反应中产生的电流（伏安法）、电量（库仑法）、电位（电位法）的变化，判断反应体系中分析物的浓度进行定量分析的方法，用于甲醛检测的有极谱法和电位法两种。

2.色谱法

色谱具有强大的分离效能，不易受样品基质和试剂颜色的干扰，对复杂样品的检测灵敏、准确，可直接用于居室、纺织品、食品中对甲醛的分析检测。也可将样品中的甲醛进行衍生化处理后，再进行测定。

3.传感器法

用于检测甲醛的传感器有电化学传感器、光学传感器和光生化传感器等。电化学传感器结构比较简单，成本比较低，其中高质量的产品性能稳定，测量范围和分辨率基本能达到室内环境检测的要求；但缺点是所受干扰物质多，且由于电解质与被测甲醛气体发生不可逆化学反应而被消耗，故其工作寿命一般比较短。光学传感器价格比较贵，且体积较大，不适用于在线实时分析，使其使用受到限制。因此建立一种简便、快速、灵敏的甲醛在线检测方法是适时而必要的。

4.乙酰丙酮分光光度法

乙酰丙酮分光光度法指在过量铵盐存在下，甲醛与乙酰丙酮在45～60℃水浴中30min，或25℃室温下经2.5小时反应生成黄色化合物，然后比色测量甲醛含量。甲醛与乙酰丙酮反应的特异性较好，干扰因素少，酚类和其他醛类共存时均不干扰，显色剂较为稳定，检出限达到0.25mg/L，测定线性范围较宽，适合于高含量甲醛浓度的检测。

第三节　室内环境污染物检测技术

一、室内环境的基本知识

（一）室内环境的概念

室内是人们相互接触最频繁的环境。我们这里所说的"室内"主要是指居室内，从广义上说，也包括办公室、会议室、教室、医院、旅馆、商店、体育馆等各种室内公共场所，以及汽车、火车、飞机等交通工具内。澳大利亚国家健康和医药委员会在考虑室内环境对健康的影响时，把"室内环境"定义为"一天内度过1小时以上的非工业的室内空间"。

随着我国经济的快速发展和工业化、城市化水平的不断提高，越来越多的建筑物采用密闭设计和集中的空调、通风系统，使用大量室内装饰装修材料，使得空气质量及其污染问题引起了越来越多学者和专家的关注，成为新闻和媒体报道的热点。

（二）室内环境污染物的种类

室内空气中污染物种类较多，按性质可分为物理污染物、化学污染物、生物污染物和放射污染物；根据其存在状态可分为颗粒物和气态污染物；根据其来源可分为主要来源于室外、同时来源于室内和室外以及主要来源于室内的污染物。

根据典型室内空气调查结果有关资料归纳出室内主要的污染物有：苯、多环芳烃等挥发性有机化合物；甲醛；氨气；颗粒污染物（包括悬浮粒子和微生物等）；氡及其衰变子体；一氧化碳、二氧化碳；二氧化氮、二氧化硫和臭氧。

二、室内环境污染物检测技术

（一）室内环境污染物中甲醛的检测技术

1.甲醛检测方法的比较

室内甲醛检测标准是根据不同的材质来进行辨别的，一般来说室内空气中的甲醛最高浓度是不能超过0.08mg/m³的，而装修使用的地板通常会分为A类和B类，A类的复合地板中甲醛的浓度是每100g不能超过0.9mg，而B类的产品需要控制在每100g9～40mg之间，绝对不允许超标。人造板材中的甲醛更是不能超过0.20mg/m³的。甲醛的测定方法主要有分光光度法、色谱法、电化学法、化学滴定法等。我们这里仅简要对比其中的一些主要方法。

（1）比色法比色法在室温下显色，抗干扰能力强，如SO_2、NO_2共存时不干扰测定，灵敏度比较高，缺点是颜色随时间逐渐加深，要求标准溶液的显色反应时间和样品溶液的显色反应时间必须严格统一。该方法为《居住区大气中甲醛卫生检验标准方法分光光度法》（GB/T 16129-1995）中标准检验方法。酚试剂法在常温下显色，且灵敏度比其他比色方法都好，缺点是乙醛、丙醛的存在会对测定结果产生干扰。该方法为《公共场所空气中甲醛测定方法》中标准检验方法。乙酰丙酮比色法对共存的酚和乙醛等无干扰，操作简单，重现性好，缺点是灵敏度较低，需在沸水浴中加热显色。该方法为《空气质量 甲醛的测定 乙酰丙酮分光光度法》（GB/T 15516-1995）中标准检验方法。变色酸比色法显色稳定，但需用浓硫酸，操作不便，且共存的酚干扰测定。乙酰丙烷比色法和变色酸比色法的灵敏度相同且较低，均需在沸水浴中加热显色，变色酸比色法加热时间较长。盐酸副玫瑰苯胺比色法简便灵敏，其他酚和醛不干扰测定，缺点是褪色快，灵敏度不高，易受温度影响，使用的汞试剂有毒。

（2）色谱法。色谱法主要有气相色谱法、高效液相色谱法、离子色谱法等。其中气相色谱法有直接法、2，4-二硝基苯肼衍生法和巯基乙胺法等。应用最广泛的是2，4-二硝基苯肼法，该方法为《公共场所卫生检验方法 第2部分：化学污染物》（GB/T 18204.2-2014）中标准检验方法。

高效液相色谱法与气相色谱法相似，具有高效、快速的优点，灵敏度高，样品用量少，而应用更广泛。

（3）现场快速检测法。目前的甲醛检测方法均需采样后在实验室测定，操作烦琐，费时费力，不能在现场进行连续快速测定、分析数据滞后。这往往给需要了解和掌握室内甲醛污染的实时数据和污染的时空变化规律的研究者带来困难。甲醛实现现场快速检测尤为重要。近几年出现的甲醛快速检测仪多基于比色法原理和电化学原理制作。

电化学传感器甲醛仪结构比较简单，成本比较低，其中高质量的产品性能稳定，测量范围和分辨率基本能达到室内环境检测的要求。但缺点是所受干扰物质多，且由于电解质与被测甲醛气体发生不可逆化学反应而被消耗，故其工作寿命一般比较短。光学传感器价格比较昂贵，且体积较大，不适用于在线实时分析。光生化传感器提高了选择性，但是由于酶的活性以及其他因素导致传感器不稳定，缺乏实用性。

（4）其他方法。此外还有电化学法和化学滴定法。电化学方法测定甲醛是近年发展起来的一种快速分析技术。电化学分析法是基于化学反应中产生的电流（伏安法）、电量（库仑法）、电位（电位法）的变化，判断反应体系中被分析物的浓度进行定量分析的方法。电化学法包括示波极谱法、吸附伏安法和哥腊衍生试剂法。示波极谱法测定空气中甲醛的灵敏度和准确度都很高，适合于测定室内空气中的微量甲醛。化学滴定法主要包括电位滴定法、碘量法及酸碱滴定法。

2.甲醛检测中常见问题

（1）酚试剂分光光度法检测中常见问题。显色时间对检测结果的影响：在不同显色时间内测定各标准色列管，15min显色达到最完全，放置4h稳定不变。因此在实际检测工作中可能由于待测样品数量较多等各种原因，未在规定的时间15min进行比色分析实验，在显色1h内比色分析的吸光度稳定不变，以避免错过时间样品无检测结果的情况发生。

显色温度对检测结果的影响：室温低于15℃时，显色不完全，在5℃时，各组甲醛工作液的吸光度仅为25℃时的吸光度的55%~60%，在15℃时，各组甲醛工作液的吸光度可达到25℃时的吸光度的90%；在40℃水浴恒温的溶液中，加入显色剂后马上出现蓝色，反应快速；20~35℃时15min显色达到最完全。因此最好在25℃水浴中保温操作。

显色剂用量对检测结果的影响：显色反应时加入硫酸铁铵的量不宜过多，否则空白管吸光度值高影响比色。实验证明加入0.4mL（1%）硫酸铁铵溶液为好。沈彩萍等人用正交设计法对酚试剂法测定空气中甲醛含量的影响因素进行了研究。实验发现在显色温度、显色时间与显色剂用量这三个影响空气吸收液中甲醛浓度测试准确性的因素中，显色时间为最显著影响因素，显色温度有显著性影响。因此在平时的实验中应注意控制显色时间和显色温度，否则容易造成实验结果的误差。

（2）乙酰丙酮分光光度法检测中常见问题。采样流速对检测结果的影响：乙酰丙酮分光光度法中规定样品的采集以0.5~1.0L/min，采气5~40L。刘文君等在实际采样中发现，现场浓度不同，不同的采样流速对检测结果有影响。将现场甲醛浓度分为低浓度、中浓度和高浓度，分别以不同采样流速采样分析，结果表明：在低浓度甲醛测定时，以0.3L/min或0.5L/min流速采集样品较为适合，在中等浓度的情况下，甲醛的采集以0.3L/min的流速为宜；在高浓度的甲醛样品采集时，以0.5L/min或0.8L/min的流速采集样品，采集效率较好。

采样时间对检测结果的影响：由于室内空气监测涉及每家每户，长时间采集样品会给居民带来诸多不便。实验表明，在室内检测时，10min采样的分析结果与45min采样得出的结果均无显著性差异，用10min采样来代替45min采样，可以大大缩短检测时间，减少对相关住户的日常生活的干扰。

显色时间对检测结果的影响：显色反应在沸水浴中加热3min，其显色最为完全，取出冷却至室温可稳定12h以上。随着在沸水浴中时间的延长，其测定结果偏低。如果在室温下，反应缓慢，显色随时间逐渐加深，2h后才趋于稳定。

（二）室内环境污染物中苯系物的检测技术

1.苯系物的检测方法

（1）气相色谱法。测定环境空气中苯系物的气相色谱法主要有GC-MS、GC-FID\HRGC-MS、HRGC-ECD、HRGC-FID、HRGC-ITD等，由于环境中苯系物的浓度相对较低，因此应用上述方法大多需要预先富集，不能直接进样检测。姜俊等人采用气袋采样，用大体积进样气相色谱法测定空气中的痕量苯，和吸附解吸法相比分析结果基本一致，采用该方法可以避免吸附解吸过程中的水蒸气及CS_2本底干扰。光离子化检测器（Photoionization Detector，PID）由于具有高度的灵敏性，用采样袋采集空气样品，能直接进样检测环境空气中许多碳氢化合物（如苯），可避免因富集解吸等操作过程带来的不确定性，其检出限为1.62μg/m³，与热解吸法相比，分析结果具有很好的相关性。

（2）现场检测技术。为提高工作效率，简化操作过程，苯系物的现场检测技术发展迅速。刘廷良等人使用光离子化检测器便携式气相色谱仪，直接测定空气中苯系物（苯，甲苯，乙苯，邻、间、对位的二甲苯及异丙苯），方法的线性范围为0～100mg/m³，相关系数均在0.999以上，方法最低检测限达0.2～1.0mg/m³。美国华瑞PGM-7240手持式VOC气体检测仪，加上苯过滤管来测定室内空气中的苯，是一种简便快速的方法，省时省力，携带方便，但是一定要注意环境影响因素。

（3）比色法。目前，室内环境空气中苯系物的测定多采用气相色谱法，该方法检测灵敏度高，定量准确，但仪器相对庞大和昂贵。比色法快速、经济、简单。近年来，也有人研究利用比色法测定室内环境空气中苯系物。郑雪英采用甲醛—硫酸分光光度法对室内空气中苯系物进行测定，方法的最低检出限为0.461μg/5mL，当采样体积为30L时，最低检出浓度为0.015mg/m³，但该方法测得的结果是苯系物的总量。

2.苯系物检测中常见问题

采样时间对苯吸附性能的影响：股永泉等人在苯系物含量较低的场所采用活性炭管进行采样，增加采样时间，可以提高方法的灵敏度，使应用范围更广。朱小红等人采用Tenax—TA吸附管，改变采样时间采样。实验结果表明，在采样流速0.5L/min时，采样时间增加，会导致苯的吸附穿透率增加，造成苯的回收率降低，采样时间在10min左右为佳。当采样体积从3L变化到10L，回收率从101.69%下降到60.09%，同样的采样条件，当采样体积为10L时，活性炭对苯的回收率大于95%，而Tenax-TA对苯的回收率只有60%。所以吸附管的吸附能力和吸附剂与被吸附组分的性质、采样流速、温度、湿度、浓度和共存物等有关。

（三）室内环境污染物中总挥发性有机化合物的检测技术

1.TVOC的检测方法概述

室内空气中的总挥发性有机化合物（Total Volatile Organic Compounds，TVOC）的分析测试技术有很多种，既有非标准化的快速现场检测法，又有比较成熟的标准检测方法。

（1）比色管检测法。比色管检测是一种简单实用的检测技术，由一个充满显色物质的玻璃管和一个抽气采样泵构成。在检测时，将玻璃管的两头折断，通过采样泵将室内空气抽入检测管，吸入的气体和显色物质反应，气体浓度与显色长度成比例关系，从而可以直观地得到气体的大致浓度。该方法的不足之处是数据的代表性差，目前的检测范围不足以覆盖全部的TVOC成分。

（2）便携式TVOC仪检测法。便携式TVOC检测仪可以快速地测定待测环境中TVOC的大致浓度、发现超标再采用色谱或色质联用等方法加以确认，从而达到多快好省的检测目的。该检测仪大都具有以下特点：检测范围宽，可以检测绝大多数的TVOC；干扰少，只对有机化合物产生响应，大多数无机化合物不产生干扰；测量范围广、误差小、速度快、能24h连续监测，并能提供TVOC随时间变化的曲线。

光离子化检测器结构简单、体积小、质量轻，可做成便携式装置用于现场分析。利用光离子化检测器的便携式TVOC检测仪，省时省力，携带方便。但是使用PID仪器测定空气中TVOC时，一定要注意环境的湿度对结果的影响。不能被PID检测到的气体有甲醛、甲烷、放射性气体、酸性气体等。

（3）气相色谱分析方法。由于VOC在环境中含量极微，因此一般采用分辨率高、分析速度快、进样量少的气相色谱法进行分析。色质联用分析方法可以测定TVOC中各组分的种类和浓度，分析结果准确可靠。缺点是采样和分析过程复杂，数据代表性较差，分析时间较长，测量成本较高。除质谱法外，其他类型的检测器的应用也是比较多的，包括火焰离子化检测器FID、电子捕获检测器ECD、光离子化检测器PID、基于与臭氧起光化学反应的检测器等。

2.TVOC检测常见问题

加热时间和解吸时间对TVOC检测的影响：《民用建筑工程室内环境污染控制标准》（GB 50325-2020）规定了室内空气中总挥发性有机化合物的测定方法，但均未对测定样品的条件进行详细描述。采集样品后的Tenax-TA采样管在热解吸仪的加热时间和解吸时间是影响TVOC含量准确检测的重要因素。最佳的加热时间和解吸时间要根据实际的仪器条件进行反复试验，确定较好的测试条件。于慧芳等人以GC-112A型气相色谱仪为例探讨了TVOC的最佳测试条件。苯，甲苯，乙苯，对、间二甲苯，苯乙烯，邻二甲苯采样管在热解吸仪上加热15s、30s、60s的检测结果，差异均有统计学意义。15s的回收率除苯乙烯为121.0%外，其余化合物的回收率均在88.6%～103.4%之间，相对标准偏差（Relative Standard Deviation，RSD）均小于15%。30s时，各化合物回收率均在100.0%～119.3%之间，RSD均小于10%。但60s回收率的范围在55.8%～66.7%之间，RSD为30.8%～39.5%。因此，认为60s加热时间过长，易造成检测结果的误差，同时精密度也较差。但15s加热时间太短，操作时间不易控制，因此加热时间以30s为宜。对于大分子量的物质如苯乙烯和邻二甲苯解析15s和30s远远不够，它们的解析效率仅在75%～90%之间，延长到45s以后基本可达到85%以上；而90s后的回收效率均可达到90%以上，且RSD均小于10%。120s时的相对标准偏差和回收率与90s时差异不大。

通风时间对检测结果的影响：《民用建筑工程室内环境污染控制标准》（GB 50325-2020）要求采样前现场应封闭1h，但对封闭前的现场状况则没有明确规定。为了真实反映1h室内建筑及装修材料释放的污染物浓度，采样前需要开门窗通风换气。郭雅男等人对比封闭前对现场开门窗通风15min和60min后，在同一位置采样用气相色谱仪分析TVOC污染物的浓度。同样分析条件下，通风15min的样品TVOC各成分的峰高与峰面积均远大于相对通风60min的样品各成分的峰高与峰面积，而且在苯和甲苯峰之间有明显的低沸点杂峰。这说明在进行封闭采样前，通风时间短不能有效排除有机挥发物，延长通风时间能使室内外空气充分对流，有利于室内残留污染物质的扩散，减少有机挥发物的聚集。因此，在实际操作中应尽可能充分通风。

采样流量对TVOC中各组分吸附性能的影响：采样流量是影响TVOC中各组分吸附性能的主要因素。张天龙等人改变不同的采样流量和时间（标样为甲醇中的TVOC，各组分浓度在1.0mg/mL左右）采集标准样品。实验条件为，采用Tenax-TA吸附管，填装吸附剂0.2g，用热解吸/毛细管气相色谱法，检测器为FID，色谱柱为SE-30，50m×0.53mm×3μm。实验结果表明，应用Tenax-TA吸附管在采样温度20℃，0.5L/min大流速下采样20min时，乙苯以前的低沸点挥发性有机物和苯乙烯组分低于90%。因此实际采样时，应根据现场条件改变采样流量和采样时间，来提高TVOC中各组分的回收率。

第七章 食品质量安全及检测技术要求

第一节 食品质量安全及检测技术标准

一、食品质量安全检验

食品质量检验与质量管理发展至今，已经成为全面推进食品生产企业进步的管理科学的重要组成部分。它突出地体现在经常和全面地通过提高食品质量和全过程验证活动，与食品生产企业各项管理活动相协同，从而有力地保证了食品质量的稳步提高，不断满足社会日益发展和人们对物质生活水平提高的需求。

（一）食品质量的重要意义

食品质量安全市场准入标志的式样和使用办法由国家质检总局统一制定，该标志由"SC"和生产许可证号组成。加贴（印）有"SC"标志的食品，即意味着该食品符合了质量安全的基本要求。我国国民经济的发展是为了满足社会主义建设和广大人民群众不断增长的物质、文化生活的需要。在国民经济发展的整个过程中，都必须坚定不移地执行注重效益、提高食品质量、协调发展的方针。社会各方面的发展，包括物质的丰富和食品品种的增加，都是与食品质量密不可分的，甚至都是以食品质量为前提或基础的，尤其是在物质大流通的现代社会，可以说没有质量提升就谈不上数量的扩张。

食品质量的优劣是食品生产企业从事技术研究、产品开发、质量管理、人员素质状况的综合反映；是食品科学技术和文化水平的综合反映；是进入市场的通行证；是消费者日常生活质量的重要保障。保证与提高食品质量是人类生活的一项基本活动，也是食品生产企业生存、发展的关键。

（二）食品质量安全检验中常用标准

标准是对重复性的事物和概念所做的统一规定。它以科学、技术和实践经验的综合成果为基础，以获得最佳秩序、促进最佳社会效益为目的，经有关方面协商一致，由主管机构批准，以特定形式发布，作为共同遵守的准则和依据。

标准的分类是指按照一定的方法，将标准分成不同的类别。由于标准的用途和种类极其繁多，因此要根据不同的目的和要求，从不同的角度对标准进行分类。

1.按标准级别分

（1）世界范围通用标准。世界范围通用的标准是指国际标准化组织（International Organization forStandardization，ISO）和国际电工委员会（International Electrotechnical Commission，IEC）所制定的标准，以及国际标准化组织公布的国际组织和其他国际组织规定的某些标准。国际标准化组织设有技术委员会、分委员会和工作组等技术组织，其制定的标准包括除电气和电工专业以外其他所有专业方面的标准。

（2）国外先进标准。所谓国外先进标准，是指国际上有权威的区域性标准、世界主要经济发达国家的国家标准和通行的团体标准以及其他国际上先进的标准。

国际上有权威的区域性标准是指如欧洲标准化委员会、欧洲电工标准化委员会、欧洲广播联盟等区域标准化组织制定的标准。

世界主要经济发达国家的国家标准是指美国国家标准、德国国家标准、英国国家标准、日本工业标准、法国国家标准等。

国际上通行的团体标准是指美国试验与材料协会标准、美国军用标准、美国保险商实验室安全标准等。

2.按标准化的性质分

按照标准化的性质，一般以物、事和人为对象，分为技术标准、管理标准和工作标准三种。这三种标准按其各自的性质、内容和用途的不同，又可分为不同的标准。

（1）技术标准。所谓技术标准，是指对标准化领域中需要协调统一的技术事项所制定的标准。技术标准主要包括以下几个方面的内容：基础标准、产品标准、方法标准、安全标准、卫生标准与环境保护标准。

（2）管理标准。所谓管理标准，是指对企业标准化领域中需要协调统一的管理事项所制定的标准。管理事项主要指在营销、设计、采购、工艺、生产、检验、能源、安全、卫生、环保等管理中与实施技术标准有关的重复性事物和概念。

管理标准的种类主要有管理基础标准、生产管理标准、设备管理标准、产品检验管理标准、测量和测试设备管理标准、不合格及纠正措施管理标准、科技档案管理标准、人员管理标准、安全管理标准、环保卫生管理标准、质量成本管理标准、能源管理标准以及搬运、贮存、标志、包装、安装、交付售后服务管理标准等。

3.中国标准简介

根据《中华人民共和国标准化法》规定，中国标准分为国家标准、行业标准、地方标准和企业标准四级。

（1）国家标准。

对需要在全国范围内统一的技术要求，应当制定国家标准。国家标准是指对国家经济、技术有重大意义，需要在全国范围内统一技术要求而制定的标准（含标准样品的制作）。不仅是国家最高一级的规范性技术文件，也是一种技术法规，国家标准由国家质量技术监督检验检疫总局编制计划，组织起草，统一审批、编号和发布。国家标准的编号采用代号、顺序号和年号的顺序排列。国家标准代号GB为国家的"国"字和标准的"标"字的汉语拼音第一个大写字母组合构成。

（2）行业标准。

行业标准是指对没有国家标准而又需要在全国某个行业范围内统一的技术要求，可以制定行业标准（含标准样品的制作）。制定行业标准的项目由国务院有关行政主管部门确定。

行业标准由国务院有关行政主管部门编制计划、组织起草、统一审批、编号和发布，并报国务院标准化行政主管部门备案。行业标准的编号同国家标准。行业标准的代号由国家曾经或现在设立的行业第一个汉字的汉语拼音首字母和标准的"标"字汉语拼音的第一个字母大写组成，如农业部为"NY"、国家粮食储备局为"LB"、卫计委为"WB"、原商业部为"SB"、原轻工部为"QB"。标准发布的由顺序号加年代号组成。行业标准不得与国家标准相抵触，各有关行业之间的标准应保持协调、统一，不得重复；当有关相应的国家标准实施后，该行业标准则自行废止。

（3）地方标准。

地方标准是指对没有国家标准和行业标准而又需要在省、自治区、直辖市范围内统一的技术要求，可以制定地方标准（含标准样品的制作）。

国家设置地方标准是由于我国地域辽阔，沿海和内地、南方与北方的差异都很大，考虑各个地方不同的自然条件和特点，例如各类资源、自然生态环境、气候、文化、科学技术、生产水平以及地方经济发展等具体情况而做出的规定。

地方标准由各省、自治区、直辖市人民政府标准化行政主管部门编制计划、组织草拟，统一审批、编号、发布。地方标准的代号由地方的"地"字和标准的"标"字的汉语拼音的第一个大写字母组合成"DB"，再加各省、自治区、直辖市的两位数字代号构成，如湖南省地方标准为"DB43"。

（4）企业标准。

企业标准是企业组织生产、经营活动的依据。企业标准化工作的基本任务既要认真贯彻执行国家有关标准化法律、法规，贯彻实施国家标准、行业标准和地方标准，又要对企业范围内需要协调统一的技术要求、管理要求和工作要求制定相应的企业技术标准、管理标准和工作标准。

企业标准由企业自行制定、发布与实施，但要到相应的省、自治区、直辖市和市、自治州及县人民政府标准化行政主管部门备案，并统一编号方为有效。企业标准代号统一为"Q"，即企业的"企"字汉语拼音第一个大写字母。

二、食品质量安全现状

食品安全指食品无毒、无害，符合应当有的营养要求，对人体健康不造成任何急性、亚急性或者慢性危害。食品安全也是一门专门探讨在食品加工、存储、销售等过程中确保食品卫生及食用安全，降低疾病隐患，防范食物中毒的一个跨学科领域，所以食品安全很重要。"民以食为天"，食品是人类赖以生存的物质基础，在商品社会，食品作为一类特殊商品进入生产和流通领域。食品行业与人们的日常生活息息相关，是消费品工业中为国家提供累积最多、吸纳城乡劳动就业人员最多、与农业依存度最大、与其他行业相关度最强的一个工业门类，它的发展备受人们瞩目。随着食品生产和人们生活水平的提高，人们对食品的消费方式逐渐向社会化转变，由原来主要以家庭烹饪式为主向以专业企业加工为主，因此，食品安全事件影响急剧扩大，对人类危害更加严重。食品安全问题日益成为遍及全球的公共卫生问题，食品安全不仅关系消费者身体健康、影响社会稳定，还会制约经济发展。

"病从口入"，饮食不卫生、不安全会成为百病之源。自然界中存在的生物、物理、化学等有害物质，以及人类社会发展过程中产生的各种有毒有害物质可能混入食品，导致该食物的摄入者产生一系列病理变化，甚至危及生命安全。

在我国，食品安全问题也相当突出。据卫生部门统计，80%的传染病为肠道传染病，有时也伴随着伤寒、痢疾、霍乱等疾病的发生，这些大多与食品和饮用水污染等有关。每年由于农药、兽药等使用不当而导致的食物中毒事件也屡见不鲜。另外，近几年随着转基因食品大量涌入市场，人们也开始对转基因食品的安全问题产生怀疑。

以上一系列突发食品安全事件涉及的国家范围、危及健康的人群以及给相关食品国际贸易带来的危机对相关国家乃至全球经济的影响使食品安全问题受到了历史上空前的关注。当前食品安全面临的问题和挑战主要表现在以下几个方面。

（一）食品的污染

食品从农田到餐桌的过程中可能受到各种有害物质的污染。首先是农业种植、养殖业的源头污染严重，除了在农产品生产中存在的超量使用农药、兽药外，日益严重的全球污染对农业生态环境产生了巨大的影响，环境中的有毒有害物质导致农产品受到不同程度的污染，进而引起了人类食物链中毒；其次是食品生产、加工、储藏、运输过程中的严重污染，即存在由于加工条件、加工工艺落后造成的卫生问题。

（二）食源性污染

食源性污染引起的疾病，称为食源性疾病，是指通过食物而进入人体的有毒有害物质（包括生物性病原体）所造成的疾病，而致病菌是引起食源性疾病的首要因素，由其污染而引起的食源性疾病危害远超违法滥用添加剂、农药残留等食品化学性污染，是食品安全的重大隐患，也是食品安全的主要问题之一。

食源性致病菌是指以食物为载体而导致人类发生疾病的一大类细菌，包括大肠杆菌、沙门氏菌、金黄色葡萄球菌、单核细胞增生李斯特氏菌、志贺氏菌等。目前，由食源性致病菌引起中毒的报告起数和中毒人数一直占很高比例。

1.沙门氏菌

沙门氏菌是一种常见的食源性致病菌，属肠道细菌科，包括那些引起食物中毒，导致胃肠炎、伤寒和副伤寒的细菌。据统计，在世界各国的种类细菌性食物中毒中，沙门氏菌引起的食物中毒常列榜首。

由沙门氏菌引起的食品中毒症状主要有恶心、呕吐、腹痛、头痛、畏寒和腹泻等，还伴有乏力、肌肉酸痛、视觉模糊、中等程度发热、躁动不安和嗜睡，持续时间2~3天，通常在发热后72h内会好转。婴儿、老年人、免疫功能低下的患者则可能因沙门氏菌进入血液而出现严重且危及生命的菌血症，少数还会合并脑膜炎或骨髓炎，平均致死率为4.1%。沙门氏菌最适宜的繁殖温度为37℃，在20℃以上即能大量繁殖，因此，低温储存食品是一项重要预防措施。

2.金黄色葡萄球菌

金黄色葡萄球菌（以下简称"金葡菌"），隶属于葡萄球菌属，是革兰氏阳性菌代表，为一种常见的食源性致病微生物。该菌最适宜生长温度为37℃，pH为7.4，耐高盐，可在盐浓度接近10%的环境中生长。金葡菌常寄生于人和动物的皮肤、鼻腔、咽喉、肠胃、痈、化脓疮口中，空气、污水等环境中也无处不在。

金葡菌广泛存在于自然环境中。在适当的条件下，能够产生肠毒素，引起食物中毒。近几年，由其引发的食物中毒报道层出不穷，占食源性微生物食物中毒事件的25%左右，已成为仅次于沙门氏菌和副溶血性弧菌的第三大微生物致病菌。

3.副溶血性弧菌

副溶血性弧菌为革兰氏阴性杆菌，呈弧状、杆状、丝状等多种形状，无芽孢，是一种嗜盐性细菌。主要源于海产品，如墨鱼、海鱼、海虾、海蟹、海蜇，以及含盐分较高的腌制食品，如咸菜、腌肉等。其存活能力强，在抹布和砧板上能生存1个月以上，海水中可存活47天。此菌对酸敏感，在普通食醋中5分钟即可被杀死，对热的抵抗力也较弱。

副溶血性弧菌食物中毒多发生在6—10月，海产品大量上市时。中毒原因主要是烹调时未烧熟煮透或熟制品被污染。一般表现为急发病，潜伏期2～24h，一般为10h左右发病。主要症状为腹痛，在脐部附近剧烈，多为阵发性绞痛，并有腹泻、恶心、呕吐、畏寒发热，大便似水样。便中混有黏液或脓血，部分病人有里急后重，重症患者会因脱水，而使皮肤干燥及血压下降造成休克。少数病人可出现意识不清、痉挛、面色苍白或发绀等现象，若抢救不及时，呈虚脱状态，可导致死亡。

4.阪崎肠杆菌

阪崎肠杆菌又叫作黄色阴沟肠杆菌，直到1980年才被认为是一个新的菌种，并以日本微生物学家——RiichiSakazakii的名字命名。它是一种周生鞭毛、能运动、比较常见的寄生在人和动物肠道内的无芽孢棒状杆菌、革兰氏阴性菌，其在一定的条件下可以使人或动物致病，因而被称为条件致病菌。生长温度为0～45℃，生长pH范围为5～10。

由于阪崎肠杆菌具有一定的耐热、耐干燥性，而且细胞外部有一层便于吸附于物体表面的特殊生物膜，使得该菌分布较为广泛，现已从奶粉（乳）制品、牛肉馅、香肠、干酪、蔬菜、谷物类、豆腐、莴苣、药草和调味料等分离出了该菌。

阪崎肠杆菌是一种食源性的条件致病菌，主要危害对象是免疫力低下的新生儿，由其引发的婴儿、早产儿脑膜炎、败血症及坏死性结肠炎散发和暴发的病例已在全球相继出现，死亡率超过50%。奶粉中的阪崎肠杆菌和沙门氏菌等是导致婴幼儿感染、疾病和死亡的主要原因之一。

5.单核细胞增生李斯特氏菌

单核细胞增生李斯特氏菌（以下简称单增李斯特菌）是由一位名叫"约瑟夫·李斯特"的外国医生发现的。主要特征之一是可在低温下生长，0～45℃都能生存，在零下20℃的环境下仍能存活1年，在冰箱冷藏室4～6℃的条件下仍可大量繁殖，所以就有"冰箱杀手"的称号。

它在自然界分布非常广泛，土壤、粪便、水体、蔬菜、青贮饲料以及多种食品中都有它的存在。单增李斯特菌属于细胞内寄生致病菌，它自身不产生内毒素，而是产生一种具有溶血性质的外毒素——单增李斯特菌溶血素，是其重要毒力因子。最容易污染的食品为乳和乳制品、肉和肉制品、蔬菜、沙拉、海产品和冰激凌等，尤其是保存在冰箱里时间过长的乳制品和肉制品中最为常见。

由于体液免疫对单增李斯特菌感染无保护作用，故细胞免疫力低下和使用免疫抑制剂的患者容易受到它的感染。感染后的临床症状表现为：轻者为腹泻、腹痛、发热；重者可导致败血症、脑膜炎和脑脊膜炎；孕妇可出现流产、死胎等后果，幸存的婴儿则易患脑膜炎导致智力缺陷或死亡。

（三）食品新技术和新资源的应用给食品安全带来的问题

食品工程新技术与多数化工、生物以及其他生产技术领域相结合，对食品安全的影响也有个认识过程。随着现代生物技术的发展，新型的食品不断涌现，一方面增加了食品种类、丰富了食物资源，但同时也存在不安全、不确定的因素，转基因食品就是其中一例。有些转基因食品，例如含有抗生素基因的玉米，除了直接危害食用者的安全外，还有可能扩散到环境中甚至人畜体内，造成环境污染和健康危害。另外，一些关于微波、辐射等技术对食品安全性的影响一直存在争议，还有食品工程新技术所使用的配剂、介质、添加剂对食品安全的影响也不容忽视。总之，食品工程新技术可能带来很多食品安全问题。

（四）食品标志滥用的问题

食品标志是现代食品不可分割的重要组成部分。各种不同食品的特征及功能主要是通过标志来展示的。因此，食品标志对消费者选择食品的心理影响很大。一些不法的食品生产经营者时常利用食品标志的这一特性，欺骗消费者，使消费者受骗，甚至身心受到伤害。现代食品标志的滥用比较严重，主要有以下问题。

1.伪造食品标志

食品标志是指粘贴、印刷、标记在食品或者其包装上，用以表示食品名称、质量等级、商品量、食用或者使用方法、生产者或者销售者等相关信息的文字、符号、数字、图案以及其他说明的总称。伪造食品标志主要是指伪造或者虚假标注生产日期和保质期，伪造食品产地，伪造或者冒用其他生产者的名称、地址，伪造、冒用、变造生产许可证标志及编号等一系列违法行为。

2.夸大食品标志展示的信息

用虚夸的方法展示该食品本不具有的功能或成分，主要是利用食品标志夸大宣传产品，如没有经认证机构确认而标明其产品"纯天然""无污染"等，还有产地标注不明确、执行标准标注不准确等。

3.食品标志的内容不符合《食品卫生法》的规定

不符合规定的食品标志主要体现在如下方面：明示或者暗示具有预防、治疗疾病作用的；非保健食品明示或者暗示具有保健作用的；以欺骗或者误导的方式描述或者介绍食品的；附加的产品说明无法证实其依据的；文字或者图案不尊重民族习俗，带有歧视性描述的；使用国旗、国徽或者人民币等进行标注的；其他法律、法规和标准禁止标注的内容。

4.外文食品标志

进口食品甚至有些国产食品，利用外文标志，让国人无法辨认。随着社会的进步，消费者会越来越重视食品标志。

总之，随着社会生产力的发展和人类社会的不断进步，在一些传统的食品安全问题得到了较好控制的同时，食品安全又出现了一些新的问题，面临新的挑战。

三、食品安全检测技术标准与管理

如何衡量一种食品是否安全、不安全食品的危害在哪里、什么情况下它会对人体造成危害、应采取什么有效措施去控制它……诸如此类的问题必须依赖于检测技术和科技手段，因此，食品安全与检测技术是密不可分的。然而，目前食品安全检测的技术可谓五花八门，既有传统的化学分析方法，也有新兴的仪器分析方法；既有确定是否含有某种物质的定性检测方法，也有确定某种物质具体含量的定量检测方法；既有几小时甚至几分钟就可得出结果的快速检测方法，也有需要几天甚至更长时间的速度较慢的检测方法。对于同一个样品而言，采用不同的检测方法，可能得到不同的结果，而不同的检测方法，适用的样品和条件也各有不同。在检测方法如此繁多的情况下，如果没有统一的标准对其进行规定，则势必造成检测结果的混乱，从而使食品安全检测失去意义。因此，制定食品安全检测技术的标准，便于规范管理，具有重要意义。

目前，世界上一些发达国家已建立了较为完善的国家食品质量安全保障体系，主要内容包括法律法规体系、标准体系、检测检验体系、监督管理体系、认证体系、技术支撑体系和信息服务体系等，各体系之间互相协调、有机结合。其中标准体系和检测检验体系是技术性支持，而监督管理体系则是管理性支持，这三者相辅相成、缺一不可。美国、加拿大、欧盟等发达国家及地区的实践证明，他们的国民之所以能享受安全、卫生的食品供应，食品企业间具有强大的竞争力，政府监管有力，其根源在于拥有先进的食品质量安全标准体系和检测体系以及完善的监督管理体系。

我国也在积极建立国家食品质量安全控制体系，并不断进行探索和研究，因此，有效地运用国际通用规则来行使权利和义务，降低因加入全球性国际经济组织对我国食品产业可能带来的负面影响，深入研究国外发达国家的食品安全质量监督管理体系，学习和借鉴先进做法和经验，对建立和完善我国的食品质量安全监督管理体系、提高我国食品在国际市场的竞争力具有重大的现实意义。

（一）国内外主要食品安全检测技术标准要求

国外的食品安全检测技术标准主要包括国际标准和各国自身制定的标准，根据各国的国情不同，标准体系的结构和具体内容也各有不同。国际上制定有关食品安全检测方法标准的组织有国际食品法典委员会、国际标准化组织、美国分析化学家协会、国际兽疫局等。其中，由国际食品法典委员会和美国分析化学家学会制定的标准具有较高的权威性。

国际食品法典委员会有一些食品安全通用分析方法标准，包括污染物分析通用方法、农药残留分析的推荐方法、预包装食品取样方案、分析和取样推荐性方法、用化学物质降低食品源头污染的导向法、果汁和相关产品的分析和取样方法、涉及食品进出口管理检验的实验室能力评估、鱼和贝类的实验室感官评定、测定符合最高农药残留限量时的取样方法、分析方法中回复信息的应用、食品添加剂纳入量的抽样评估导则、食品中使用植物蛋白制品的通用导则、乳过氧化酶系保藏鲜奶的导则等。通则性食品安全分析方法标准是建立专用分析方法标准及指导使用分析方法标准的基础和依据。而且建立这样的综合标准对于标准体系的简化和标准的应用十分方便。

国际标准化组织发布的标准有很多，其中与食品安全有关的仅占一小部分。国际标准化组织发布的与食品安全有关的综合标准，主要是病原食品微生物的检验方法标准，包括食品和饲料微生物检验通则、用于微生物检验的食品和饲料试验样品的制备规则、实验室制备培养基质量保证通则，以及食品和饲料中大肠杆菌、沙门氏菌、金黄色葡萄球菌、荚膜梭菌、酵母和霉菌、弯曲杆菌、耶尔森氏菌、李斯特氏菌、假单胞菌、硫降解细菌、嗜温乳酸菌、嗜冷微生物等病原菌的计数和培养技术规程，病原微生物的聚合酶链式反应的定性测定方法等。可以看出，随着食品微生物学研究的深入及分子生物技术的发展，国际标准化组织制定的食品病原微生物的检验方法标准不断更新。

（二）国内外重要食品安全检测技术管理机构

美国食品质量安全体系的特点是三个部门权力相互分离与制约，具有透明性、制定决议的科学性以及公众参与性。这个体系遵循以下原则：只有安全卫生的食品才可以在市场上销售；在食品质量安全方面的协调决策是建立在科学基础上的；政府有强制责任；希望厂商、销售商、进口商及其他人都要遵守法规、标准，如果他们不遵守就要对此负责；协调过程对公众是透明的并且是可以接近的。科学和风险分析是制定美国食品质量安全政策的基础。在美国食品质量安全的法令、法规和政策制定过程中应用了预防方法。

在我国，最重要的食品安全检测技术管理机构是国家质检总局，质检总局下设国家标准化委员会和国家认证认可监督管理委员会两个副部级直属单位，分别负责对检测技术标准执行和检测技术的使用，即对检测机构进行监督管理。其中，国家标准化委员会负责国家的标准化建设工作，包括国家标准的制定、颁布和修订等。而国家认证认可监督管理委员会则负责对检测机构的仪器设备、环境条件等进行评估，只有经过其授权的检验机构，才可以出具具有法律效力的检测报告。除了质检总局，卫计委、农业部、环保部等部委的有关部门以及省市地方政府，也有制定检测技术标准的权利，因此也属于食品安全检测技术的管理机构。

　　我国食品安全监管是多部门联合监管，我国食品安全的管理职能分散在国务院的多个部委和直属局，以及各级地方政府相应的多个部门中。监管主体包括卫计委（食品药品监督管理局）、农业部、质检总局、工商行政管理总局、生态环境部、商务部、海关总署等。国务院根据各部委职能特点，按照食品生产到销售的不同阶段由不同的部门负责，并通过《食品安全法》立法明确各部门职责管理范围，对国内生产的食品和进口食品的监管由不同的部门负责。食品安全综合协调管理及风险评估由卫计委负责；种植和养殖安全问题的源头控制由农业部负责；企业食品生产加工环节的检验监督管理工作由国家质检总局负责；餐饮服务的监督管理由卫计委所属的国家食品药品监督管理总局负责；市场流通阶段质量安全问题由工商总局负责；进出口食品安全贸易由商务部负责。这种分段管理的分工体系中，体现了各部门要协同一致，避免如果某一过程监管不力，整个行业的管理就会受到影响，最终导致产品的食品安全质量由于一个环节而使总体质量水平受到制约，从而使其他监管环节的工作无效化甚至做无用功。

第二节　食品质量安全市场准入制度

一、食品质量安全市场准入制度的概念与核心内容

（一）食品质量安全市场准入制度的概念

　　市场准入也叫作市场准入管制，是指为了防止资源配置低效或过度竞争，确保规模经济效益、范围经济效益和提高经济效益，政府职能部门通过批准和注册，对企业的市场准入进行管理。市场准入制度是关于市场主体和交易对象进入市场的有关准则和法规，是政府对市场管理和经济发展的一种制度安排，具体通过政府有关部门对市场主体的登记，发放许可证、执照等方式来体现。对于产品的市场准入，一般的理解是，允许市场的主体（产品的生产者与销售者）和客体（产品）进入市场的程度。食品市场准入制度也称为食

品质量安全市场准入制度，是指为保证食品的质量安全，只有具备规定条件的生产者才允许进行生产经营活动，具备规定条件的食品才允许生产销售的监管制度。实行食品市场准入制度是一种政府行为、是一项行政许可制度。

食品质量安全市场准入制度是我国对食品市场进行干预的基本制度，它作为政府监督管理食品质量安全的第一环节，既是政府管理食品市场的起点，又是现代市场经济条件下的一项基础性的、极为重要的经济法律制度。实施食品质量安全市场准入是对食品生产加工企业实行事前保证与事后监督相结合的监管措施。对企业实施保证食品质量安全必备条件的审查、实行食品生产许可是事前保证的管理措施，可彻底纠正我国长期采用的"救火式"事后食品安全的监管模式。

（二）食品质量安全市场准入制度的核心内容

当前，我国食品质量安全问题十分突出，监督抽查合格率低，假冒伪劣屡禁不止，重大食品质量安全事故时有发生，不仅消费者缺少安全感，很难在购买前辨认食品是否安全，而且行政执法部门监督检查的难度也在增加，很多情况下难以用简便的方法现场识别。为了从食品生产加工的源头上确保食品质量安全，国家质量检验检疫总局根据我国国情，制定了一套行之有效的、与国际通行做法一致的食品质量安全监管制度，即食品质量安全市场准入制度，其主要内容包括如下三个方面。

1.实行生产许可证管理

对食品生产加工企业实行生产许可证管理。根据《加强食品质量安全监督管理工作实施意见》的有关规定，食品生产加工企业保证产品质量必备条件包括十个方面，即环境条件、生产设备条件、加工工艺及过程、原材料要求、产品标准要求、人员要求、储运要求、检验设备要求、质量管理要求、包装标识要求等。对符合条件且产品全部项目检验合格的企业，颁发食品质量安全生产许可证，允许其从事食品生产加工。已获得出入境检验检疫机构颁发的《出口食品厂卫生注册证》的企业，其主产加工的食品在国内销售的，以及获得危害分析和关键控制点（Hazard Analysis and Critical Control Point，HACCP）认证的企业，在申办食品安全质量许可证时可以简化或免于工厂生产必备条件审查。

2.食品出厂实行强制检验

对食品出厂实行强制检验，其具体要求有两个：一是那些取得食品质量安全生产许可证并经质量技术监督部门核准，具有产品出厂检验能力的企业，可以实施自行检验其出厂的食品，实行自行检验的企业，应当定期将样品送到指定的法定检验机构进行定期检验；二是已经取得食品质量安全生产许可证，但不具备产品出厂检验能力的企业，按照就近就便的原则，委托指定的法定检验机构进行食品出厂检验。承担食品检验工作的检验机构必须具备法定资格和条件，经省级以上（含省级）质量技术监督部门审查核准，由国家质检总局统一公布承担食品检验工作的检验机构名录。

3.食品质量安全市场准入标志管理

实施食品质量安全市场准入标志（Quality Safety，QS标志）管理。获得食品质量安全生产许可证的企业，其生产加工的食品经出厂检验合格的，在出厂销售之前，必须在最小销售单元的食品包装上标注由国家统一制定的食品质量安全生产许可证编号并加印或者加贴食品质量安全市场准入标志，由国家质检总局统一制定食品质量安全市场准入标志的式样和使用办法。

（三）实行食品质量安全市场准入制度的监管部门和基本原则

根据国务院确定的各个政府部门的职能，国家质检总局负责组织实施生产加工领域食品质量安全监督管理工作。其中，国家质检总局负责全国安全生产加工领域食品质量安全的监督管理工作；各省、自治区、直辖市质量技术监督部门按照国家质检总局的有关规定和统一部署，在其职责范围内，负责组织实施本行政区域内的食品质量安全监督管理工作。各市（地）、县级质量技术监督部门在省级质量监督部门的领导下，按照要求开展相应的工作。国家质检总局的主要职责是：会同有关部门负责建立健全食品质量安全标准体系；运用保证质量必备条件审查、强制检验及检验合格标志等手段，从源头抓起，建立食品质量安全市场准入制度；对生产企业和市场上销售的食品进行定期或不定期的监督检查，并向社会公布检测结果，对危害人身安全健康的有毒有害食品，依法进行收回并进行相应处罚；建立覆盖全国的食品质量安全检测体系；加大对假冒伪劣食品打假查处力度；强化进口食品质量安全检测预警管理，加大对出口食品的监管力度。实行食品质量安全市场准入制度有三项基本原则。

（1）坚持事先保证和事后监督相结合的原则。为确保食品质量安全，必须从保证食品质量的生产必备条件抓起，因此要实行生产许可制度，对企业生产条件进行审查，不具备基本条件的不发生产许可证，不准进行生产。但只把住这一关还不能保证进入市场的都是合格产品，还需要有一系列事后监督措施，包括施行强制检验制度、合格产品标志制度、许可证年审制度以及日常的监督检查，对违反规定的还要依法处罚。概括地说，要保证食品质量安全，事先保证和事后监督缺一不可，二者要有机结合。

（2）遵循分类管理、分步实施的原则。食品的种类繁多，对人身安全的危害高低不同，同时对所有食品都采取一种模式管理是不科学的、不必要的，还会降低行政效率。因此，有必要按照食品的安全要求程度、生产量的大小、与老百姓生活相关程度，以及目前存在问题的严重程度，分别轻重缓急，实行分类分级管理，由国家质检总局分批确定并公布实施生产许可证的产品目录，逐步加以推进。

（3）实行国家质检总局统一领导，省局负责组织实施，市局、县局承担具体工作的组织管理原则。鉴于我国食品生产的量大面广、规模相差悬殊以及各地质量技术监督部门装备、能力水平参差不齐的实际状况，推行食品质量安全市场准入制度采取统一管理、省局统一组织的管理模式。国家质检总局负责组织、指导、监督全国食品质量安全市场准入制度的实施。省级质量技术监督部门按照国家质检总局的有关规定，负责组织实施本行政区域内的食品质量安全监督管理工作。市（地）级和县级质量技术监督部门主要承担具体的实施工作。

（四）食品质量安全市场准入制度的适用范围

根据《加强食品质量安全监督管理工作实施意见》规定："凡在中华人民共和国境内从事食品生产加工的公民、法人或其他组织，必须具备保证食品质量的必备条件，按规定程序获得'食品生产许可证'，生产加工的食品必须经检验合格并加贴（印）食品市场准入标志后，方可出厂销售。进出口食品的管理按照国家有关进出口商品监督管理规定执行。"同时规定国家质检总局负责制定《食品质量安全监督管理重点产品目录》，国家质检总局对纳入《食品质量安全监督管理重点产品目录》的食品实施食品质量安全市场准入制度。按照上述规定，食品质量安全市场准入制度的适用范围有以下几点。

（1）适用地域：中华人民共和国境内。

（2）适用主体：一切从事食品生产加工并且其产品在国内销售的公民、法人或者其他组织。

（3）适用产品：列入国家质检总局公布的《食品质量安全监督管理重点产品目录》且在国内生产和销售的食品。进出口食品按照国家有关进出口商品监督管理规定办理。

（五）食品质量安全市场准入制度的特点

食品质量安全市场准入制度具有以下特点。

1.强制性

食品质量安全市场准入是一项行政许可，企业在生产许可目录的产品时必须得到行政机关的许可，取得食品生产许可证才能进行生产，带有强制性。

2.适用性

采取了与发达国家有别的食品安全监管办法，它借鉴了ISO 9000管理理念和GMP（Good Manufacturing Practice）质量控制原理，结合我国食品工业的实际情况，提出了与我国经济水平相适应的许可要求。正是这种科学的、实事求是的办法，受到了各级政府、生产企业、消费者各方面的好评。

3.可发展性

这种制度的设计为以后的发展打下了基础。随着我国经济的发展，以及人民生活水平的不断提高，对食品安全的要求也会越来越高，这项制度通过不断调整市场准入条件的办法来不断提高食品的质量安全水平，不断地适应公众对食品安全的需要。

4.直观性

这种制度通过用QS标志来表达食品的质量安全状况，直观、易懂，可以指导不懂食品生产工艺、不懂质量管理的消费者选购食品，也可以直观地指导基层管理部门开展食品质量安全执法。这样很容易得到全社会各阶层的广泛认同。

（六）实行食品质量安全市场准入制度的意义

实行食品质量安全市场准入制度是从我国的实际情况出发，为保证食品的质量安全所采取的一项重要措施。

1.实行食品质量安全市场准入制度是提高食品质量、保证消费者安全健康的需要

食品是一种特殊商品，它最直接地关系每一个消费者的身体健康和生命安全。近年来，在人民群众生活水平不断提高的同时，食品质量安全问题也日益突出。食品生产工艺水平较低，产品抽样合格率不高，假冒伪劣产品屡禁不止，因食品质量安全问题造成的中毒及伤亡事故屡有发生，已经影响人民群众的安全和健康，也引起了党中央、国务院的高度重视。为从食品生产加工源头上确保食品质量安全，必须制定一套符合社会主义市场经济要求、运行有效、与国际通行做法一致的食品质量安全监管制度。

2.实行食品质量安全市场准入制度是保证食品生产加工企业的基本条件，强化食品生产法制管理的需要

我国食品工业的生产技术水平总体上同国际先进水平还有较大差距。许多食品生产加工企业规模极小、加工设备简陋、环境条件很差、技术力量薄弱、质量意识淡薄，难以保证食品的质量安全。企业是保证和提高产品质量的主体，为保证食品的质量安全，必须加强对食品生产加工环节的监督管理，从企业的生产条件上把住市场准入关。

3.实行食品质量安全市场准入制度是适应改革开放

创造良好经济运行环境的需要在我国的食品生产加工和流通领域中，降低标准、偷工减料、以次充好、以假充真等违法活动比较猖獗。为规范市场经济秩序、维护公平竞争，适应我国社会经济进一步开放的形势，保护消费者的合法权益，必须实行食品质量安全市场准入制度，采取审查生产条件、强制检验加贴标识等措施，对此类违法活动实施有效的监督管理。

二、食品生产许可（QS）证的申办条件与程序

（一）食品生产企业取得生产许可的必备条件

食品企业取得食品生产许可，应当符合食品安全标准，并符合下列要求。

（1）具有与申请生产许可的食品品种、数量相适应的食品原料处理和食品加工，包装、贮存等场所，保持该场所环境整洁，并与有毒、有害物质以及其他污染源保持规定的距离；

（2）具有与申请生产许可的食品品种、数量相适应的生产设备或者设施，有相应的消毒、更衣、盥洗、采光、照明、通风、防腐、防尘、防蝇、防鼠、防虫、洗涤以及处理废水、存放垃圾和废弃物的设备或者设施；

（3）具有与申请生产许可的食品品种、数量相适应的合理的设备布局、工艺流程，防止待加工食品与直接入口食品、原料与成品交叉污染，避免食品接触有毒物、不洁物；

（4）具有与申请生产许可的食品品种、数量相适应的食品安全专业技术人员和管理人员；

（5）具有与申请生产许可的食品品种、数量相适应的保证食品安全的培训，从业人员健康检查和健康档案等健康管理，进货查验记录，出厂检验记录、原料验收、生产过程等食品安全管理制度。

（二）食品生产许可证申办各阶段的主要工作

1.申证准备阶段

为了保证企业顺利获取生产许可证，企业必须高度重视，应成立生产许可证申办领导小组来全面负责QS申证的准备和申办工作。领导小组应由企业最高管理者任组长，为QS认证的各项工作提供组织保证。成员由各部门的负责人（如品质主管、技术主管、生产主管、采购主管、仓库主管）组成，以保证整个QS申证工作的执行效果。

领导小组成立后，应聘请专家在企业各个部门进行QS申证相关文件和政策的培训。学习培训的内容包括《中华人民共和国食品安全法》《中华人民共和国食品安全法实施条例》《食品生产加工企业质量安全监督管理实施细则》《食品生产许可管理办法》《食品生产许可审查通则》《××食品生产许可证审查细则》《食品企业通用卫生规范》及相关产品的国家产业政策等。

学习培训的目的有：一是统一思想，提高企业包括高层在内的全体员工对QS申证的重视程度，增强全员参与的意识；二是使相关部门了解在自己的职责范围内如何通过努力达到审查要求；三是通过学习使全体员工真正认识到QS申证不仅是为了取得生产许可

证，更重要的是通过审查提高企业食品质量安全的管理水平。

2.内部整改阶段

食品企业应在QS申证领导小组的领导下，在学习培训的基础上认真对照相关法律法规、政策文件及相关标准的要求，进行硬件和软件方面的内部整改（具体的内部整改方法详见本章第三节），使企业的生产基本条件达到QS申证的基本要求。内部整改结束后进入企业QS申证的办理阶段。

3.QS申办阶段

（1）申请。食品生产加工企业应向生产所在地质量技术监督部门（以下简称许可机关）提出申请。涉及国家产业政策的食品（白酒、食用酒精、乳制品、味精、白糖）的生产许可证核发（含发证、换证、增项、迁址、其他）暂未开通网上申请业务，其他食品生产许可证的核发可网上提交申请，并提交下列材料。

①食品生产许可申请书。

②申请人的身份证（明）或资格证明复印件；已设立食品生产企业的有效期内的《营业执照》复印件。

③拟设立食品生产企业的"名称预先核准通知书"。

④食品生产加工场所及其周围环境平面图和生产加工各功能区间布局平面图。

⑤食品生产设备、设施清单。

⑥食品生产工艺流程图和设备布局图。

⑦食品安全专业技术人员、管理人员名单。

⑧食品安全管理规章制度文本。

⑨产品执行的食品安全标准。执行企业标准的，须提供经卫生行政部门备案的企业标准。

⑩相关法律法规规定以及审查细则要求的应当提交的其他证明材料，例如产业政策证明、企业法定代表人或主要负责人签署的授权书、被授权人身份证复印件等。

⑪食品生产许可申请书、质量安全管理制度电子版。

申请食品生产许可所提交的材料应当真实、合法、有效。申请人应在食品生产许可申请书等材料上签字确认。以上材料文本均一式三份，并加盖公章或签字。

（2）受理（材料审查）。许可机关收到申请人的申请后，依照《中华人民共和国行政许可法》有关规定进行处理。材料齐全并符合要求的自收到补正材料之日起5个工作日内，出具"受理决定书"；申请事项依法不需要取得食品生产许可的或不属于该部门受理的，出具"不予受理决定书"，并说明不予受理的理由，告知申请人享有依法申请行政复议或者提起行政诉讼的权利。材料不齐全的应一次告知需要补正的全部内容。需要补正申请材料的，许可机关退回申请材料，本次申请终止。申请人补正申请材料后可以重新提出申请。

（3）核查（现场审查）。受理申请后，审查部门依照有关规定对申请的资料和生产场所进行核查（以下简称现场核查）。

现场核查应当由审查部门指派2~4名核查人员组成核查组并按照国家质检总局的有关规定进行，企业应予以配合。

已设立食品企业、食品生产许可证延续换证，核查工作和许可检验工作可同时进行。

（4）审批。许可机关根据核查结果，在法律法规规定的期限内作出如下处理。

经现场核查，生产条件符合要求的，依法作出准予生产的决定，向申请人发出"准予食品生产许可决定书"，并于作出决定之日起10日内向设立食品生产的企业颁发食品生产许可证书。

经现场核查，生产条件不符合要求的，依法作出不予生产许可的决定，向申请人发出"不予食品生产许可决定书"，并说明理由。

除不可抗力因素外，由于申请人的原因导致现场核查无法在规定期限内实施的，按现场核查不合格处理。

（5）组织试生产。拟设立的食品生产企业持食品生产许可证书办理营业执照工商登记手续后，即可根据生产许可检验的需要组织食品的试生产。

（6）申请生产许可检验。拟设立的食品生产企业应按规定实施许可的食品品种申请生产许可检验。许可机关接到申请人的生产许可检验申请后，审查组织部门及时安排人员按细则规定的抽样方法实施抽样。样品一式两份，并加贴封条，填写抽样单。抽样单及样品封条应有抽样人员和申请人的签字，并加盖申请人印章。封存的两份样品由申请人在7日内（应当充分考虑样品的保质期，确定样品送达时间）送达具有相应资质的检验机构，一份用于检验，另一份用于样品备份。检验机构接收样品时应认真检查。对符合规定的，应当接受；对封条不完整、抽样单填写不明确、样品有破损或变质等情况的，应拒绝接收并当场告知申请人，及时通知审查组织部门。对接收或拒收的样品，检验机构应当在抽样单上签章并做好记录，同时妥善保管已接收的样品。检验机构应当在保质期内按检验标准检验样品，并在10日内完成检验。检验完成后2日内，检验机构应当向审查组织部门及申请人递送检验报告。

企业应在现场审查前准备好相应的产品，准备数量应该不小于产品规定的抽样基数。建议申请人在现场审查前按照所申证产品发证检验项目进行全项自检或委外检验，以确保自己的产品是合格的。

（7）载明品种范围。检验结论合格的、许可机关根据检验报告确定食品生产许可的品种范围，并在食品生产许可证副页中予以载明。在未经许可机关确定食品生产许可的品种范围之前，禁止出厂销售试产食品。

（8）复检。检验结果为不合格的，申请人可以在15日内向许可机关提出生产许可复检申请。需要注意的是，复检使用备份的样品应保持无破损、无变质，封条完整。复检结论为全部食品品种合格的，许可机关在食品生产许可证副页中予以载明。复检结论为部分食品品种不合格的，不予确定该类食品的生产许可范围，在食品生产许可证副页中不予载明，并禁止出厂销售该类食品。复检结论为全部食品品种不合格的，按照有关规定注销食品生产许可，并禁止出厂销售全部品种的食品。

（9）审批结果公告。省级质监局在网站统一公告审批的准予行政许可的申请人名单。申请人可登录质监局网站查询申请事项办理进展状况和办理结果。

（10）许可期限。许可期限为60个工作日（产品检验所需时间包括样品送达、检验机构检验、异议处理的时间，不计入此期限内）。

（11）申办费用。

①现场核查审查费在申请时向受理申请的质量技术监督部门交付。

②产品检测费由申请人按照规定支付给检验机构。

除上述费用外，不收取公告等其他费用。

（三）食品生产许可证的年审换证与变更

食品生产许可证的有效期为3年。企业在证书有效期内每年进行一次自查，并向当地质量技术监督局递交自查报告，当地质量技术监督局将以10%的比例进行获证企业的现场核查。

有效期届满，取得食品生产许可证的企业需要继续生产的，应当在食品生产许可证有效期届满6个月前，向原许可机关提出换证申请；准予换证的，食品生产许可证编号不变；期满未换证的，视为无证；拟继续生产食品的，应当重新申请、重新发证、重新编号，有效期自许可之日起重新计算。

第三节 食品安全检测技术要求

一、实验室技术要求

（一）化学分析技术操作及环境要求

化学分析是指利用化学反应和它的计量关系来确定被测物质的组成和含量的一类分析方法，又称为经典分析。进行化学分析时通常使用化学试剂、天平和一些玻璃器皿。

化学分析技术又可以分为重量分析、容量（滴定）分析及气体分析技术。下面分别以重量分析和容量分析为例对化学分析进行简要介绍。

1.重量分析

重量分析是根据化学反应生成物的质量求出被测成分含量的方法，又称为称量分析法。以沉淀重量分析法为例，在进行重量分析时分别要进行试样溶解、待测组分的沉淀、过滤和洗涤、烘干和灼烧至恒重等步骤。

在试样的溶解过程中，要确保待测组分全部溶解在溶剂中，溶解过程不得有任何损失。溶样的方法有两种：一是用水、酸溶解；二是高温熔融法。在进行沉淀操作时，不同类型的沉淀在操作方法上也有差别，如沉淀$BaSO$的细晶形时，应一手持玻璃棒搅拌，另一手用滴定管滴加热沉淀剂溶液。沉淀剂要顺杯壁流下，或将滴管尖伸至靠近液面时再滴入，目的是防止样品溶液溅失。如$Fe(OH)$类型的胶状沉淀，则可将热沉淀剂顺玻棒快速全部加入。若要在热试液中进行沉淀，可将试液水浴加热，但不要直接加热，以免沸腾溅失。同时要注意，沉淀剂要在一次操作中连续加完，加完后要检查沉淀是否完全。

检查方法是先将已加过沉淀剂的试液静置，待沉淀下沉后，顺杯壁向上层清液中加一滴沉淀剂，观察界面处有无浑浊现象。若产生浑浊，表明尚未沉淀完全。应继续滴加沉淀剂，直至沉淀完全并合理过量。

在对待测成分进行过滤时，首先要根据实验的目的是进行定性实验还是进行定量实验选用合适的滤纸。重量分析沉淀一般选用定量滤纸。当涉及沉淀的性质时，要考虑滤纸的流速，细晶形沉淀一般选慢速滤纸；粗晶形沉淀宜选择中速滤纸；胶状沉淀应选快速滤纸。过滤和洗涤沉淀的操作应尽量减少沉淀损失。通常采用的倾泻法过滤就是比较科学的过滤洗涤方法。过滤前将体系静止，待沉淀下沉后，上层渐渐清亮，先将上层清液倾入漏斗中，而不是一开始就将沉淀和溶液一起搅匀、一并过滤，过滤时一定要正确使用玻璃棒，其长度以15～20cm为宜，直径4～5mm即可。漏斗下方放一合适容积的洁净烧杯盛接滤液，杯口盖一表面皿。倾倒沉淀时，将烧杯嘴紧贴玻璃棒，玻璃棒直立，下端接近三层滤纸一侧的上方，慢慢倾斜烧杯使清液沿玻璃棒流入漏斗，漏斗中的液面不要超过滤纸的2/3；以免毛细作用损失了沉淀。烧杯暂停倾斜时，应沿玻璃棒将烧杯往上渐渐直立，待液体流回烧杯中时，才能将玻璃棒放回原烧杯。不要搅动沉淀，也不能靠在杯嘴上，避免黏附沉淀。如此过滤到清液几乎全部滤去。用少量的洗涤液（约20mL）初步洗涤沉淀，加入洗涤液后用玻璃棒搅动，再静置片刻，倾出上层清液，如此反复操作4～5次，即可进行沉淀转移操作。当沉淀全部转移至滤纸上后，需在漏斗中再次洗涤，要充分洗净沉淀，还应洗净滤纸上黏附的母液。在检查是否洗净时，可用小试管接取一些滤液，加入相应沉淀剂，观察有无浑浊现象，如有浑浊，需继续洗涤，直至检查滤液时不再出现浑浊。

沉淀的烘干操作可以在100℃左右的烘箱中进行，也可以在电炉或煤气灯上处理，此时应注意防止滤纸燃烧，燃烧易造成沉淀飞散损失。灼烧一般应在高温炉中进行，灼烧温度根据产品标准确定，灼烧用的坩埚钳不能挪作他用，不用时钳嘴应朝上放置。沉淀灼烧后再放置到干燥器中冷却至室温后再进行称量。在使用干燥器时，向干燥器中放入温热物体时，应将盖子留一缝隙，稍等几分钟后再盖严。也可将盖子间断地推开两三次，以使干燥器内温度、压力与环境条件平衡。否则，干燥器内形成负压，再打开时比较困难。注意当取下盖子时必须仰放在桌子上，不可正着放置。

2.容量分析

容量分析法是化学分析法中最主要的分析方法之一。进行容量分析时，先用一个已知准确浓度的溶液作滴定剂，用滴定管将滴定剂滴加到被测物质溶液中，直到滴定剂与被测物质按化学式计量关系反应完全。然后根据滴定剂的浓度和滴定操作所耗用的体积计算被测物质的含量。容量分析法是以测量标准滴定溶液的体积为基础的，所以也称为滴定分析法。作为容量分析基础的化学反应必须满足以下几点。

（1）反应要有确切的定量关系，即按一定的反应方程式进行，并且反应进行得完全，不能有副反应，这是定量计算的基础。

（2）反应迅速，滴定反应最好能瞬间定量完成，如果反应速度不够快，就很难确定理论终点，甚至完全不能确定。如果反应本身很慢，但有简便易行的可加快反应速度的方法，如加热、加催化剂等，则该反应可用作滴定反应。在进行滴定反应操作时遇到这种情况必须注意：滴定速度一定要慢于反应速度。

（3）主反应不受共存物的干扰，或有消除的措施。如果滴定体系中有其他共存离子，它们应完全不干扰滴定反应的进行。即滴定反应应当是专属的，或者可以通过控制反应条件或利用掩蔽剂等手段加以消除。

（4）有确定理论终点的方法，通常确定理论终点的最简便方法就是使用指示剂。所选用的指示剂应恰能在滴定突跃范围内发生敏锐的颜色变化，以便停止滴定（若滴定剂本身就起到指示剂作用，可无须另选）。

在滴定操作中，温度低，则反应慢；温度高，则反应快。其次，有无催化剂以及有无干扰离子都会干扰滴定效果。要注意标准溶液的浓度对滴定结果的影响，标准溶液的浓度越大，则滴定突跃越大；反之则滴定突跃越小。一般操作中，标准浓度的大小要依据被滴定组分的浓度而定，两者总是近似相同。不仅便于操作，也有利于获得较大的突跃。

（二）仪器分析技术操作及环境要求

仪器分析在化学分析的基础上吸收了物理学、光学、电子学等内容，根据光、电、磁、声、热的性质进行分析，并依靠特定仪器装置来完成。由于计算机技术的引入，使仪器分析的快速、灵敏、准确等特点更加明显，多种技术的结合、联用使仪器分析的应用面更加广泛。

仪器分析就是通过测量表征物质的某些物理或化学性质的参数来完成物质化学组成定性确证、含量测定和结构分析任务。仪器分析的方法有很多，而且相互比较独立，可以自成体系。根据测量原理不同，通常把仪器分析方法分为光学分析法、电化学分析法、色谱法、核磁与顺磁共振波谱法以及热分析法等。不同的分析仪器的操作和环境要求各有特点，且差异很大。

1.气相色谱仪的操作及环境要求

气相色谱仪的基本操作步骤是：①装柱；②通载气；③试漏；④通电；⑤设置柱温、汽化温度、检测器温度、流速或设置热丝电流，开启数据处理机；⑥设置数据处理机参数（峰宽、斜率或阈值、最小峰面积、基线或零点、纸速、衰减、定量方法、样品量、内标物量等）；⑦进样分析。

在具体操作中，要注意待仪器的工作状态稳定后再进行样品的测定。应根据分析物的特点和性质合理选择不同的色谱柱、检测器。选择色谱柱时，分析烃类和脂肪酸酯物质最好选用机械强度好的不锈钢柱；分析活性物质及使用高分子微球固定相时多用玻璃柱；有时分析醇、酮、胺等成分时则应该采用毛细管柱。合理选用色谱柱有利于测定结果的准确性和稳定性。对检测器的操作来说，若使用热导检测器时，要在接通检测器热丝电流之前确保载气流过检测器，即先通气后给电，若无气流来耗散热量，热丝元件极易损坏；在使用氢焰检测器、火焰光度检测器、氮磷检测器时，要注意检测器温度必须高于110℃，以防水汽的冷凝，另外，在检测器温度超过110℃以后，再点火；电子捕获检测器必须使用高纯气体；分析完毕，要先关掉通入检测器的氢气或空气后，再降低检测器温度。

载气的种类、纯度和流速会在一定程度上影响色谱分析的可靠性。气相色谱使用的载气要求纯净、惰性和流速稳定。用重载气可以降低纵向扩散对柱效的影响，但会延长分析时间；轻载气影响纵向扩散降低柱效，但也可以降低气相的传质阻力，利于提高柱效，且可以缩短分析时间。在使用热导检测器时，用99.999%超纯氢气比用99%的普通氢气灵敏度要高6%～13%。另外，载气纯度对峰形也有影响，载气纯度应比被测气体高10倍以上，否则将出负峰。

2.液相色谱仪的操作及环境要求

目前，很多型号的高效液相色谱仪都是自动分析检测的，如自动进样、自动分析、自动检测、自动出具实验报告，实验人员需要操作的程序较为简单。但一定要严格按照仪器操作规程进行操作，依次打开仪器的高压泵、检测器、工作站，设置试验参数。每次分析结束后，要反复冲洗进样口、色谱柱，防止样品的交叉污染。为了延长紫外灯寿命，在分析前，柱基本平衡后，打开检测器；在分析完成后，马上关闭检测器。

由于液相色谱仪有多种检测器，不同检测器的原理对环境的要求不同，目前多数液相色谱仪多配置紫外检测器。紫外检测器对温度、流动相组成和流速变化不敏感，适宜用作梯度洗脱；光散射检测器对各种物质都有响应，且响应因子基本一致，基线漂移不受温度变化的影响，信噪比也较高；而示差折光检测器则易受温度变化波动的影响，因此要求温度控制恒定，另外示差折光检测器对流动相组分变动会产生相应的信号变化，不适宜用作梯度洗脱。

由于高效液相色谱仪是精密仪器，对于分析的样品和试剂的纯度要求比较高，所以在对待测物进行分析之前，所有样品和试剂都要经过高度纯化，例如在操作过程中，为了防止进样阀或管路产生堵塞现象。必须考虑样品的过滤问题，流动相必须经过0.45μm滤膜过滤，否则样品中的细小颗粒会使进样阀堵塞、磨损，更重要的是污染色谱柱。同样流动相中若溶解有气体，在高压下气体会从溶剂中逸出，影响高压泵正常工作，并严重干扰检测器的正常检测，流动相中的气泡将会增加基线噪声，严重的会在泵体中产生气堵，造成压力升高，所以流动相要经过脱气处理。同样对流动相主体的溶剂（包括水）的纯度要高，必要时需要重新蒸馏或纯化。流动相中的杂质常常积累于色谱柱的柱头，给分析带来麻烦，如产生鬼峰。

3.原子吸收分光光度计的操作及环境要求

原子吸收分光光度计是专门进行元素分析测定的仪器。原子吸收分光光度计—火焰原子化系统工作时用可燃气体（如乙炔）应注意安全。仪器的开机和关机顺序是相反的，先打开电源预热，调节各种工作参数，仪器稳定后打开气源。样品全部测定完，应先关燃气源总阀，然后关压力表阀、空气压缩机、总电源等。工作时要注意，防止"回火"现象的发生。如果使用的是石墨炉原子化系统，则要注意冷却水的使用，首先接通冷却水源，待冷却水正常流通后方可开始下一步操作。要求有不间断冷却水循环水浴保障供水，保证设施不能停水。此外，各种元素灯（空心阴极灯）在长时间不用时，要定期通电加热一定时间以延长灯的寿命。当发现空心阴极灯的石英窗口有污染时，应用脱脂棉蘸无水乙醇擦拭干净。

火焰原子吸收工作时，试样溶液的性质发生变化，如试样溶液的表面张力、黏度发生变化时，将影响气溶胶雾滴的粒径、脱溶液效率和蒸发效率，并最终影响原子化效率，因此试样必须通过适当稀释后再进样分析。也可在试液中加入有机溶剂，改变试液的黏度和表面张力，提高喷雾速率和雾化速率，增加基态原子在火焰中的停留时间，提高分析灵敏度。此外，火焰温度的高低也是在进行原子分析测定必须考虑的因素之一。分析不同的元素，需要不同的火焰温度，火焰温度直接影响样品的熔融、蒸发和解离过程。火焰温度还和元素的电离度有关，火焰温度越高，元素的电离电位越低，越容易引起电离干扰，因此在进行原子吸收光谱分析时通常会选用低温火焰，这样可以在一定程度上降低离子干扰。而在有些状况下，用高温火焰则可以降低在测试中的化学干扰。化学干扰是火焰原子吸收分析中的主要影响因素，为了减少化学干扰，除了在一定条件下使用高温火焰外，还可以加入释放剂、保护剂或加入缓冲剂等方法降低化学干扰。当然，也不能忽视样品中基体干扰后的杂质干扰。

4.紫外—可见分光光度计的操作及环境要求

紫外—可见吸收光谱是基于被测样品中分子内的电子跃迁产生的吸收光谱，波长范围为200～800nm，按光学系统可分为单光束和双光束分光光度计。测定过程中，要注意保护吸收池透光面的洁净，不得用手接触吸收池的透光面，如果透光面表面有污物或尘土，只能用吸水纸或擦镜纸轻轻地擦拭，避免硬的物品划伤透光面。用完吸收池后要对吸收池进行清洗，先用去离子水冲洗吸收池内部，然后用少量乙醇或丙酮进行脱水处理，常温放置干燥。不同仪器的吸收池不可混用，以免引起误差。

紫外—可见吸收光谱分析样品通常是溶液，也就是说被测定的物质是在溶液中以某种分子或离子形式存在，溶液应是澄清透明状的光照射溶液，通过溶液对光波的吸收强弱来表征样品含量。因此测定时固体样品需要转变成溶液，无机样品用合适的酸溶解或用碱熔融，有机样品用有机溶剂溶解或抽提，有时需要先经湿法或干法将样品消化，然后转化成适合于光谱测定的溶液。因此待测溶液及参比溶液的状态及配制溶液的溶剂对测定结果的影响至关重要，对有色化合物溶液进行分析时，有色化合物在溶液中受pH、温度、溶剂的影响，可能发生水解、沉淀、缔合等化学反应，从而影响有色化合物对光的吸收，引起测定误差。所以要注意控制显色条件，如溶液的pH对显色反应的影响极大，它会直接影响金属离子和显色剂的存在形式，影响有色络合物的组成和稳定性以及显色反应的完全程度。所以通常加入缓冲溶液保持一定的pH。在某个具体的反应中，溶液的合适的pH通常是通过试验来确定的。由于有机溶剂对物质的显色波长、显色灵敏度、选择性和稳定性等都有显著影响。所以在使用有机溶剂时，要注意有机溶剂的影响。显色反应通常都是在室温下进行的，但有些显色反应必须加热至一定的温度才能完成。同时也要综合考虑有机化合物在加热时容易分解。所以当温度对显色反应速度可能有较大影响时，需要用单因素实验来确定合适的温度。如果利用动力学附件，会有效提高上述情况的测量精度。还有显色剂的用量、共存离子的干扰等环境因素也会在一定程度上影响测定的效果。

由于光吸收定律只是用介质均匀的稀溶液，因此对于不均匀的体系（如乳浊液、悬浮液等）由于透光率减少，产生光散射等误差，会使吸光率增加而导致测定结果产生正偏差。而当溶液浓度较高时，吸光粒子间的平均距离减少，粒子的电荷可能发生改变，进而使吸光系数发生改变，导致偏离光吸收定律，会产生负偏差，因此有必要降低溶液浓度，使样品浓度性状在线性范围内。

5.电化学分析法的操作及环境要求

在被测定溶液中插入指示电极与参比电极，通过测量电极间电位差而实现测定溶液中某组分含量的方法称为电位分析法。

（三）重要食品安全分析技术操作及环境要求

食品安全要得到保障，必须有质量监督，质量监督离不开标准来衡量食品质量。食品质量是指食品的食用性应能符合相关标准规定和满足消费者要求的特性及程度。食品的食用性能是指食品的营养价值、感官性状、卫生安全性。食品质量的体现要通过有关权威部门发布的食品质量要求或食品质量的主要指标检测确定，即食品质量标准，也就是必须满足消费者在心理、生理和经济上的要求，主要包括卫生安全、营养保健、感官享受、物美价廉、社会安定等的需要，特别是安全与营养。要全面、正确地评价食品质量必须从毒理学、病理学及生物安全角度进行全面评价。食品安全评价指标主要包括：①严重危害人体健康的指标，如致病菌、毒素，必须严格按照标准的规定执行；②食品污染指标，包括化学和微生物污染指标，如农药残留、重金属、细菌总数、大肠菌群等；③食品掺杂使假指标；④安全指标，毒理、病理、转基因成分。

近些年来，由于食品安全事件在全球范围的发生，传统的化学分析和常规仪器分析技术也存在某些不足，如分析时间长、成本高、效率低等。因此，食品安全快速检测技术开始被各个国家重视，各国都在加速创新技术研究。由于食品安全快速检测技术在进出口贸易作用特殊，可极大提高工作效率，减少不必要的损失，如生物免疫分析技术在此方面具有独特优势，因此被越来越多的国家采用，甚至其中的某种检测方法被一些国家列入国家标准，如聚合酶链式反应检测技术。从发展态势来看，生物分析技术由于其快速、简单、灵敏、高效等优点使得其在食品安全快速检测技术中具有广泛应用前景。

二、样品前处理技术要求

（一）样品采集、保管及可溯性要求

1.样品采集

样品采集也称为抽样或取样，是从原料产品整体（通常是从一批货物）中抽取一部分作为其整体的代表性样品，通过分析一个或数个样品，对整体的质量作出估计。因此，样品采集是食品安全测定中非常重要的环节，在食品检测中，不管是成品，还是未加工的原料，即使是同一种类，由于品种、产地、成熟期、含水率、加工或保藏条件的不同，其成分及含量都可能有很大差异。从具有复杂特征的被检物质中采集分析样品，必须掌握科学的采样技术，在防止成分逸散和不被污染的情况下，均匀、随机地采集有代表性的样品，是保证分析结果准确的前提之一，否则即使以后的样品处理、检测等环节非常精密、准确，其检测的结果亦毫无意义。

在实际的样品采集过程中有随机抽样和代表性抽样两种方法。随机抽样可以避免人为的倾向性，但在有些情况下，对难以混匀的食品（如黏稠液体、蔬菜等）的采样，仅仅用随机采样法是不行的，必须结合代表性取样，从有代表性的各个部分分别取样。因此，采样通常采用几种方法相结合的方式。具体的取样方法因分析对象的性质而异。

（1）有完整包装（袋、桶、箱等）的均匀固体物料（如粮食、粉状食品），可按总件数的平方根确定采样件数，然后从样品堆放的不同部位，按采样件数确定具体采样袋（桶、箱），再用双套回转取样管采样。将取样管插入包装中，回转180°取出样品，每一包装需要上、中、下三层取出三份检样；把许多检样综合起来成为原始样品；用"四分法"将原始样品做成平均样品；原始样品充分混合后在清洁的玻璃上，压平成厚度在3cm以下的图形，并划成"+"字线，将样品分成四份，去对角的两份混合，再如上分为四份，去对角的两份即是平均样品。无包装的散堆样品，先划分若干等体积层，然后在每层的四角和中心点取样，得检样，再按上法处理得平均样品。

（2）黏稠的半固体物料（如稀奶油、动物油脂、果酱等），可先按总件数1/2的平方根确定取样数。启开包装，用采样器从各桶中上、中、下层分别取样，然后混合分取缩减到所需数量的平均样品。

（3）液体物料（如植物油、鲜乳等）如果数量大，可依容器的大小及形状分区分层采取小样，将各小样汇总混合。如果数量不大，可在密闭容器内旋转摇荡，或从一个容器倒入另一个容器，反复数次或颠倒容器，采样前需用搅拌器搅拌一定时间，再用采样器缓慢均匀地自上端斜插至底部采样。易氧化食品搅拌时要避免与空气混合；挥发性液体食品用虹吸法从上、中、下三层采样。

2.样品制备

按采样规程采取的样品往往数量多、颗粒较大，而且组成也不十分均匀。为了确保分析结果的正确性，必须对采集到的样品进行适当的制备，以保证样品均匀有表征性。

（1）液体、浆体或悬浮液体样品要摇匀或充分搅拌。常用的搅拌工具有玻璃搅拌棒和电动搅拌器。

（2）互不相溶的液体，如油与水的混合物，应首先使不相溶的成分分离，然后分别进行采样，再制备成均匀样品。

（3）固体样品，应采用切细、粉碎、捣碎、研磨等方法将样品制成均匀可检状态。水分含量少、硬度较大的固体样品（如谷类）可用粉碎机或研钵磨碎；水分含量较高、韧性较强的样品（如肉类）可取可食部分放入绞肉机中搅匀，或用研钵研磨；质地软的样品（如水果、蔬菜）可取可食部分放入组织捣碎机中捣匀。各种机具应尽量选用惰性材料，如不锈钢、合金材料、玻璃、陶瓷、高强度塑料等。为控制固体颗粒度均匀一致，可采用标准筛过筛，标准筛为不锈钢金属丝或特殊高强塑料尼龙丝编制的不同孔径的专用配套过筛工具。固体油脂应加热熔化后再混匀。

（4）罐头制品，如水果罐头在捣碎前须清除果核；肉禽罐头应预先清除骨头；鱼类罐头要将调味品（葱、辣椒及其他）分出后再捣碎。常用捣碎工具有高速组织捣碎机等。

3.样品保管

食品样品采集后在运输和保存过程中，必须保持其原有的状态和性质，尽量减少离开总体后的变化。由于食品是动、植物组织构成，很多具有活细胞，有的还有酶的活性，而食品中的营养成分又是微生物天然的培养基，容易生长繁殖，因此，食品易变性、变质。特别是通过采集、切碎、混匀过程，破坏了一部分组织，使汁（体）液流出，一些本来处于食品表面的微生物浸入内部组织，加速了食品的变化。而样品的任何变化都将影响检验结果的准确性，因此，必须高度重视食品样品的保管。一般来说，样品的保管应注意以下几个方面。

（1）要保持样本原来的状态。样本应尽量从原包装中采集，不要从已开启的包装内采集。从散装或大包装袋内采集的样本如果是干燥的，一定要保存在干燥的容器内，不要与有异味的样本同时保存。

装载样本的容器可选择玻璃的或塑料的，可以是瓶式、试管式或袋式。容器必须完整无损，密封无泄漏。供装病原学检验样本的容器，用前应彻底清洁干净，必要时要经干热或高压灭菌并烘干，如不能耐高压的经环氧乙烷熏蒸或紫外线20cm，2h直射灭菌后使用。依据检验样本的性状及检验的目的选择不同的容器，一个容器装量不可过多，尤其液态样本不可超过容量的80%，以防冷冻时容器破裂。装入样本后必须加盖，然后用胶布或封箱胶带固封；如是液态样本，在胶布或封箱胶带外必须用融化的石蜡加封，以防液体外泄。如果选用塑料袋，则应用两层袋，分别用线结扎袋口。

（2）易变质的样本要冷藏。易腐食品一定要冷藏保存，防止在送到检验室前发生变质。

（3）特殊样本要在现场进行处理。如做霉菌检验的样本，要保持湿润，可放在1%甲醛溶液中保存，也可储存在5%乙醇溶液或稀乙酸溶液里；如作病毒检验的样本，数小时内可以送到检验室的，可只进行冷藏处理。时间长的应进行冻结处理。特殊情况下，样品中可加入适量的不影响分析结果的防腐剂，或将样品置于冷冻干燥器内进行升华干燥保存。存放的样品要按日期、批号、编号摆放，以便查找。

（二）样品的前处理方法选择及注意事项

样品的前处理是指食品样品在测定前消除干扰成分，浓缩待测组分，使样品能满足分析方法要求的过程。由于食品的成分复杂，待测成分的含量差异很大，有时待测组分含量甚微，当用某种分析方法对其中某种成分的含量进行测定时，其他共存组分常常会干扰测定。为了保证检测的顺利进行，得到可靠的分析结果，必须在分析前除去干扰成分。对于食品中含量极低的待测组分，还必须在测定前对其进行富集浓缩，以满足分析方法的检出限和灵敏度的要求。通常可以采用水浴加热、吹氮气或空气、真空减压浓缩等方法。样品的前处理是食品安全检验中非常重要的环节，其效果的好坏直接关系分析工作的成败。常用的前处理方法较多，应根据食品的种类、分析对象，待测组分的理化性质及分析方法来选择。

1.食品样品的无机化处理

样品无机化处理主要用于食品或食品原料中无机元素的测定，又称为有机物破坏法。食品中无机元素常与一些有机物质结合在一起，从而失去其原来的特性。因此，在进行检验测定这些无机成分时，需要破坏其有机结合体，使被测组分释放出来，以便分析测定。通常采用高温或高温加强氧化剂等方法，使结合体中的有机物质发生分解，呈气体状态逸散，被测组分残留下来，便于分析测定。有机物破坏方法根据具体操作步骤的不同可分为干法灰化和湿法消化两大类。选择的原则应是：①方法简便，使用试剂越少越好；②方法耗时越短，有机物破坏越彻底越好；③被测元素不受损失，破坏后的溶液容易处理，不影响后续的测定步骤。

2.样品中干扰成分的去除

测定食品中的各种有机成分时，可以采用多种前处理方法，将待测的主要成分与样品中干扰成分分离后再进行检测。近年来，固相萃取、固相微萃取、加压溶剂萃取以及超临界萃取等技术已经在食品安全分析中得到应用。

（1）溶剂提取法。依据相似相溶的原则，用适当的溶剂将某种待测成分从固体样品或样品浸提液中提取出来，从而与其他基体成分分离，是食品检验中最常用的提取方法之一。溶剂提取法一般可分为浸提法和液—液萃取法。

（2）挥发、蒸馏法。利用待测成分的挥发性或通过化学反应将其转变成为具有挥发性的气体，而与样品中基体分离，经吸收液或吸附剂收集后用于测定，也可直接导入检测仪测定。这种分离富集方法，可以排除大量非挥发性基体成分对测定的干扰。

（3）色谱分离法。在色谱柱中（或层析载体中）当两相做相对运动时，利用物质在流动相与固定相两相间的分配系数差异，在两相间进行多次分配，分配系数大的组分迁移速度慢；反之则迁移速度快，从而实现对样品中各组分的分离。这种方法的特点是分离效率高，能使多种性质相似的组分彼此分离，是食品安全检验中一类重要的分离方法。根据分离方式不同，可以分为柱色谱法、纸色谱法和薄层色谱法等。

（4）固相萃取法。

固相萃取法实际上就是柱色谱分离方法。在小柱中填充适当的固定相制成固定相萃取柱，当样品液通过小柱，待测成分被吸留，用适当的溶剂洗涤去除样品基体或杂质，然后用一种选择性的溶剂将待测组分洗脱，从而达到分离、净化和浓缩的目的。该方法简便快速，使用有机溶剂少，在痕量分离中应用广泛。

根据分离原理不同可分为吸附、分配、离子交换、凝胶过滤、螯合和亲和固相萃取。实际应用中多采用化学键合反应制备的固相材料，如键合硅胶、苯基键合硅胶等填装的固相萃取小柱。

（5）固相微萃取法。固相微萃取法是根据有机物与溶剂之间"相似相溶"的原理，利用石英纤维表面的色谱固定液对待测组分的吸附作用，使试样中的待测组分萃取和浓缩，然后利用色谱仪进行分析，将萃取的组分从固相涂层上解析下来进行分析的一种样品前处理方法。与传统分离富集方法相比，固相微萃取具有几乎不使用溶剂、操作简单、成本低、效率高、选择性好等优点，是一种比较理想的新型样品预处理技术。固相微萃取法可与各类色谱仪联用，使样品萃取、富集和进样分析合而为一，从而大大提高了样品前处理、分析速度和方法的灵敏度。

固相微萃取装置类似于微量注射器，由手柄和萃取头两部分组成。萃取头是一根长度为0.5～1.5cm、直径为0.05～1mm的涂有不同色谱固定液或吸附剂的熔融石英纤维。将萃取头接在空心不锈钢针上，不锈钢针管用以保护石英纤维不被折断，石英纤维头在不锈钢管内可伸缩，需要时可推动手柄使石英纤维从针管内伸出。固相微萃取的方式有两种：一种是石英纤维直接插入试样中进行萃取，适用于气体与液体中组分的分离；另一种是顶空萃取，适用于所有基质的试样中挥发性、半挥发性组分的分离。影响固相微萃取灵敏度的主要因素有涂层的种类、待测物质的性质、基质的种类及试样的加热、搅拌、衍生化和盐浓度等。其中涂层的种类、厚度对待测物的萃取量和平衡时间有较大的影响。

（6）超临界流体萃取法。超临界流体萃取法是近年来发展的一种样品前处理新技术。超临界流体萃取与普通液—液萃取和液—固萃取相似，也是在两相之间进行的一种萃取方法，不同之处在于所用的萃取剂为超临界流体。超临界流体是一类温度和压力为超过临界点时才能存在的物质，介于气、液态之间。超临界流体密度较大，与液体接近，故可用作溶剂溶解其他物质；另外，超临界流体的黏度小、与气态接近、传质速度很快，而且表面张力小，很容易渗透进入固体样品内。由于超临界流体特殊的物理性质，使超临界流体萃取具有高效、快速等优点。常用的超临界溶剂为CO_2，其临界值较低，化学性质稳定，不易与溶质发生化学反应，无臭、无毒、沸点低，易于从萃取后的组分中除去，并适用于对热不稳定化合物的萃取。但CO_2是非极性分子，不宜用于极性化合物的萃取。极性化合物的萃取通常采用NH_3或氧化亚氮作萃取剂。但NH_3化学性质活泼，会腐蚀仪器设备；氧化亚氮有毒，故二者均较少使用。

影响超临界流体萃取最主要的因素是压力和温度。压力的变化会导致溶质在超临界流体中溶解度的急剧变化。在实际操作中，通过适当改变超临界流体的压力可以将样品中的不同组分按其在萃取剂中溶解度的不同而进行萃取。例如，先在低压下萃取溶解度较大的组分，然后增大压力，使难溶物质与基体分离。当温度变化时，超临界流体的密度和溶质的蒸气压也随之改变，其萃取效率也发生改变。

（7）透析法。利用高分子物质不能透过半透膜，而小分子或离子能通过半透膜的性质，实现大分子与小分子物质的分离。当测定食品中糖精钠的含量时，可将食品样品装入透析膜袋中，放在水中进行透析。由于糖精钠的分子较小，能通过半透膜进入水中，而食品中的蛋白质、鞣质、脂类等高分子杂质不能通过半透膜，仍留在玻璃纸袋内，从而达到分离的目的。

（8）沉淀分离法。利用沉淀反应进行分离的方法叫作沉淀分离法。在试样中加入适当的沉淀剂，使被测成分或干扰成分沉淀下来，经过滤或离心达到分离的目的。如测定食品中的亚硝酸盐时，先加入碱性硫酸铜或三氯乙酸沉淀蛋白质，使水溶性的亚硝酸盐与蛋白质分离。

总之，受食品或食品原料种类繁多、组成复杂、被测组分不稳定性（如微生物、酶的作用等）影响，常会给分析带来干扰。这就需要根据样品的种类、待测成分与干扰成分的性质差异，选择合适的样品前处理方法，对样品进行适当的处理，使被测组分同其他组分分离，或者将干扰物质除去。如有些被测组分由于浓度太低或含量太少，直接测定有困难，这就需要将被测组分进行浓缩以保证样品的分析能获得可靠的结果。

三、实验方法评价与数据处理

（一）实验方法评价

随着食品科学的不断发展、食品分析方法不断更新，评价检验方法的标准也逐步建立和完善起来。这些评价标准主要是准确度、精密度、最小检测量以及成本与效益。

1.准确度

准确度是指在一定条件下，多次测定的平均值与真实值相符合的程度。准确度通常用绝对误差或相对误差表示。一般在试样中添加已知标准物质量作为真值，以回收率表示准确度。

2.精密度

精密度是指多次重复测定某一样品时，所得测定值的离散度。精密度通常用标准差或相对标准差来表示。重复测定的精密度及待测的精密度与待测物质绝对量有关。

3.最小检测量

最小检测量是指分析方法在适当的置信水平内，能从样品中检测出被测组分的最小量或最小浓度，高于空白中被测组分的最低量。

4.成本与效益

成本与效益是实验室工作人员非常关注的问题，要结合具体测试工作内容，选择相应准确度和精密度的实验方法。用常规实验能够完成的测定，不必使用贵重精密仪器。其不仅是检验员经训练能较好掌握某种测定方法的能力，也是评价实验方法的重要内容。"简单易学"在一定程度上意味着能保证检验质量。从实际工作需要出发，快速、微量、成本低廉、技术要求不高、操作安全的测定方法应列为常规实验室的首选方法。

（二）实验结果检验

在食品安全检测分析中，常遇到两个平均值的比较问题，如测定平均值和已知值的比较；不同分析人员、不同实验室或用不同分析方法测定的平均值的比较；对比性试验研究等均属于此类问题。所以对上述问题常采用显著性检验方法来检验被处理实验结果是否存在统计上的显著性，常用的统计方法有t检验法和F检验法。

（三）食品安全检测中分析数据的处理

1.分析结果的表示

食品分析项目众多，某些测验结果可以用多种化学形式来表示，如硫含量，可用S^{2-}、SO_2、SO_3、SO^{2-}化学形式表示，它们的数值各不相同。测定结果的单位也有多种形式，有mg/L、g/L、mg/kg、g/kg、mg/100g、质量分数（％）等，不同单位数值结果不同，意义也不同。统计处理结果的表示方法有多种方式，如算术平均数、极差、标准偏差等表示测定数据的离散程度（精密度）。原则上讲，食品分析要求提出的测定结果既可以反映数据的集中数据的趋势，又可以反映测定精密度及测定次数，还要考虑食品分析有益有效的表示法。

2.实验数据的处理

根据检测工作获得一系列有关分析数据后，需按以下原则记录、运算与处理。

（1）记录与运算规则

食品分析中数据记录与计算均按有效数字计算法进行，除有特殊规定外，一般可疑数为最后一位，有±1个单位的误差；复杂运算时，其中间过程可多保留一位，最后结果须取应有的位数；加减法计算结果，小数点以后保留的位数应与参加运算各数中小数点以后位数最少者相同；乘除法计算结果，其有效数字保留的位数应与参加运算各数中有效数字位数最少者相同。

（2）可疑数据的检验与取舍

①实验中的可疑值。在实验分析测试中，由于随机误差的存在，使得多次重复测定的数据不可能完全一致，存在一定的离散性，常常发现一组测定值中某些个别数据比其余测定值明显偏大或偏小，这样的测定值被称为可疑值。可疑值可能是测定值随机的极度表现，它虽然明显地偏离其余测定值，但仍然是处于统计上所允许的合理误差之内，属于同一体系，称之为极值，极值也属有效值范围，必须保留，然而也有可能存在这样的情况，就是可疑值与其他测定值并不属于同一总体，称其为界外值、异常值、坏值，应淘汰或删除。

对于可疑值，首先必须从技术上设法弄清楚其出现的原因。如果查明是由实验技术上的失误引起的，不管这样的测定值是否为异常值都应舍弃，不必进行统计检验。但是，有时由于各种缘故未必能从技术上找出过失的原因，在这种情况下，既不能轻易地保留它，也不能随意地舍弃它，应对它进行统计检验，以便从统计上判明可疑值是否为异常值。如果一旦确定为异常值，就应从这组测定中将其除掉。

②舍弃异常值的依据。对于可疑值究竟是极值还是异常值的检验，实质上就是区分随机误差和过失误差的问题。

四、食品安全检测技术中的标准物质要求

（一）标准物质的范畴及溯源性

标准物质是指用以校准测量装置、评价测量方法或给材料赋值的物质。标准物质可

以是纯的或混合的气体、液体或固体。标准物质有三个显著特点：具有量值准确性、稳定性、均匀性；用于测量目的；是实物形式的计量标准。

根据标准物质管理办法的规定，标准物质管理可分为化学成分标准物质（其中包括冶金、环境分析、化工等标准物质），物理或物理化学性质标准物质（包括光学、磁学、酸度、电导等标准物质）。我国将标准物质分为一级和二级，一级标准物质采用绝对测量法或两种以上不同原理的可靠方法定值，不确定度具有国内最高水平，均匀性良好，稳定性在一年以上。二级标准物质采用与一级标准物质进行比较测量的方法或一级标准物质的定值方法定值，其不确定度和均匀性未达到一级标准物质的水平，稳定性在半年以上。

溯源性是标准物质的主要特性。在计量领域，溯源性反映了计量标准量值的一种特性，最终必须与国家或国际的计量基准联系起来，才能确保计量单位统一，量值准确可靠，才具有可比性、可重复性和可复现性。而其途径就是按这条比较链，向测量的源头（计量基准）追溯。

（二）标准物质的应用发展

标准物质作为现代计量学研究中的一个重要分支，也是量值传递与溯源的一种重要手段。广泛地用于需要对物质的成分或特性进行测量的一切工作中，包括校准仪器、评价测量方法等，其目的在于保证测量过程和测量结果的准确一致。在食品、医疗卫生、环境保护等领域都需要相应的标准物质来保证测量数据的准确可靠。

标准物质作为国家计量部门颁布的一种实物计量标准，在现代食品安全检测中广泛应用。标准物质产品必须具有与待测物质相近似的组成能力或特性，材质要具有高度的均匀性、稳定性，同时也要求标准物质具有准确的定值能力。

在过去几十年里，材料工业、能源工业、资源开发与利用、环境科学与现代分析技术的发展推动了标准物质的发展。同时，标准物质也为食品分析领域提供了必要的技术基础，促进了科学的发展。当前，为了发展食品安全检测技术，计量测试能力的高低体现了基础标准技术竞争力的强弱，而这一切必须依靠相应的标准物质作为技术保证。标准物质技术发展动态是：

（1）研究标准物质的测量技术，重点是提高准确度测量技术、痕量和超痕量测量技术、动态测量技术，能满足分析仪器性能评价，满足食品安全质量控制与质量评价需要。

（2）研制食品安全检测中对经济、科技、贸易发展竞争需要的标准物质，如食品安全测量领域需要特殊研制生物活性标准物质、化学成分标准物质等。

（3）加强标准物质软科学研究，建立标准物质信息系统，分析测量的评价系统以及不确定度的评定系统等。

五、食品安全技术预警应急预案中的技术要求

（一）监管对象的全程可追溯性

全程追溯是为了保障从原料供给、生产、运输、流通和消费各个环节质量控制有据可依，明确产品的生产过程中供应商、生产商、仓储中心、分销商、零售商等成员的责任主体有效衔接，实现责任前追溯补偿制度。全程追溯是行政执法部门按照全程追溯各关键环节，及时发现问题，进行追溯协调、责任明确，确保从产地到餐桌全过程监管。建立全程追溯程序是前提，实现全程追溯是目标，最终达到保护消费者合法权益是目的。建立食品安全全程可追溯系统，加强对整个食品链的监督和管理，就要做到以下几个方面。

1.健全食品污染物监测网络

食品污染物数据是控制食源性疾病的危害，制定国家食品安全政策、法规、标准的重要依据。建立完善食品污染物监测网络，有利于化学和生物污染物监测，有利于收集有关食品污染信息，有利于开展适合我国国情的危险性评估、创建食品污染预警系统。食品污染物监测体系的建立可确保消费者避免遭受食品中化学污染物或有害微生物的危害，还通过适时源头控制检测掌握食品原料中农残和兽残暴露水平，通过从食品中分离出的病原体数据与暴发数据、人类疾病数据等为食品安全预警提供依据。

2.健全食源性疾病监测网络

建立国家食源性致病菌及其耐药性的监测网络，对食源性致病菌进行联动监测，建立食源性致病菌分子分型电子网络，强化对食源性疾病暴发的准确诊断和快速溯源能力。

3.加强动植物检疫防疫体系建设

一是加强动物防疫检疫体系。建立符合国际规范、高效的动物检验监测体系，完善的诊断标准体系，加大动物的疫情监测力度，以实时监测和疫情快速报告为主，目标监测、特定区域监测、暴发监测、哨兵群监测和平行监测等多种方法共用。要严格评估、建立无病认证体系。二是加快植物监控技术支持体系建设。建设从中央到省、地，县植物病虫害检测、监控中心（站），完善各级植物防疫检疫监督机构。针对敏感作物和敏感地区，有计划、有重点地加强风险分析，加强重点地（市）、县（市）植物检疫实验室建设，装备检疫检验基本仪器和设备，提高检验检疫整体水平，建立健全植物有害生物监测网络体系。

4.完善进出口食品安全监测体系

根据国际市场变化，进一步整合完善进出口食品安全检测体系，发挥全国重点专业实验室和区域性重点实验室资源优势，加强进口食品注册制度及对进口国的检验检疫评估制度。

（二）检测方法的快速、准确、适时性

由于科学技术的发展，检验手段与方法多种多样，检测仪器越来越灵敏，检测方法的检测限也越来越低。如何采用最快捷、最经济、最准确适时的检测方法是食品安全领域的一项重要研究内容。就目前的发展趋势来看，发展安全检测方法首先要体现快速，因为食品在生产、储存、运输及销售等各个环节都有可能受到污染，食品生产经营企业、质检人员、进出口商检、政府管理部门都希望能够得到准确而又及时的监控结果。从定性和定量检测技术出发，准确、可靠、方便、快速、经济、安全是食品安全检测的发展方向。食品安全事件不断发生，使世界各国对快速、准确、及时的检测方法越来越重视。很多快速、准确的检测方法被纳入各个国家的标准方法。

（三）风险评估依据

随着经济全球化和国际食品贸易的增加，食品新技术不断引入，食品安全问题备受关注。现阶段的食品安全风险分析则代表了食品安全管理的发展方向，它是制定食品安全标准和解决国际食品贸易争端的依据，是制定食品安全政策、预防及降低食品安全事件发生比较有效的手段。因此，研究建立食品安全风险评估制度更有利于对食品安全进行科学化管理。

风险评估是利用科学技术信息及其不确定度的方法，针对危害健康风险特征进行评价，并且根据信息选择相关模型做出推论。其过程可以分为危害识别、危害描述、暴露评估、风险描述。如食品中化学因素（包括食品添加剂、农药和兽药残留、污染物和天然毒素）的危害识别主要是确定某种物质的毒性（产生的不良效果），并适时对这种物质导致不良效果的固有性质进行鉴定，可以通过流行病学研究和动物实验进行评价，或从适当的数据库、同行评审的文献以及相应研究中得到的科学信息进行充分评议。危害描述一般是由毒理学试验获得的数据外推到人，计算人体的每日容许摄入量或暂定每日耐受摄入量；对于营养素，制定每日推荐摄入量。暴露评估主要根据膳食调查和各种食品中化学物质暴露水平调查的数据进行，通过计算，可以得到人体对于该种化学物质的暴露量。风险描述是依据暴露过程对人群健康产生不良效果的可能性进行分析评价，说明风险评估过程中每一步所涉及的不确定性。

第八章 实验室质量与安全管理

实验室安全质量监控体系的构建是保证实验室安全的基础和前提。本节通过剖析实验室安全质量监控体系中的主要问题，提出了从加强实验室硬件设施建设、健全安全管理制度、完善安全教育体系、引入优秀管理人才、提高技术防范能力、制定安全应急预案等方面建设实验室安全质量监控体系的基本思路。

实验室是培养人们动手操作能力、创新精神和科学研究素养的摇篮，在科学研究、培养高素质人才、服务社会等方面具有十分重要的作用。随着科研教育水平的不断提高、科研教育规模的不断扩大、科研人员流动性的不断增加，科研涉及的危险化学品的品种和数量也在不断增加。为了顺利开展实验室建设工作，确保科研工作安全、高效、可持续运转，必须有一套与之相适应的安全质量监控体系。全面分析现行的实验室安全质量监控体系中存在的不足，建立一套实验室安全质量监控体系是十分重要的。

第一节 实验室安全质量监控体系

一、实验室安全质量监控体系存在的不足

（一）资金投入不足

虽然我国不断增加对实验室建设的资金投入，但这些资金往往被用于购置先进的实验仪器或引入先进的实验方法，用于建设基础实验室及实验室安全质量监控体系的偏少。基础实验室整体规划不够合理，内部水、电、气等线路不符合实验要求，必备的防护设施不

齐全或者放置地点过于隐蔽等都会给实验室的安全管理带来影响。此外，对实验室安全管理工作的资金投入偏少在一定程度上阻碍了实验室安全管理工作的进行。

（二）安全管理制度有待健全

目前，许多实验室安全管理制度尚不健全，有的管理制度过于框架化，操作性较差；有的管理制度未能及时更新，不能很好地适应当前实验室建设快速发展的要求。实验室管理人员不明确自身的工作内容，从而使安全管理制度流于形式，不能够落实到位。

（三）安全教育体系不够完善

安全教育能够提升人们的安全素养，是"安全第一、预防为主"管理政策的具体实施方式，能够在很大程度上防止各类常见安全事故的发生。然而，多数实验室管理人员仅在实验人员进入实验室前宣读一下实验室安全管理条例，并未对实验人员进行系统、严格、专业的安全培训，从而导致实验人员安全意识淡薄。

（四）缺乏专业化的管理人员

实验室的部分工作人员并没有进行专业实验室管理方面知识的学习，入职以后外出培训学习的机会比较少，加之安全管理工作本身又比较繁杂，这些因素使得实验室安全管理工作的总体水平欠佳。受工资待遇、职称及某些观念的影响，实验室很难留住高素质人才，这严重阻碍了专业化实验室管理队伍的组建进程。

二、实验室安全质量监控体系的构建

（一）加强实验室硬件设施建设

国家应进一步增加基础实验室建设的资金投入。实验室建设者应综合考虑实验室客观条件、实验的危险程度、仪器的使用及安装要求等，科学、合理地安排实验室布局，严格按照实验室基础设施安装规范铺设水、电、气等管线设施，为实验室配备防毒面具、灭火器、洗眼器、喷淋装置、报警装置、急救箱等安全防护设施，并对实验室进行定期检查，保证各种仪器性能良好。

（二）健全安全管理制度

要高度重视实验室安全管理制度建设，制定出具有前瞻性、科学性、规范性及可操作性的实验室安全管理规章制度，并实行实验室安全责任制。在制度实施的过程中要权责分明，明确主管领导、实验室管理人员、实验操作人员的安全监管责任，并不断地优化岗位职责，通过责任书，将各工作人员的责任层层落实，不留监管盲区。

（三）完善安全教育体系

实验室安全质量监控体系建设的重中之重就是通过不断地开展安全教育宣传工作来强化全体人员的安全意识，使大家的思想观念从"要我安全"逐步转变为"我要安全"。要从实验室管理人员、实验指导者和实验操作人员三个层面开展安全教育工作。首先，要提高实验室管理人员对营造实验室安全环境的重视度，使其积极主动地参与实验室安全质量监控体系的建设。其次，要加强对实验指导者的安全教育，使其在指导实验的过程中能够注重并不断强化规范操作和安全防护技能。最后，要提高实验操作人员的安全意识，进入实验室之前要组织实验操作人员学习安全准入制度，考试合格后方可进入实验室。从他们的初次操作开始，就对他们开展安全教育工作。实验室管理人员还可通过组织安全知识有奖问卷、安全知识讲座、安全警示教育展等丰富多彩的活动，普及实验室安全教育知识。

（四）引入优秀管理人才

实验室安全管理工作的本质在于管理，这就需要专业的管理人员参与其中。实验室安全质量监控体系的正常运行既需要技术人员的维护，又需要专业的管理人员利用管理技巧和专业知识来提高该体系的运行效率。因此，要通过引入优秀管理人才为安全质量监控体系的高效、快速运行保驾护航。

（五）提高技术防范能力

实验室安全管理工作，要遵循"安全第一、预防为主"的原则，力争做到人防、制度防、技防"三防一体"，切实提高技术防范的能力。实验室管理需要严格依照危险化学品储存和使用规定管理危险化学品；引进先进的信息化技术，在实验室重要部位建立门禁、视频监控和消防监控系统；为实验室配备相对完善的实验室安全防护设施；定期进行消防演习、安全防护演习及疏散演习，强化对实验室工作人员安全防护技能的培训。

（六）制定安全应急预案

实验室安全管理工作的最好状态就是能够做到"防患于未然"。为了能够在安全事故发生时有条不紊地开展应急、救援工作，最大限度地降低生命财产损失，必须根据实际需要制定实验室安全事故应急救援预案。实验室管理者可根据实验的学科类型、特点以及可能发生的实验室安全事故，制定相应的实验室安全应急预案并进行演练，从而对其进行改进和完善。

实验室安全管理工作既繁杂又至关重要，因此相关人员在工作时不能有丝毫的疏忽、懈怠。构建安全有效的实验室安全质量监控体系可以保障全体工作人员的生命安全和实验室的财产安全。实验室安全质量监控体系是一个复杂的动态系统，只有在相关部门和工作人员的通力合作下，才能发挥出最大作用。

三、实验室质量体系的运行与监控

（一）培训

质量体系的运行必须先理解体系文件的要求，这就需要培训。体系的建立是全体员工都需要参与的，同样地，培训也需要全体员工参加。但由于不同层次的人员有不同的职能和责任，他们所需的培训内容也是不同的，培训的方法也多种多样。

1.培训内容

首先，全体员工都需要进行意识培训，树立以顾客为关注焦点、使客户满意的观念，以及持续改进和不断提高体系有效性的思想。不同岗位应结合各自的目标和要求进行培训，使每个员工明白如何做好本职工作、达到自身的目标，为实现实验室的方针和目标做出贡献。

领导需要了解管理思想的发展，特别是领导的作用，要知道自己需要直接参与哪些工作，如何为质量体系进行策划。因此，培训的重点应是质量管理八项原则和管理职责，要使最高管理层能对体系做出全面的管理策划、提出目标、落实职能、提供资源、协调实施、检查效果和组织改进。

对质量体系的骨干，除了树立管理思想外，还要掌握准则、标准的各项要求，参与体系的策划。

2.培训方法

对培训的方法没有任何限制，可以请专业的咨询人员讲课，可以参加各种公开的培训课程，也可以由实验室内部人员讲解。结合体系的策划，在策划的过程中进行研讨加深理解，通过宣讲策划的结果，使全体员工得到培训。尤其是在体系正式运行前，根据实施需要培训策划的内容是必要的，要使全体员工知道自己应做什么、如何做以及要达到什么目标，然后按规定的要求实施，特别是按程序文件、作业指导书的要求实施。

（二）实施的证据

体系的运行要留下证据，记录是证据的一种有效形式。记录可以是各种方式的，可以记录在记录本上，也可以使用电子媒体。在确定实施证据时，要考虑适用有效、方便使用和验证。体系运行中，要做好检查工作，检查的要点是干工作必须有程序、有程序必须执行、执行过的工作必须有记录。这正是文件化质量体系的内涵，即不仅仅要编制体系文件，还需要严格执行，并留下运行的证据。

（三）运行有效性的验证

建立质量体系的目的是使检测报告校准证书质量能更好地满足要求。因此，在实施运行中必须考虑其有效性。过程是否正确识别、是否按规定运行都会影响体系的有效性，故在合适的阶段进行验证是必要的。如果缺乏有效性是由于对过程识别不清，可以改进策划过程；如果因为没有规定而影响体系运行的有效性，就要做出规定。但即使对过程已做出了正确合适的规定，不执行也不可能有效。因此，必须加强对过程执行的监视和控制，以确保体系的有效实施。有效性的验证通常可以用下列方式的组合来进行：内部审核（检查各管理过程的有效性），顾客满意度的调查（度量体系总体业绩的有效性），检测校准过程的评价（报告证书及检测校准实现过程的有效性监控）。

"实验室应有质量控制程序以监控检测和校准的有效性。所得数据的记录方式应便于可发现其发展趋势，如可行，应采用统计技术对结果进行审查。"也就是说，统计技术的应用是检测和校准有效性的重要验证手段之一。质量体系中的过程控制、数据分析、纠正和预防措施等诸多要求都与统计技术密切相关。统计技术的作用包括：

（1）可帮助测量、分析检测校准实现全过程各阶段客观存在的变异；

（2）通过数据的统计分析，能更好地理解变异的性质、程度和原因，从而有助于解决因变异而引起的质量问题，促进持续改进；

（3）有助于实验室提高其质量体系的有效性和管理效率；

（4）有利于更好地将数据作为决策的依据。

统计技术是实验室建立质量体系的一项基础。事实上，统计技术作为发现问题和体系改进的手段，涉及检测校准实现的各个阶段及质量的全过程，特别是关键过程应处于受控状态。但受控不等于没有变异，即使在相同条件下，每次测量也不会得到完全相同的结果，测得值之间均有差异。所以变异是客观存在的，但变异也有一定的统计规律。变异可分为两类，即正常变异（受控状态下的变异）和异常变异（非受控状态下的变异）。正常变异是不可避免的变异，人、机、样、法、环、溯都控制得很好，但检测结果仍有离散。这是不可避免的偶然因素的影响，如检测场所温度、湿度的微小变化，测量设备的微小振动，设备的正常损耗等等。正常变异有时很难找出原因，也不需要、不值得去找原因。这类变异中每个影响虽然很小，但是因素较多，积累起来对数据波动也有影响，但经常维持在一个范围内，表现测量值的不确定度。

异常变异是人、机、样、法、环、溯的一个或几个因素发生变化引起的。这正是过程控制的对象，也是验证体系有效性的对象。在检测校准实现过程中，允许出现变异，但要控制它。要找出变异的原因，针对原因采取改进措施，从而确保质量体系的有效运行。而统计技术正是识别、分析和控制变异的重要手段。显然，实验室之间比对、能力验证以及质量控制图等都可以有效区分这两类变异。

第二节　CNAS实验室管理

随着人们生活质量的提高和科学技术的进步，消费品的质量安全已经成为各个国家关注的焦点，很多国家都制定了相应的法律法规来确保消费品的质量安全。美国、欧盟等国家和地区对消费品中有毒、有害物质的限量正在逐步降低，这就对公共检验检测机构的技术水平提出了更高的要求——检得出、检得快、检得准，并能够出具权威、公正、可信、准确的实验报告，这必然要求公共检验检测机构进行严格、规范、科学的质量安全风险管理，以确保对实验室潜在的质量安全风险进行必要的规避和防控，从而实现公共检验检测机构的长远发展。中国合格评定国家认可委员会（China National Accreditation Service for Conformity Assessment，CNAS）在相关文件中对预防措施有明确的要求，即对实验室要采取必要的风险识别、风险分析、风险评估、风险预防和控制、风险跟踪和监控等措施，从而实现有效的质量安全风险管理。目前，我国对实验室质量安全风险管理的研究比较少，且多数是从宏观角度进行的理论研究，缺乏从微观层面进行的深入剖析和细化的实践研究，没有给出具体的实践指导和措施。CNAS认可实验室质量安全风险管理主要从人员、仪器、物料、标准方法、环境设施、实验报告六个方面的审核深入分析实验室质量安全存在的潜在风险，从而为实验室制定预防措施提供帮助和建议，规避或减少实验室运行中的潜在风险，提升实验室的风险应对能力，帮助实验室更好、更快地发展。

一、概述

（一）质量安全风险管理的目的和意义

取得CNAS资质认可的实验室出具的实验报告具有一定的国际认可度，被消费者认为是产品质量安全保证的白皮书。为此，取得CNAS资质认可的实验室必须采取完善的质量安全风险管理措施，以确保实验数据的准确性，并出具真实、可信、权威的实验报告。实验室进行风险管理是为了对实验室潜在的质量安全风险进行规避和防控，降低实验室的风险发生率，提高实验室的管理水平、技术水准和客户满意度。实验室的质量安全风险无处不在，任何微小的差错都可能对实验室的知名度和权威性造成极大的负面影响，也可能给客户带来无法估量的损失。因此，必须要以严谨的态度和科学的方法去降低已存在的风险并识别潜在的风险，用预见性的眼光来构筑实验室质量安全风险防控体系。尽管不能将风险降为零，但是要尽可能识别出潜在的风险，采取有效的风险管理防控措施，制定科学、规范、严谨、有效的风险应急预案，从而确保实验室在良好的状态下健康运行。

（二）质量安全风险管理的程序

实验室风险管理者依据实验室发展的总体目标和长远规划制定相应的制度，明确相应的岗位职责，细化每一个岗位的潜在风险，确定每一个岗位的风险防控措施，以便在风险发生时立刻启动风险防控程序。实验室风险防控程序主要包括以下方面。

一是风险识别。实验室风险管理者利用外部信息和内部资源识别风险的来源、影响范围、产生原因和潜在后果等，梳理并生成一个覆盖各个岗位的风险点列表。

二是风险分析。实验室风险管理者对每个风险点进行溯源、剖析，预测风险发生的可能性、造成的影响，分析影响风险发生的可能要素，甚至要考虑不同风险点之间的相关性和相互作用。管理者还要依据相应风险分析的信息和数据，初步了解各个岗位风险点的等级并明确主要风险点，从而对主要风险点进行定量分析，明确主要风险点风险发生的概率和后果的严重性，以此抓住主要风险点，保证实验室的风险点都在可控的范围内。

三是风险评估。实验室风险管理者依据风险分析的结果，对各个岗位的风险点进行综合分析和比较，确定各个岗位风险点的级别。同时，在风险评估中，尤其要关注新识别出的风险点。

四是风险预防和控制。风险防控重在预防风险，消除引发风险的因素。实验室风险管理者需要制定有效的预防措施以避免风险的发生。当风险不可避免地发生时，要有相应的风险控制措施，以阻止事态继续恶化，尽可能减小利益相关方的损失。因此，实验室风险管理者在明确各个岗位的风险级别后，可依据风险点的实际情况，分门别类地制定出相应的防控措施（既包括应对具有共性风险点的统一措施，也包括针对个性风险点的特殊措施），从而落实好对实验室质量安全风险的预防和控制。

五是风险跟踪和监控。实验室风险管理者在确定了实验室的风险点和制定了相应的风险预防措施之后，就要制订对应的跟踪和监控计划，并依据计划检查工作进度，不断充实和完善计划，保证风险防控措施的有效执行。

总之，实验室质量安全风险管理程序是个闭合循环的过程，其中的五个模块各有侧重，只有五个模块循环有序地运行，才能实现对实验室风险点有效和系统的防控。此外，只要识别出新的风险点，就要启动上述程序。

二、质量安全风险点

实验室质量安全风险管理者应从风险源头的防控入手防控实验室的风险。具体可从以下六个方面着手。

（一）人员方面

风险管理是需要全员参与的系统工程，它需要实验室全体人员积极参与自身岗位风险点的识别、分析、跟踪和监控等工作，并提供具有可行性的风险管理措施。从一定意义上说，实验室的质量安全在很大程度上与人有关，尤其与实验人员有关。实验人员清楚实验室各种仪器、实验易耗品以及相关实验操作等存在的风险，但是他们缺乏相应的风险管理知识来充分识别和规避这些风险，这就需要加强对实验人员风险知识的宣传，鼓励实验人员结合自身岗位特点来进行风险点的防控，每个岗位都不放过，做细做足风险点的防控工作。

实验人员的基本素质包括两个方面：一是理论知识素质。实验人员要对自己所负责的项目有较深入的了解，具体包括实验原理、实验步骤、实验数据的记录和处理、误差分析、仪器的结构、性能指标、计量特性、实验的注意点等方面。这些方面都与实验项目的结果有着密切的联系，任何一方面的欠缺都可能导致实验风险的增加。因此，实验人员必须加强理论知识的学习，定期参与培训和考核，提升理论能力，从理论上规避实验风险点。二是实验操作素质。实验室制定了相应的作业标准和操作规程，实验人员要严格按照标准和规程开展工作。实验人员必须经过规范、科学的实验操作培训，考核合格后方可上岗，这从实践上规避或降低了实验风险。比如甲醛测定的显色步骤，标准方法要求在40℃的水浴锅中显色15min，取出后放置于暗处，冷却至室温。实际操作时，从显色步骤开始就要避光，如在水浴锅上加盖或在棕色锥形瓶中显色。若实验人员没有按照标准和规程去做，就会导致甲醛测定结果出现偏差，致使出具的实验数据不准确，可能给实验室和客户带来无法估量的损失。因此，实验室可以通过内部的实验比对，对实验人员的操作全过程进行考核，并指出操作不规范的风险点；也可以通过盲样检验检测和参加国内、国际的能力验证实验，不断规范和提高实验人员的实验操作技能，将实验操作的风险降到最低。

实验人员从事着最基础的检验检测工作，容易发现和控制检验检测过程中的相关风险点。这就要求实验人员能够将实验室的发展和自身的发展结合起来，切实履行自身的岗位职责，主动抗御外界和内心的干扰，积极落实实验室的风险防控措施，踏踏实实地将自己的工作做细、做好。

（二）仪器方面

CNAS在相关文件中对测量仪器提出了许多明确的要求，即仪器的性能必须符合检定/校准的规范，仪器投入使用前必须经过具有资质的计量部门专业人员的检定/校准，检定/校准合格后获取合格证书并被授予唯一性计量标识。同时，若实验仪器出现较大的故障，经维修或改造后，仍需要送到有资质的检定/校准机构重新检定/校准，这就要求实验人员通过仪器的计量溯源，消除实验室仪器的计量风险点。

在两次检定/校准期间，原则上我们认为仪器性能是稳定的，能够满足测定结果准确性和可靠性的要求。但是，部分使用频率高、性能不稳定、检定/校准周期长以及谱线漂移较大的仪器在使用一段时间后，由于受到操作方法、外界条件等因素的影响，其检验检测数据的可信度可能会降低，这就要求实验室质量体系文件中必须有仪器在两次检定/校准期间核查程序的相关内容。程序文件要包括期间核查的计划方案，每一台仪器相应的核查方法、核查频率、详细的记录、数据分析和核查结论，必要时要有相应的纠正措施。针对每一台仪器，实验人员要识别出仪器在使用和维护中存在的风险点，尤其要加强仪器性能指标风险点的防控，运用国家规定的检定/校准规程、标准试样法、内控样核查法、两台比对法、控制图核查法等进行期间核查，规避和降低仪器存在的风险。

实验过程中会用到很多玻璃仪器，而玻璃仪器的交叉污染是一个非常重要却常常被忽视的风险点。因此，实验室应制定玻璃仪器的清洗、烘干、晾干等操作规程，必要时可以配置一套专用器皿，以避免可能的交叉污染。在玻璃仪器的操作规程中，要明确不同种类玻璃仪器采用的浸泡和洗涤方法，比如光度分析用的比色皿不可用毛刷刷洗，而是通常浸泡在热的洗涤液中除污；滴定管、容量瓶等玻璃仪器清洗干净后只能晾干或吹干，不能在烘箱中烘干。只有将玻璃仪器清洗干净，才能避免污染物造成后续实验的交叉污染，才能杜绝形成连续的风险点，确保检验检测工作的顺利开展。

（三）物料方面

实验室在购买标准物质时应核查证书、标签等材料的信息，甚至可采用合适的检验检测方法对标准物质进行相应的质量验证，以保证其质量达到检验检测的要求。入库和领用时仍要核查标准物质的证书、外包装的标识、纯度、有效期等信息，并做好相应的记录，及时清理过期和失效的标准物质。

标准物质是实验数据的基准，只有标准物质准确、有效，测定结果才能可靠。标准物质的制备、标定、验证必须有详细的记录（包含配制原理、配制步骤、原液浓度、配制浓度、有效期、稀释倍数等），标准物质应配备对应的标签，说明溶液的基本信息。同时，标准物质在使用期间要按照计划进行期间核查。可以采用标样定值、能力参数实验的比率值等方法对标准物质进行相应的期间核查，尽可能降低和规避标准物质在购买、入库、领用、配制等环节中的风险，着力识别存在的风险，采取对应的风险防控措施，从而保证实验数据的可靠性。无论是购买的化学试剂还是实验室内部配制的试剂，都可能因放置时间过长、贮存条件不当等问题而失效，比如在铬含量测定的实验中，当配制的显色剂溶液颜色发生变化时，显色剂就失效了。为此，实验室要加强对化学试剂的管理，及时梳理、查验、清理实验室的化学试剂，在试剂的购买、贮存、使用等环节做好风险防控工作，切实降低和规避风险。实验中常用到一些塑料试剂管、刀具、手套、一次性针管等易耗品，这些易耗品中含有待测有害物，会影响实验结果的准确性，使实验结果偏离样品的真实值。例如，实验室在一次邻苯二甲酸酯检验检测中得到的数据异常大，即样品中邻苯二甲酸酯含量严重超标。工作人员在复测中逐一排查所有风险点，发现实验中用到的一次性针管中含有超标的邻苯二甲酸酯，然后及时对一次性针管进行了替换，才得到了准确、可靠的数据。国家标准对实验室用水有明确的规定，要严格按照标准规定制定相应的作业指导，定期对实验室用水进行核查，并做好相应的记录，定期检查水净化系统的性能，以确定制备的水能够满足检验检测的要求。

物料方面存在的潜在风险多且繁杂，这会增加风险点的防控难度。因此，实验室在开展风险识别、风险防控等方面的工作时，要搜集足够的信息，在对信息进行详细分析的基础上，制定出切实可行的风险防控措施，以客观、科学的态度做好风险防控工作。

（四）标准方法方面

实验室在立项检验检测前，必须进行方法的确认之后，方可进行检验检测，以保证出具的实验报告公正、可靠。

操作人员在实验过程中要严格按照实验步骤进行检验检测，在操作中一定不可偏离标准，以免造成不必要的潜在风险。为此，实验室要不定期进行标准细节的跟踪监控，以确保实验操作满足标准的规定，从而降低和规避标准方法的风险。实验室必须采用现行有效的标准对开展的所有项目进行检验检测，及时对采用的国家和地区标准进行删除、更新和确认。总之，实验室要对采用的标准方法的适用性、操作规程、实验数据的分析和处理等给予足够的重视，并制定相应的风险防控措施，从而确保标准方法的顺利实施。

（五）环境设施方面

温度、湿度等环境条件是导致测定结果出现偏差的潜在风险点，也是最易被忽略的风险点，所以实验室一定要确保这些条件符合实验标准和仪器使用的要求，否则很可能导致测定结果出现偏差。

实验室应加强对水、电、易燃易爆气体、有毒有害气体、强酸和强碱等风险点的日常检查，安装通风装置，提供必要的防护设施，定期开展实验室安全知识培训，切实做好实验室的安全工作。这是实验室风险管理中最重要的环节之一。

（六）报告审核方面

授权签字人经培训、考核合格后方可上岗，而实验报告经授权签字人审核签字后才有效。因此，授权签字人不仅要对整个项目的细节有清晰的认识和理解，还要指导实验人员进行方法改进、新方法制定和确认等事宜。同时，授权签字人也是风险点防控的重要负责人，对实验室的质量安全管理起着至关重要的作用。

实验室出具的报告经审核签字后才可以送交给客户。授权签字人要对报告中的检验检测项目、客户要求、标准方法、抽样方式、实验步骤、数据处理等进行仔细审核，审核通过后方可签字。只有这样，才能使实验室出具的检验检测报告准确、清晰、客观，且符合检验检测标准中规定的要求。总之，报告审核是最后的风险点，也可以对在此之前的风险进行把关防控。这体现出了报告审核的关键性作用。

综上所述，实验室质量安全风险管理对任何一个检验检测实验室都具有重大意义。预防是最经济也是最好的风险应对措施。因为实验室风险点涉及人员、物料、仪器、标准方法等因素，所以要逐一排查、细致分析，抓住主要风险，排除次要风险，确保实验室的质量安全风险管理有序且有效地开展。但是，风险会不断地变化，解决了旧的风险，新的风险又将出现。所以实验室质量安全风险管理是一个系统、持久的工程，需要不断地总结、积极地探索、勇敢地创新，从而使风险管理措施不断落实、改进、完善。在风险管理的全过程中，管理人员要做好相应的沟通和记录，使风险管理信息上下一致，形成相应的程序文件，并积极进行宣传学习，从而提高实验室的质量管理水平，推动实验室健康、高效地运行，为经济的发展增添新的动力，为人民的消费安全提供保障。

三、CNAS实验室信息管理体系建设研究

面对日益增多的科研试验需求，简便、清晰、规范的实验室管理系统也应运而生。实验室的事务管理烦琐，涉及的流程较多。各种科研及实验设备是实验室的重要资源，设备的种类、地点、价钱、定购目标、保管人都要统一管理。

其次实验室的研究成果、项目过程资料、员工经验总结、企业标准规范、实验测试数据、业务管理数据等众多科研业务数据都分散在各个实验室的服务器和员工的个人电脑上。无法实现实验室科研数据的共享、利用及实验室数据资源的统一管理。数据安全、维护都处于失控状态，导致数据无法得到充分管控，容易引发安全问题。同时，缺乏跨专业领域的互惠，科研成果无法形成专业间的互相渗透和促进。

总体来说，实验室科研业务数据管理目前缺乏信息化支撑，也缺乏相应的制度规范

对数据的管理、共享和利用等活动进行约束，需要提供一个集数据采集、整合、管理、分享、搜索、浏览、数据分析等多种功能于一体的实验室数据资源管理系统，并完善相关管理制度，为实验室科研数据提供管理，有力保障科研业务的发展。

（一）软件架构

基于J2EE的多层分布式软件体系结构，系统架构在逻辑上主要由客户层、web层、业务逻辑层、数据层组成。各个层次相互作用、相互依存，而每个层次都无法独立完成系统既定的任务。

考虑系统的扩展性和性能，采用MVC架构模式，其中，前后台接口居于控制器地位，它决定视图数据的来源，后台主要实现业务逻辑，提供数据处理、分析方面的功能，其余部分的业务逻辑全交由客户端负责，复杂的、交互性要求高的业务，比如Word文件生成，则由ACTIVEX控件来实现。

实验室资源管理。实验室资源管理涵盖了实验室运转的所有资源要素，用户可以全面管理，包括人员、设备、服务与供应品、检测检查方法、设施与环境、数据与软件六类资源，并可基于历史数据，进行资源使用的统计分析。与试点项目相比较，服务与供应品为新增资源。资源管理需构建分级管理模式，系统将在实验检测中心建立完整统一的资源库；同时基于数据发放机制，实现实验室、实验室内部专业层级的数据自动发放，实现按需资源管理。

试验任务管理。试验任务管理将涵盖业务工作的全过程，对检测/检查任务从项目立项、流程规划、任务执行、任务统计与监控的全周期进行详细管理。根据实验室的业务过程不同，进行检测/检查任务模板的定制化设计，一个实验室的一种业务类型将被设计为一种任务模板，用户执行某种业务类型时，只要根据该任务类型发起，即可按照模板设计的任务步骤进行检测/检查任务。

内部质量反馈。内部质量反馈指实验室的管理和技术体系遵循相关质量体系管理制度，确保本实验室管理体系有效运行，内部质量反馈涵盖文件与数据记录控制、内部改进和质量审核三个方面，为适应业务需求提供分级管理模式。其中文件控制管理部分将建立完整的文件库，并基于数据发放机制实现实验室、实验室内部专业级别的按需文档发放管理。所有受控文件的编码规则由实验室管理系统定义，并提供对外服务接口供调用。

数据采集与管理。系统针对各实验室设备情况，提供基于设备驱动接口协议的设备采集、基于软件系统的系统接入和基于数据文件的转换服务三种数据采集方法。数据采集采用分布式框架，可在一个实验室部署若干台数据采集客户端和一台数据采集主控服务器，以满足本地化、高速度、大数据的数据采集需求和实验室本地数据管理需求。同时实验室的部分原始数据和试验/检测结果数据可通过数据总线自动提交汇总到科研院的试验数据中心，进行统一管理和应用。

（二）系统特点

建立了规范的实验室资源管理体系，实现实验室设备、人员、设施环境、方法、数据与软件等资源的集中管理和保证。实验室资源管理涵盖实验室的所有资源要素，用户可以全面管理实验室的各种资源，包括实现机构、设施环境、设备、人员、数据与软件、方法等类资源的集中管理与保证，并可基于已有数据，进行资源使用的统计分析。

全面支持CNAS质量管理体系，依据相关程序文件规定进行流程化支持，涵盖实验室资源管理、项目过程管理、机构内部质量管理等方面。

实现统一化的实验室数据采集、数据分析、可视化展示及数据分析功能。系统的核心思想之一为"以数据驱动促进业务决策"，采用集成化的实验室数据中心，完成对试验任务、实验室资源、试验数据、质量信息、试验流程与规范的集成化管理。同时可与其他信息化系统相衔接，实现信息数据的交互与流动；通过把以前分散在各个地方相互隔绝的数据以集成化的方式进行统一管理，可深入分析数据，从而为实验室领导、业务决策人员提供业务决策和业务改进所需要的信息。

建立跨实验室平台的信息化协同工作机制，可实现不同实验室之间的数据传递和流程协同。实验室管理系统所涉及的数据类型众多，数据组织管理的主线索为试验任务信息，以试验任务为基础进行项目分解与任务分配、人员管理、被试样品管理、试验设备管理、试验流程组织，同时在试验任务中进行试验数据的组织管理。

建立全面的文件管控体系，实现实验室受控文件和非受控文件的统一化管理，实现文件新建、修编、在线审批、版本管理、归档、全文搜索、文件借阅、发放和销毁等功能。

（三）预期效果

通过构建基于CNAS体系的实验室管理系统，规范了实验室相关管理规范和质量表格，实现人力资源、仪器设备的透明化管理。通过集成试验数据采集功能，消除了信息孤岛，实现了跨系统集成，提高了实验室整体的自动化水平和工作效率。

一方面，通过将实验室管理与CNAS相结合，包括材料设备证、人员保证、方法保证及工作预防措施等，提供完善的CNAS体系支撑，可实现实验室管理的精细化、流程化，进而大大提高管理效益。

另一方面，通过实验室管理系统建设，将各实验室任务信息、试验数据信息等进行集中统一管控，避免原来各实验室之间相互咨询实验任务信息的需要，减少了名实验室的试验管理压力。同时，对集中后的资源可以综合利用各种成熟的管理技术，实现集约化管理，从而最大限度地提高管理效益、降低管理成本。

第三节　食品安全实验室质量管理

近年来，食品安全备受社会各界的关注。质量管理人员应关注食品检验检测机构的实验室管理工作，采用专业技术手段，将质量管理工作落实到位，使实验室管理水平、检验检测能力不断提高，确保检验检测机构的质量管理工作更加完善，使各类产品检验结果更加准确。

在食品检验检测机构内部，实验室管理工作非常关键，这是因为质量管理直接关乎食品安全检验检测结果的科学性、准确性。加强实验室管理有助于增强检验检测人员的质量控制意识，从而为后续食品安全检验检测和实验室内部质量管理提供保障。

一、关注食品安全质量管理工作

当前，在食品质量安全管理工作中，尚有部分食品检验检测机构没有认识到质量管理工作的重要性。在日常工作实践中，管理人员可以通过激励手段不断提高食品安全检验检测人员的工作热情和责任意识，为食品检验检测工作提供保证。除此之外，管理人员还要增强自身的管理意识，科学制定食品安全操作规范及相关检验检测流程，并要求工作人员严格执行，确保食品安全质量管理工作满足食品检验检测机构实验室管理的要求。

二、完善食品安全实验室质量管理机制

对于食品检验检测机构来说，实验室管理工作直接关乎食品质量及安全管理工作效果。在这一过程中，实验室管理人员应依据食品检验检测工作的性质、内容确定完整的质量管理体系，同时要结合实验室管理工作要求，灵活配备各类型人员，采用科学的方法，全面监测并管理实验室环境。具体实施方法有以下几点。

（一）构建科学、完善、有效的质量管理体系

管理体系的科学性直接关乎食品管理工作的质量及效率。食品检验检测机构内部对实验室管理提出了较严格的要求。在此背景下，实验室管理人员要依据食品质量管理及安全检验检测工作的特点、要求，把与之相对应的规章制度和评审准则确定下来，使各类质量管理体系更加科学、完善、有效，使各环节工作流程更加规范，从而达到良好的质量管理

效果。在实际操作过程中，为使该体系更加完善，管理人员还要对各类工作要求、内容加以细化，在各环节、各节点安排专业管理人员依据检验检测机构的工作性质对检验检测工作进行综合考量和评估，以免检验检测工作流于形式。同时，管理人员还要明确分工，将责任落实到个人，从而保障系统有序运行。

（二）关注人员配置

在食品检验检测机构的实验室管理工作中，质量管理也会受到人员配置的影响，因此要依据实际情况，对各个工作人员的质量管理工作职责加以明确，促进食品质量及安全检验检测工作的有序开展。在此过程中，分工要合理，要依据既定工作性质、内容、标准执行有效的操作，把工作失误降到最低，使食品安全检验检测工作质量得到明显提升。

（三）全面监测并管理实验室环境

在食品安全实验室质量管理工作中，应保证实验室基础设施完善、环境整洁，确保食品安全检验检测方法准确，仪器能够正常运转，各类技术档案保存完整，样品按标准制备、贮存。同时，应注重实验室环境、设施监控及日常维护，实时记录温度、湿度。倘若这些环境条件与相关技术标准不符，应在第一时间修正，这样既能保证仪器处于稳定、可控状态，又能使检验检测工作更加科学、精细、准确。

三、重视食品检验检测过程中的质量控制

（一）科学管理检验检测样品

质量管理一直都是食品检验检测机构实验室管理工作的重点内容，也是后期各类检验检测工作的基础。完成检验检测样品的收集工作后，管理人员应对检验检测样品进行标识和管理，以免其与其他样品相混淆。除此之外，管理人员还要采取专业方法，对检验检测样品实施登记管理，及时备份，以免丢失。无论在实验室检验检测工作之前还是检验检测工作之后，都要安排专业技术人员处理好样品。

（二）优选最佳检验检测方法

在实验室工作中，实验人员应关注食品检验检测过程中的质量控制、优选检验检测方法、保证检验检测结果准确。近年来，各类食品检验检测技术层出不穷，与之相应的食品检验检测过程中涉及的检验检测方法、类型也比较多，这使得技术上的选择难度明显增加。针对上述情况，要科学、谨慎地开展检验工作，依据样品内容、类别、特性优选各类检验检测方法，配备合适的检验检测仪器，营造良好的实验室环境，使食品检验检测及质

量管理过程更加标准、规范，从而增强检验检测结果的准确性、各类数据的精确性。

（三）注重检验检测人员素质培养

食品检验检测工作相对比较专业，这就对实验室管理提出了较高要求。为使这项工作顺利开展，管理人员应时刻关注食品质量管理工作，不断提高检验检测人员的专业素质、职业道德修养。食品检验检测机构每隔一段时间还要对相关检验检测人员进行培训，鼓励其学习、掌握先进的食品检验检测技术及质量管理方法，并在实际工作中灵活运用，从根本上提高食品检验检测机构实验室质量管理。

（四）合理控制仪器

食品检验检测需要各类仪器，这些仪器应在计量检定有效期内工作，如果超出有效期，需要重新检定/校准，并做好记录。实验室可建立仪器维护台账，保存维修、使用记录，便于后期核查。实验室要始终保证各类仪器状态良好，并在标准物质的安全处置、运输、存储和使用过程进行记录。当校准因子产生新的修正因子时，应借助原修正因子进行更新；当仪器发生故障时，应立刻停止实验，直至检定/校准合格后再次使用。

（五）改善工作环境

食品质量管理工作会受到实验室环境的影响。开展食品安全检验检测工作之前，检验检测人员要查看相关工作环境和设施是否达到检验检测标准，是否满足样品配置标准。倘若其与实验标准存在偏差，应在第一时间进行调整。实验操作中，检验检测人员还要依据相关规范，将各类记录工作落实到位，一旦发现实验环境与要求不符，或者存在异常，应立刻中断实验过程，以得到更加精准的实验结果。

（六）落实检验检测记录工作

在食品检验检测机构实验室管理工作中，检验检测人员不仅要认识到各类检验检测数据的重要性，还要将其记录下来。检验检测机构应依据实验过程、内容、要求，把数据记录方案确定下来，并对记录类别加以设置，使记录工作更加规范，从而确保相关数据信息更加完整、实用。结束相关实验后，还要归结、整理各类数据，依次备份、保存，严格把控该过程，以免数据流失。

总之，质量管理在食品检验检测机构的实验室管理工作中是非常关键的。管理人员应依据实验室管理工作的内容及要求，提高对质量管理工作的关注度，从质量管理体系构建、人员配置及实验室环境监测等方面，对实验室质量管理机制加以完善。同时，管理人员还要科学管理检验检测样品、优选检验检测方法，关注人员素质培养，兼顾实验室环境改善，落实检验检测记录工作，为食品安全提供保障。

四、食品安全管理

实验室安全管理十分重要，尤其是食品检测实验室的安全管理，实验室化学类污染物众多，如果不按国家标准回收处理会造成严重的环境污染，危害人身安全。若是出现实验室药品类事故，会导致无法挽回的后果。本文针对目前实验室安全管理方面存在的问题，并结合实际情况，提出了相应的解决办法，希望能够帮助管理者在实验室安全管理方面提供一个新的方向。

食品检测实验室安全管理有其特殊性和复杂性，由于危险化学品泄漏导致的火灾性和爆炸性事故不在少数，因此加强实验室安全管理工作十分必要。实验室人员都是重视实验结果轻视实验过程的，很少有人关注安全管理细节，大家都认为发生事故的概率较小，所以抱有侥幸心理。本文为了增强实验室人员安全意识、提高其责任感，针对实验室的特征作出分析，并归纳总结一些安全隐患，希望能够提高大家的安全防范能力，健全实验室安全管理体系，避免产生安全事故。

（一）实验室的特征

食品检测实验室使用人员频繁，若管理不到位，很容易威胁人员安全；检测过程严谨而复杂，需要用到昂贵且功能强大的检测设备，稍有不慎很可能造成设备的损坏；实验过程中会应用大量的化学试剂等，有些可能是易爆有毒物质，危险性极高；实验结束后的三废物品，如果没有得到科学的回收及处理，就会变成污染物，影响环境安全。

（二）目前实验室安全管理方面存在的问题

1.缺乏科学的安全管理系统

食品检测实验室如果没有科学、系统的安全管理体制，加上现行的管理制度落实不到位，又缺乏监督力量，就会导致制度执行起来较为困难。同时，管理职责也不清晰，很多规定没有明确到人，更没有专职的安全管理人员，因此大家对安全管理的责任感不强。实验室人员安全管理意识淡薄，很多人在实验时只是注重实验过程，不在意安全问题，抱着侥幸心理，没有及时做预防，有可能会因为一个小细节问题而埋下安全隐患。即便是实验室人员关注到了安全管理的重要性，但没有接受系统的安全管理培训，往往因为缺乏安全管理方面的知识而忽略安全问题。没能识别安全标识、不会使用安全设施、没经过自救训练等，对这些安全知识的缺乏，都会在出现问题时造成严重的后果。

2.实验室设备老旧或不足

开放时间较长的食品检测实验室设备不仅陈旧而且已经老化，一些设备由于长时间不用没有得到很好的维护，一些实验室设备因为缺乏经费，也没有及时更新替换设备，这些老旧的实验室设备极易引发安全问题。消防设备配备不足，甚至是已过期的也没有引起察觉，在危险来临的时候不会起到安全防护的作用。对于有毒、有害等污染物质的排放缺少标准的排放设施，任其流向外界，对环境造成损害，对人们安全造成威胁。应急系统不完善，很多实验室为了应付国家相关部门的检查，临时的应急性措施很多，一旦遇到问题，应急系统都派不上用场。监控系统不规范，没有办法开展"四防"工作，没有现代化的监控设备，无法有效地实施安全管理。

第四节　理化实验室的安全管理

一、理化实验室安全管理及质量控制中面临的问题

（一）安全管理制度不具体、不明确

一般理化实验室都会有相关的安全管理制度，但是大多数管理制度比较老旧，内容不具体、不明确。比如，很多职能部门的工作出现无法衔接的情况；一些部门的职能相互重叠；一些职能没有部门承担；等等。其中，安全责任主体的描述不明确导致安全责任主体无法细化落实，部门之间出现了互相推诿、协调不足的情况。当出现具体安全问题的时候，没有部门或者人员能够针对问题及时作出反应，这就导致一些小问题无法及时解决，甚至最终造成大的安全事故。

（二）安全管理体系不完善

大多数理化实验室都没有形成完善的安全管理体系，存在安全管理规章制度缺失、未及时修订等情况。如果实验室没有一个完善的安全管理体系，那么工作人员就无法正确、快速地执行相关操作，最后可能导致监管的进一步缺失。如果责任无法落实到个人，工作人员就会出现思想松懈的问题。

（三）仪器管理不当

许多理化实验室很久都没有进行仪器的更新，实验室的基础建设也比较老旧，其中

有些还出现了线路老化、房屋漏水等问题。一些企业实验室短缺，导致实验室长期处于人流量巨大的状态，而对相关设施的维护又不足，产生了仪器老化以及仪器间安全距离不足等问题。有些企业对于危险化学品的管理也较为松懈，对使用后的化学品没有及时回收，随意摆放化学品，这些都是严重的安全隐患。有些实验室没有按照要求来建设，整体的通风、电源、排污以及隔离等都达不到要求，这极易导致危险事故的发生。

二、理化实验室的安全管理及质量控制方式

（一）理化实验室安全管理方式

1.建立健全安全管理体系

理化实验室应该进一步加强安全管理，采用规范化和标准化的安全管理方式，完善安全管理体系。在制定安全管理制度时，应该细化相关操作准则，全面落实所有指导性和操作性的内容，让制度变得更加实际、可行。规范的安全管理中有符合要求的实际操作细则，因此可以对相关的管理人员进行专业的指导，这样任何管理人员都可以采用同一套完整、规范的制度而不再只是依靠个人经验进行管理。理化实验室应建立健全标准化的实验室管理体系，运用科学的体系将检查点列出并进一步细化，从而形成一套具体、可执行的管理方法。

2.规范化学试剂的管理

很多实验室的安全事故都是由化学试剂管理不当造成的，所以要想减少事故的发生，就必须对所有化学试剂进行全面而严格的管理。化学试剂应统一存放，取用时要有相关的审批痕迹，使用后要及时归还，未归还的药剂要进行追溯。严禁往下水道或者垃圾桶中倾倒化学试剂，以免造成环境污染。接触过化学试剂的台面或者相关的容器都要进行清洗，以去除化学试剂残留，保证实验室人员的安全。要严格按照要求进行实验品的排放，并对一些有毒的药剂进行无害化处理。

（二）理化实验室的质量控制方式

1.加强实验室的基础设施建设

相关人员应该重新鉴定老旧实验室，及时弃置不符合标准的实验室，并制止将普通房间改装成实验室的情况。符合标准的实验室是保证理化实验室整体安全的基础。管理人员要及时对实验室内的仪器进行更新，同时要注意对相关设施的养护和管理。除此之外，管理人员还要做好仪器的保养记录，定期对相关仪器进行检验检测，了解每个仪器的状态，对出现问题的仪器及时进行调试或者更换。

2.采用合理的理化实验室检验检测方法

采用合理的理化实验室检验检测方法，提高理化实验室的检验检测质量，能够进一步提高理化实验室的质量。制定科学的检验检测方法，对不同的物品采用不同的检验检测方法，并采用科学的方法进行数据记录和数据统计，然后通过数据分析得出更好的监测方案，这样可以进一步提高理化实验室的质量。

理化实验室适用于科学研究，能够让更多人在实验室中获得更多的专业知识，从而推动科学事业的发展。我们要采用更完善、更严格的管理方式来保证理化实验室的安全稳定，从而进一步发挥理化实验室对社会发展的促进作用。

三、理化实验室的安全管理及质量控制方式

理化实验室相关管理人员须树立正确的安全管理观念，建立现代化的质量控制机制，及时发现安全管理与质量控制期间出现的问题，采取合理的措施解决问题，为其后续的使用奠定基础。

（一）理化实验室安全管理与质量控制相关问题分析

目前，一些理化实验室在实际管理期间还存在一些问题，不能保证其安全性，难以开展质量管理与控制等工作，严重影响其工作效果。具体问题表现为以下几点。

1.缺乏完善的安全管理体制

相关部门在实际工作的过程中，不能保证各个部门之间工作的衔接效果，甚至出现重复与盲区，从客观方面会出现安全职责不明确的现象，在出现问题之后，相互之间推诿责任，不能保证工作效果。同时，在理化实验室安全管理期间，相关部门未能针对消防安全方面的灭火器机械设备进行合理的控制，难以通过合理的方式对其保卫处理。且一些管理人员未能及时发现实验室中的电源故障问题与漏水问题，严重影响理化实验室的全面使用，甚至影响实验人员的安全性。

2.缺乏完善的规章制度

理化实验室相关管理部门未能制定完善的规章制度，不能对其进行全面的管理与控制。一方面，在安全管理的过程中，相关部门没有健全规章制度，或是制度落后，不能将其落实在实际工作中，导致相关工作的可靠性与有效性降低。另一方面，在安全管理期间，相关部门不能保证其安全性与可靠性，难以对其进行合理的管理与控制，严重影响其长远发展与进步。同时，在安全管理的过程中，未能制定完善的责任制度，在发现问题之后，不能对其进行合理的管理与控制，导致其发展受到严重制约。

3.机械设备较为陈旧

在建设理化实验室之后，不能对其结构进行合理的设计，安全通道较为狭窄，经常会

出现堵塞与泄漏的现象，以及线路老化的现象。首先，在科研的过程中，实验室的机械设备较为紧张，经常会出现拥挤的现象。其次，在实际工作的过程中，不能保证实验器械或是药剂等摆放符合相关规定，经常会出现实验用品不足的现象，导致相关工作效果降低。最后，在实际发展的过程中，未能对机械设备等进行更新与改进，导致相关工作效率降低，严重影响其长远发展与进步。

4.未能合理开展检测工作

在对理化实验室进行管理的过程中，相关部门未能对其进行全面的检测，经常会出现一些难以解决的问题，不能保证检测工作的可靠性与有效性，难以提升检测结果的公正性。且在实际检测的过程中，无法针对数据信息进行合理的控制，经常会威胁人们的生命安全。同时，在检测工作中，相关部门没有根据理化实验室的特点与要求，对其安全性与质量进行合理的管理，严重影响了实验室的使用效果。

（二）理化实验室安全管理措施

在对理化实验室安全性进行管理的过程中，相关部门不能保证其安全性符合相关规定，影响具体的工作效果。具体措施包括以下几点。

1.对物品的摆放进行严格管理

实验室相关管理机构需明确物品的具体摆放要求与特点，创建先进的管理机制，在明确化学物品危险性的情况下，及时发现其中存在的问题，在同一相关物品摆放标准的基础上，创建现代化的管理机制。在此期间，需具体划分化学物品的种类，使其可以整齐堆放在相关柜体之内。例如，在对乙醚物品与丙酮物品进行处理的过程中，需要将其放置在冰箱中，主要因为此类物品的燃点很低，如果在外界放置的过程中，会出现燃烧的现象，严重的会引发火灾，导致其安全性降低。再例如，在对氢进行处理的过程中，其会与空气发生一定的化学反应，严重影响其安全性，甚至会导致出现实验误差。同时，在实际管理的过程中，需针对有害物质进行合理的控制，降低对人体健康与安全的影响，增强理化实验室的管理效果。

2.对化学物品的排放进行全面管理

在对理化实验室安全性进行管理的过程中，需明确具体的排放要求，建立多元化的管理机制，创建先进的实验室物质排放体系，以此提升相关工作效果。因此，在安全管理的过程中，需在理化实验室物品排放期间，及时对其进行合理的管理，以免出现排放意外影响人们的安全性。同时，在理化实验室管理期间，严禁在下水口对其进行排放，减少随意倾倒的现象，主要因为理化实验室中的物质会导致水源与土壤等受到严重污染，这就需要相关机构可以利用清洗仪器等对其全面处理，为人们营造安全的环境与空间。

3.对区域进行合理的分离处理

在理化实验室管理工作中，安全管理人员须对生活区域与工作区域进行分离处理，加大安全区域管理工作力度，对其进行严格的控制。首先，在实验室区域内，存在较多易燃的化学物品，而工作人员在闲暇时间有吸烟的习惯，一旦在实验室中吸烟，将会影响其安全性。因此，相关机构需针对各个区域进行分离管理，在划分具体区域与责任的情况下，要明确理化实验室的实际职能作用与要求。例如，在对理化实验室进行管理的过程中，相关安全管理人员须明确化学物品的特点，对工作区域与实验区域进行动态化监督与控制，逐渐提升安全管理工作水平，达到预期的管理目的。

4.定期开展安全检查活动

在实际发展的过程中，安全管理机构需要阶段性地开展安全检查活动，建立多元化的管理机制，利用合理的方式对其进行控制。首先，相关管理机构需设计多个灭火点与安全通道，根据相关规格对电路与电源插头进行合理的处理，以此提升其安全性。在长时间使用的过程中，虽然电路与电源插头很安全，但是也会受到各类因素的影响而出现安全隐患，因此，为了排除安全隐患，需针对实验室的电路等进行定期的检查。同时，在安全管理的过程中，需对灭火器与安全通道流通情况进行合理的控制，建立多元化的安全管理机制，提升其安全性与可靠性。

（三）理化实验室的质量控制措施

在对理化实验室质量进行管理与控制的过程中，相关机构需明确具体的工作特点与要求，创新管理形式，提升其使用质量。具体措施为：

1.建设高素质人才队伍

相关管理机构需建设高素质的人才队伍，合理对操作人员进行管理，提升其专业素质与思想素养。首先，在质量管理的过程中，需对操作人员进行专业知识的培训，定期对其进行考核，以此增强其工作效果，满足当前的质量管理要求。其次，在实际工作期间，相关管理机构需制定完善的岗位竞争与考核。在实际管理工作中，相关部门还要利用合理的考核方式，指导操作人员及时发现自身的不足，提升其学习效果，在定期考核的情况下，保证理化实验室管理质量符合相关规定，利用现代化管理方式对其进行严格的控制，保证可以满足当前的发展需求。

2.做好理化实验室基础设施的建设工作

相关部门在对理化实验室进行管理的过程中，需保证基础设施的建设效果符合相关规定，制定完善的工作方案，对其进行合理的检测，在保证检测结果准确性与可靠性的基础上，对相关内容进行全面的控制。例如，在实际检测的过程中，如果检测结果证明需要对机械设备进行维护与修理，就要对其进行全面的处理，保证建立多元化的管理机制，创建先进的维修与管理体制，营造良好的发展空间，保证提升机械设备管理工作效果，达到预期的工作目的。

第五节　化学类实验室安全预防管理

化学类实验室是高校和科研院所在教学和科研工作中使用危险化学品的重要场所，也是相应单位安全管理的重点。在危险化学品的使用过程（化学实验过程）中，任何粗心大意或违规操作都有可能引发燃烧、爆炸、中毒等安全事故，从而导致财产损失和人身伤亡，对社会和环境造成一定的危害。更可怕的是，由于化学类实验室危险因素多，一旦发生事故，很容易引起连锁反应，引发更大的事故，造成更大的危害。

我国安全管理坚持"安全第一、预防为主"的方针。安全工作以预防为主，而如何有效地预防化学类实验室的安全事故，特别是重大安全事故，是安全管理工作的一个重要课题。

本质安全理论强调基于事物自身的特性和规律，通过消除或减少工艺、仪器中存在的危险物质或危险操作的数量，从而避免危险的发生。从一定意义上讲，本质安全理论强调的是事前预防，而不是事后控制。如何在发生失误或故障后避免造成安全事故，是本质安全的一个重要内容，也是化学类实验室安全管理的主要内容之一。

一、化学类实验室危险有害因素分析

根据近年来国内外化学类实验室发生安全事故的类型，可将化学类实验室危险有害因素大体划分为以下几种。

（一）火灾和爆炸因素

火灾和爆炸的发生有三个构成要素：火源、可燃物和助燃物。爆炸可以理解为剧烈燃烧。化学类实验室一般保存有一定数量的危险化学品（如易燃有机溶剂、可燃气体、化学活性物质、遇湿自燃物质等）和其他易燃物品（如塑料、纸箱等），这些都属于可燃物；而电力仪器故障、化学反应热、静电等都可能成为火源；空气、氧气、氧化性化学物质等则可以作为支持燃烧或爆炸的助燃物。化学反应很多是剧烈的放热反应，同时伴随着气体的释放，如果处理不当，极易引起火灾或爆炸。压力容器故障（如高压气体钢瓶损坏或高压反应器失控等）往往会造成物理性爆炸，其危害同样不可忽视。

（二）中毒因素

化学类实验室中有毒物质种类繁多，存在形式多样。其中，剧毒品的毒性大，一旦失控，后果非常严重，必须严格按照规定管理；有毒气体（如一氧化碳、氮氧化合物等）如果使用不慎，发生泄漏，可能造成群体中毒事故；对普通有毒物质也应加强管理，杜绝其流出实验室。

（三）环境污染因素

一般来说，有毒、有害化学物质（无论是气体、液体还是固体）未经有效的无害化处理而排入环境中，都会造成环境污染。

（四）化学灼伤、烫伤、冻伤因素

实验人员皮肤不慎接触浓酸、浓碱等腐蚀性物质，就会被灼伤；同样，如不慎接触高温物质或低温物质，也会被烫伤或冻伤。化学反应过程的失控，如化学品溅到身体上，也会对人造成伤害，这种伤害往往比较复杂，既可能使人中毒，又可能造成化学灼伤、烫伤、冻伤等。

（五）触电和机械伤害因素

化学类实验室有很多电器，既包括常见的冰箱、加热器、搅拌器、真空泵等，又包括一些大型合成分析仪器。化学类实验室有时需要压片机压片、玻璃管切割、橡胶塞打孔等操作，如果实验人员动作不熟练或注意力不集中，就有可能受伤。

二、化学类实验室危险有害因素管理对策

通过对上面的危险有害因素进行分析，我们可以看出化学类实验室的危险源种类繁多、形式多样。运用本质安全的原理和方法来加强化学类实验室安全管理是减少安全隐患、预防安全事故的重要途径，是安全工作实现"预防为主"管理原则的重要体现。本质安全理论的原则一般包括最小化原则、替代原则、缓和原则和简化原则。

（一）加强危险化学品的管理

化学类实验室最主要的危险源就是危险化学品，因此加强对危险化学品的管理是化学类实验室安全管理的重中之重。

1.减少存放量

本质安全理论强调最小化原则，即减少危险物质的库存量。在正常状态下，化学类实验室危险化学品的存放数量为当日使用量的1～2倍。需要特别注意的是，化学类实验室应尽量减少气体钢瓶的存放数量，一般不存放备用气体钢瓶。普通化学类实验室不能存放剧毒品。化学品存放数量减少后，相应的冰箱、容器、试剂柜等也可以减少，从而达到节约空间并消除安全隐患的目的。

2.加强存放物品的安全管理

实验室的化学品（含气体钢瓶）要分类存放，确保通风。化学性质相抵触的化学品或气体钢瓶要分开存放。避免氧化剂与有机物接触。钠、钾等活泼物质要保存在煤油中并确保液面淹没金属，还要定期检查。一般来说，易燃、易爆的物质应当存放在铁皮柜中，且保持通风。酸、碱等腐蚀性化学品应当单独放置于牢固的地方，确保其不易被碰到，并在存放处张贴明显标识。

（二）加强化学实验全过程的安全管理

化学实验过程往往伴随着发热、发光、产生气体等现象，若控制不好，容易造成气体泄漏、燃烧、爆炸等事故，对实验人员造成伤害；如果不能及时、有效地进行处理，还会引发一系列连锁反应，造成更大的灾害和损失，后果不堪设想。从本质安全的原理出发，我们可以从以下几个方面加强管理。

1.实验前的安全设计

在进行一个化学实验之前，要对反应物的种类、数量、反应原理、反应条件、步骤、所用仪器等进行设计，在实验记录本上详细地写出拟进行反应的各个控制细节。除此之外，要特别注意调研所用反应物等物质的物理及化学性质，详细了解它们的反应活性、燃烧参数、爆炸参数、熔点、沸点、挥发性等，做到心中有数。进行实验设计时，在能达到实验目的的前提下，应根据最小化原则，尽量减少实验中反应物的使用数量，从而减少发生事故的可能性，降低事故造成的损害；同理，也应根据替代性原则，尽量应用安全的（或危险性小的）化学品（或反应类型）来替代（或置换）危险性大的化学品（或反应类型）。对于反应过程的设计，应当尽可能采取温和的反应条件，采用危险化学品的最小危害形态进行反应，如避免使用高温、高压等难控制条件，采用溶液反应而不是纯物质直接反应、采用稀溶液反应而不是浓溶液反应等方式减少反应过程中的危险因素。还应选择质量可靠、经过校验的仪器进行实验。在实验前，仔细检查所选择的仪器、器皿等，确保其能正常使用。

2.实验过程中的安全管理和防护

在实验过程中，应当加强对危险有害因素的识别、监控和预警。一方面，应当根据实验性质和危险因素情况，在通风橱或其他有相应防护仪器的地方进行实验，确保实验环境通风且安全；要采取监控预警仪器（如高压、高温报警及联动控制装置等）和人员值班相结合的方式控制实验过程的进行；适时调整实验条件，以确保温度、压力、实验现象等符合预先设计。另一方面，实验人员要根据实验内容穿戴好护目镜、手套、口罩、防护服等防护用品，以免发生意外时受伤。在实验过程中，采用高科技监控预警及联动控制装置，往往能有效地提前发现危险因素并掌握其发生、发展情况，以便及时采取切断电源、降低温度、泄压等处理方式，避免恶性事故的发生。但是不能因为采取了监控预警装置而忽视实验人员的检查和监控。

3.实验后的安全处理

化学实验往往产生一些非目标产物的化学物质（废弃物），如溶剂、残渣、副产物等。如果不能有效地对其进行无害化处理，我们的生活环境就会被污染。对于液体和固体废弃物，应当分类收集后委托有资质的废弃物处理公司进行专业的无害化处理。有毒的气体废弃物不得直接排入大气中，应对其进行充分的吸附、中和等操作。例如，含有硫化氢的废气经过多次浓碱液洗涤后，基本上可以实现完全反应。

（三）加强仪器的安全管理

化学类实验室的仪器一般有电器、通风橱柜、玻璃器皿、反应仪器、温控仪器、分析仪器、特种仪器等。平时，管理人员应对这些仪器加强安全管理，确保仪器处于安全的放置状态和正常的使用状态。

1.冰箱

在普通冰箱内放置敞口易燃、易爆有机溶剂，容易引发爆炸事故。易燃、易爆有机溶剂如果需要存放，应放置在防爆冰箱内。很多实验人员对这一点不够注意，往往把敞口或封口不严的有机溶剂放置于普通冰箱中，从而造成较大的安全事故。

2.气体钢瓶

对气体钢瓶应进行全方位的管理，从购买、验收到保管、使用，都要严格按照相关的操作规程进行管理，不能马虎大意。

购买、验收时，要注意检查气瓶的颜色、字样及其他标记是否与所订气体相符；瓶体是否变形，是否遭受严重腐蚀；瓶阀是否泄漏、受损；氧气瓶或氧化性气瓶的瓶体和瓶阀上是否沾染油脂；年检是否符合要求等。

保管时，要由专人负责；要特别注意防范泄漏、碰撞和周边火灾引发的爆炸；要控制温度、湿度，不得暴晒；要保持通风；空瓶和实瓶分开存放，并做出明显标志；瓶内气体相互接触能引起燃烧、爆炸、产生毒物的气瓶（如氢气钢瓶与液氯钢瓶、氢气钢瓶与氧气钢瓶、液氯钢瓶与液氨钢瓶等）应分室存放，不得同室混放；限期储存的钢瓶要明确标注存放日期。

使用时，一般应立放并使用铁链固定；气路连接处应结实完好，防止工作时脱开引起事故；开启阀门时，应站在气压表的一侧，不得将头或身体对准气体总阀，以防被冲出的气体伤到；瓶内气体不能用尽，必须留有剩余压力；气瓶周围10米内，不得进行有明火或产生火花的操作。使用氧化性气体钢瓶时，操作者的双手及所用工具、减压器、瓶阀等不得沾染油脂，气路的所有连接处不得采用可燃性材料。

3.高压容器

在使用前应对高压反应容器进行认真检查，平时注意按照规程对其进行维护和保养。发现问题后必须及时处理，不能图省事、嫌麻烦。一定要加强对附属报警监控装置的检查和维护，确保其功能正常。

除上述三个方面外，实验室安全管理还应在建立健全事故应急救援体系上下功夫。完善事故应急处理的硬件设施，定期进行安全教育培训和应急救援演练，提高实验人员的安全意识和技能，从而加强实验室安全管理。

运用本质安全的原理来指导化学类实验室的安全管理工作，可以充分体现"安全第一、预防为主"的方针，可以更加有效地加强对化学类实验室的管理，从而减少安全隐患，防止安全事故的发生。

三、化学实验室安全管理和事故预防

（一）化学实验室事故类型和原因分析

统计结果显示，事故由主观因素、客观因素和不可避免因素（自然灾害）造成的概率分别是88%、10%和2%，化学实验室事故也不例外，主要是由主观因素造成的。综合分析化学实验室事故类型和原因如下。

1.火灾性事故

火灾性事故的发生具有普遍性，几乎所有实验室都可能发生。酿成这类事故的直接原因是：

（1）忘记关电源，致使设备或用电器具通电时间过长，温度过高，引起着火。

（2）供电线路老化、超负荷运行，导致线路发热，引起着火。

（3）对易燃易爆物品操作不慎或保管不当，使火源接触易燃物质，引起着火。

（4）乱扔烟头，接触易燃物质。引起着火。

2.爆炸性事故

爆炸性事故多发生在具有易燃易爆物品和压力容器的实验室，酿成这类事故的直接原因是：

（1）违反操作规程使用设备、压力容器（如高压气瓶）而导致爆炸。

（2）设备老化，存在故障或缺陷，造成易燃易爆物品泄漏，遇火花而引起爆炸。

（3）对易燃易爆物品处理不当，导致燃烧爆炸。该类物品有三硝基甲苯、苦味酸、硝酸铵、叠氮化物等。

（4）强氧化剂与性质有抵触的物质混存能发生反应分解，引起燃烧和爆炸。由火灾事故发生引起仪器设备、药品等的爆炸。

3.毒害性事故

毒害性事故多发生在具有化学药品和剧毒物质的实验室和具有毒气排放的实验室。酿成这类事故的直接原因是：

（1）将食物带进有毒物的实验室，造成误食中毒。（例如，南京某大学一工作人员盛夏时误将冰箱中含苯胺的中间产品当酸梅汤喝了，引起中毒，原因就是该冰箱中曾存放过供工作人员饮用的酸梅汤。）

（2）设备设施老化，存在故障或缺陷，造成有毒物质泄漏或有毒气体排放不出，引起中毒。

（3）管理不善、操作不慎或违规操作，实验后有毒物质处理不当，造成有毒物品散落流失，引起人员中毒、环境污染。

（4）废水排放管路受阻或失修改道，造成有毒废水未经处理而流出，引起人员中毒、环境污染。

4.机电、玻璃仪器等伤人性事故

机电伤人性事故多发生在有高速旋转或冲击运动的实验室，或要带电作业的实验室和一些有高温产生的实验室，玻璃仪器伤人事故发生在使用玻璃仪器进行试验的实验室。事故表现和直接原因是：①操作不当或缺少防护，造成挤压、甩脱、碰撞和破碎伤人。②违反操作规程或因设备设施老化而存在故障和缺陷，造成漏电触电和电弧火花伤人。③使用不当造成高温气体、液体和玻璃仪器破碎碎片等对人的伤害。

5.设备损坏性事故

设备损坏性事故多发生在用电加热的实验室。事故表现和直接原因是线路故障或雷击造成突然停电，致使不能按要求恢复原来状态造成设备损坏。

（二）涉及危险化学品的实验室安全管理

安全生产技术支撑体系中的非矿山安全与重大危险源监控实验室和职业危害检测与鉴定实验室皆涉及危险化学品，如前者涉及的危险化学品的闪燃点测定，后者涉及的各种有机溶剂甚至剧毒品。预防涉及化学品的实验室安全事故，可从以下八个方面做好安全管理工作。

1.了解化学品的危险特性

《化学品分类和危险性公示通则》（GB13690—2009）中将化学品分为理化危险、健康危险、环境危险三大类化学品，依次包括十六、十、七小类。掌握实验室所使用接触的化学品分类，了解其危险特性，方能有的放矢、沉着应对。历史上由于不了解化学品危险特性或违章操作而造成重大事故的例子不胜枚举。

2.做好水、电、气、火的安全管理

（1）正确安全用水。实验室可能用到的水主要有自来水、蒸馏水、亚沸蒸馏水、去离子水、超纯水五种。自来水是用来洗刷、水浴、回流冷凝等用水。蒸馏水是实验室最常用的一种纯水，虽然制造设备便宜，但极其耗能费水且速度慢，以后应用会逐渐减少。亚沸蒸馏水是用石英亚沸蒸馏器进行蒸馏的，其特点是在液面上方加热，但水并不沸腾，只是液面处于亚沸状态，可将水蒸气带出的杂质降至最低。去离子水是应用离子交换树脂去除水中的阴离子和阳离子，但水中仍然存在可溶性的有机物，可以污染离子交换柱从而降低其功效，去离子水存放后也容易引起细菌的繁殖。超纯水是应用蒸馏、去离子化、反渗透技术或其他适当的超临界精细技术生产出来的水，几乎没有杂质。

化学分析用水对水质有不同的要求，应根据不同实验要求使用不同级别的水。《分析实验室用水规格和试验方法》（GB/T6682—2008）规定：一级水用于有严格要求的分析试验，包括对颗粒有要求的试验，如高压液相色谱分析用水。一级水可用二级水经过石英设备蒸馏或离子交换混合床处理后，再经 $0.2\mu m$ 微孔滤膜过滤来制取；二级水用于无痕量分析等试验，如原子吸收光谱分析用水；二级水可用多次蒸馏或离子交换等方法制取。三级水用于一般化学分析试验；三级水可用蒸馏或离子交换等方法制取。

实验室要注意用水安全，经常检查输水储水设备设施，防止漏水，引起环境、仪器和电的损坏。

（2）做好用电安全措施。要做好用电安全措施就要做好电击防护、静电防护工作，并坚守用电安全守则。

电击防护、防止触电措施。①不用潮湿的手接触电器。②电源裸露部分应有绝缘装置。③所有电器的金属外壳都应保护接地。④实验时，应先连接好电路后才接通电源。实验结束时，先切断电源再拆线路。⑤修理或安装电器时，应先切断电源。⑥不能用试电笔去试高压电。使用高压电源应有专门防护措施。如有人触电，应先切断电源，后进行抢救。

防止引起电气火灾和短路。①使用的保险丝要与实验室允许的用电量相符。②电线的安全通电量应大于用电功率。③室内若有易燃易爆气体，应避免产生电火花。继电器作开关电闸时，易生电火花，要特别小心。电器接触点（如电插头）接触不良时，应及时修理或更换。④如遇电线起火，立即切断电源，用沙或二氧化碳、四氯化碳灭火器灭火，禁止用水或泡沫灭火器等导电液体灭火。⑤线路中各接点应牢固，电路元件两端接头不要互相接触，以防短路。⑥电线、电器不要被水淋湿或浸在导电液体中，例如实验室加热用的灯泡接口不要浸在水中。

电器仪表的安全使用。①在使用前，先了解电器仪表要求使用的电源是交流电还是直流电、是三相电还是单相电以及电压的大小。须弄清电器功率是否符合要求及直流电器仪表的正、负极。②仪表量程应大于待测量范围。若待测量大小不明时，应从最大量程开始测量。③实验之前要检查线路连接正确后方可接通电源。④在电器仪表使用过程中，如发现有不正常声响，局部温升或嗅到绝缘漆过热产生的焦味，应立即切断电源，进行检查。

静电防护。①防静电区内不要使用塑料地板、地毯或其他绝缘性好的地面材料，可以铺设导电性地板。②在易燃易爆场所，应穿导电纤维及材料制成的防静电工作服、防静电鞋，戴防静电手套。不要穿化纤类织物、胶鞋及绝缘鞋底的鞋。③高压带电体应有屏蔽措施，以防人体感应产生静电。④进入实验室应徒手接触金属接地棒，以消除人体从外界带来的静电。⑤提高环境空气中的相对湿度，当相对湿度为65%～70%时，由于物体表面电阻降低，便于静电逸散。

用电安全守则。①不得私自拉接临时供电线路。②不准使用不合格的电气设备。③正确操作闸刀开关，应使闸刀处于完全合上或完全拉断的状态。④新购的电器使用前必须全面检查。⑤使用烘箱和高温炉时，必须确认自动控温装置可靠。⑥电源或电器的保险丝烧断时，应先查明原因。⑦使用高压电源工作时，要穿绝缘鞋、戴绝缘手套并站在绝缘垫上。⑧擦拭电器设备前应确认电源已全部切断。严禁用潮湿的手接触电器和用湿布擦电门。

（3）做好用气安全。实验室常用的压缩气体，如氢气、氮气、氧气、氩气、乙炔、二氧化碳、氧化亚氮等，都可以通过购置装有压缩气体的钢瓶获得。一些气源，如氢气、氮气、氧气等也可以购置气体发生器来生产。不同气体的气瓶皆有特定的漆色和标志，使用时应仔细辨别。此外，压缩气体钢瓶的存放及安全使用还应注意：①气瓶必须存放在阴凉、干燥、远离热源的独立房间，放置在带检测报警装置的专用气瓶柜里，并且要严禁明火，防曝晒。②搬运气瓶要轻拿轻放，防止摔掷、敲击、滚滑或剧烈震动。③气瓶应按规定定期做技术检验、耐压试验。④易起聚合反应的气体钢瓶，如乙烯、乙炔等，应在储存期限内使用。⑤高压气瓶的减压器要专用，安装时螺扣要上紧，不得漏气。⑥氧气瓶及其专用工具严禁与油类接触，氧气瓶不得有油类存在。⑦氧气瓶、可燃性气瓶与明火距离应不小于10m，不能达到时，应有可靠的隔热防护措施，并不得小于5m。⑧瓶内气体不得全部用尽，一般应保持0.2～1MPa的余压。

（4）正确用火。①实验室人员应了解实验的燃烧、爆炸危险性和预防措施。②实验室内不得乱丢火柴及其他火种，使用易燃液体时，必须取去火源并远离火种。③加热或蒸馏可燃液体时应使用水浴或蒸汽浴，禁止直接火加热。乙醚应避免过多接触空气，防止其过氧化物生成。④禁止把氧化剂与可燃物品一起研磨,不得在纸上称量过氧化物和强氧化剂。⑤使用爆炸性物品[如苦味酸(三硝基酚)、高氯酸及其盐、过氧化氢等],要避免撞击、强烈振荡和摩擦。散落的易燃易爆物品必须及时清理,含有燃烧、爆炸性物品的废液、废渣应妥善处理,不得随意丢弃。⑥当实验中有高氯酸蒸汽产生时,应避免同时有可燃然气体或易燃液体蒸汽存在。⑦进行可能发生爆炸的实验,必须在特殊设计的防爆炸的地方进行,并注意避免发生爆炸时爆物飞出伤人或飞到有危险物品的地方。⑧内部含有可燃物质的仪器,实验完成后,应注意彻底排除。⑨不要使用不知成分的物质。⑩实验室人员均熟悉常用消防器材的使用方法。

3.保持良好的实验室环境

(1)实验室应通风良好,照明(采光)适宜,符合安全防火设计规范,且有安全通道。

(2)根据消防规范配置各种消防设施,定点放置并方便使用,如应急冲淋设备、洗眼机、毒感器、烟感器、灭火剂、灭火沙、灭火毯、沙盘等。

(3)有指定的专人负责洗消设施的日常管理和维护。

(4)安装通风橱,配备手套式操作箱,散发有毒有害气体、烟雾、蒸汽的实验应在通风橱中进行,操作过程中涉及剧毒物质或必须在惰性气体中或干燥的空气中处理活性物质时,必须使用密封性好的手套式操作箱。

(5)配备安全眼镜、防护面罩、防毒口罩、防护手套、实验服等个体防护设备。

4.化学试剂使用管理安全

(1)化学试剂使用要求。①使用者应具有化学品安全方面的专业知识,接受过专业培训。②易燃、易爆及剧毒试剂应遵守技术安全规程。③称量应在清洁而干燥的器内进行。④固体试剂根据不同的化学品用不同的材质药勺取用。⑤液体试剂应使用清洁而干燥的吸管吸取。严禁以口吸吸管取用试剂。⑥试剂应按需要量取出,在取用后,应立即密塞保存。⑦浓强酸及25%的氨水,应贮于磨口玻璃瓶中。⑧易吸水试剂用后,立即塞好塞子用石蜡熔封。⑨使用安瓿中的试剂时,应小心地开启安瓿。⑩取出的试剂如有剩余,不得倒回原来的包装内。

(2)化学试剂安全管理原则。①危险性化学试剂应由经过培训、持有上岗证的专职人员管理。②危险性化学试剂必须存放于专用的危险品仓库,并分类分别存放在阻燃材料制作的柜、架上。③易燃易爆化学试剂应贮存于主建筑外的防火库,并根据贮存危险物品的种类配备相应的灭火和自动报警装置。④爆炸性物品贮存的环境温度不宜超过30℃。⑤易燃液体贮存的环境温度不宜超过28℃,低沸点易燃液体宜于低温下贮存(5℃以下,但禁止存放于有电火花产生的普通家用冰箱中)。⑥爆炸性物品宜另库单独存放,数量很少时,可将瓶子置于装有干砂的开口容器内,并与有干扰的物品隔离或远离。⑦黄磷、金属钠等与空气发生反应的试剂应储存在隔离剂中。⑧挥发性、腐蚀性试剂应密封保存。⑨爆炸性物品、剧毒性物品和放射性物品应按规定实行"五双"制度（双人保管、双人收发、双人领用、双本账、双人双锁）管理。危险性化学试剂实行"物资性"管理（验收、领用、保管、盘点检查等）。

5.检测样品的安全管理

化学实验室样品种类繁杂，从样品受理、交接、搬运、保管、检测、留样、处理等应遵循程序有序运行。为确保样品的安全，应设有专门的样品保管室，分类保存，特别是性质相抵触的样品更要严格分类存放，并配备必要的储存设备，如冰箱（低温样品）、保险柜（有毒、放射性样品）、通风系统（防潮湿）及干燥器（防潮解）等，以保证样品在处理、检测、贮存过程中不会变质或损坏。易燃易爆、有毒的危险样品应隔离存放，并做出明显标识。

6.废弃物的安全处理

实验室需要排放的废水、废气、废渣称为实验室"三废"。由于各类实验室测定项目不同，产生的三废中所含化学物质的毒性不同，数量也有很大差别。因此，实验室所使用的有毒、有害的剩余化学试剂和样品必须分类包装，按其性质妥善保存，集中焚烧处理。所有的废弃物都应根据不同的物质进行分类放置，所用容器应贴上特制的标识，如酸废液缸、有机溶剂桶等，均需加密封盖。废弃物不能随意倒入下水道，按有害废弃物操作规程进行处理，在不具备自己处理废物能力的情况下，通常运送到指定地点交废液处理公司进行废弃处理。

7.养成良好的卫生习惯

（1）化学品主要通过三种途径（吸入、食入、皮肤吸收）进入人体。在工作场所中化学品主要通过吸入进入人体，其次才是皮肤吸收。

（2）检验人员要养成良好的卫生习惯，这也是消除和降低化学品危害的一种有效方法。当实验室使用有害化学品时，必须使用合适的个体防护用品，如戴手套等。

（3）保持好个人卫生，做好实验勤洗手，就可以防止有害物附着在皮肤上，防止有害物通过皮肤渗入体内。

（4）不在实验室吃东西、喝水等，避免食入化学品。

（5）对一些易燃化学品，关键是控制热源，防止产生火灾或爆炸。

8.建立健全安全管理制度，加强培训，提升实验室人员安全意识，及时消除事故隐患

很多安全事故起源于实验者的安全意识淡薄、思想上麻痹大意、安全知识缺乏、缺乏必要的安全技能、安全管理制度不健全、管理体制不顺、责任没有落实到人、出现管理盲区和死角。因此必须建立健全安全管理制度，加强培训，提升实验室人员安全意识和责任心，杜绝麻痹大意和侥幸心理、及时排除事故隐患，将实验室日常运转状态驶向100%安

全的边缘。

（三）实验室事故预防对策措施

在做好实验室安全管理工作的基础上，还应做好事故预防和应急对策措施，以便发生事故时能够从容应对，减少事故损失，具体预防对策措施如下。

（1）配备安全设施，建立安全报警系统，安装室外事故电话，实验室建设抽风排气系统。

（2）化学实验室应设有急救箱，箱内备有必需的药剂和用品。消毒剂有红药水、紫药水、75%的酒精、3%的碘酒、外伤药、消炎粉、止血粉、止血贴、止血剂氧化铁溶液、烫伤药、烫伤膏、甘油、玉树油、獾油、万花油、松节油、化学灼伤药、5%碳酸氢钠溶液、5%氨水、饱和硼酸溶液、2%醋酸溶液其他药剂、1%硝酸银溶液、5%硫酸铜溶液、医用双氧水、高锰酸钾晶体、氧化镁、肥皂、治疗用品、消毒纱布、消毒棉、创可贴、绷带、胶带、氧化锌橡皮膏、棉花棍、剪刀、镊子。

（3）实验室安全事故急救处理。创伤：伤处不能用手抚摸，也不能用水洗涤。若是玻璃创伤应用消毒镊子把碎玻璃取出来，在伤口涂上紫药水，撒些消炎粉，用绷带包扎。烫伤：不要用冷水洗涤伤处，伤处皮肤未破时，可涂些饱和碳酸氢钠溶液或烫伤膏；如果皮肤已破，可涂些紫药水或1%高锰酸钾溶液，再涂烫伤药膏。灼伤：磷灼伤，可用1%硝酸银溶液、5%硫酸铜溶液或高锰酸钾溶液洗涤伤口，然后包扎；溴灼伤，用苯或甘油洗濯伤口，再用水洗；酚灼伤，先用大量水冲洗，再用酒精与氯化铁的混合液冲洗。冻伤：将冻伤部位浸泡在40℃温水中或饮适量含酒精的饮料暖身。受碱腐蚀：先用大量水冲洗，再用2%醋酸溶液或饱和硼酸溶液洗，最后用水冲洗，若碱溅入眼内，可用硼酸溶液冲洗。受酸腐蚀：先用大量水冲洗，再用饱和碳酸氢钠溶液或氨水、肥皂水洗，再用水冲洗，涂上甘油，若酸溅入眼内，先用大量水冲洗，然后用碳酸氢钠溶液冲洗，严重者送往医院治疗。误吞毒物：给中毒者服催吐剂，如肥皂水、芥末水、稀硫酸铜溶液，或服鸡蛋白、牛奶和食物油以缓和刺激，随后手指深入喉咙引起呕吐（磷中毒不能喝牛奶，可用1%硫酸铜溶液引起呕吐），送往医院。吸入毒气：把中毒者移到空气新鲜的地方，若吸入溴气可用嗅氨水的方法减缓症状，若吸入氯气、氯化氢可吸入少量酒精和乙醚混合气使之解毒，严重者送往医院。触电：切断电源，立即进行人工呼吸，并送往医院。起火：起火后，要立即一面灭火，一面防止火势蔓延，既要注意人的安全，又要保护财产安全，救护应按照"先人员，后物资，先重点，后一般"的原则进行。小火用湿布或沙子覆盖燃烧物，大火可用水、灭火器灭火；电器起火，可用二氧化碳或四氯化碳灭火器灭火；金属钾钠等着火，可用干粉灭火器灭火，有机溶剂着火应该用二氧化碳或干粉灭火器灭火；实验人员衣服着火，就地打滚，或赶快脱下衣服或用石棉布覆盖着火处。

第九章　实验室的仪器管理

第一节　仪器的采购

仪器采购工作应经过需求分析、采购计划编制、公开招投标、签订合同等阶段。

一、需求分析

在调研实验室现有仪器种类、数量、完好率的基础上，结合本年度实验室开展实验项目的种类和数量以及下年度新增项目种类、数量和需求，确定需要仪器的种类和数量。

收集仪器的厂家信息和技术信息，做到"广、新、精、准"。"广"是指收集的信息要涵盖多个厂家，做到"货比三家"；"新"是指收集的信息要及时有效，最好是当年或近两年的相应资料；"精"是指收集的信息要经过挑选并系统整理，忌太泛太杂；"准"是指收集到的信息要准确可靠，最好从多方面了解其他用户对仪器的使用和评价情况。

选择仪器前，要结合仪器综合性能指标以及工作需求，同时考虑仪器指标的先进性、实际操作的便利性，综合厂商信誉情况、售后服务状况，考察仪器性价比。合理选择仪器，可使有限的资金发挥最大的经济效益。仪器选型应遵循以下原则。

（1）生产上适用。所选购的仪器应与本企业扩大生产规模或开发新产品等需求相适应。

（2）技术上先进。在满足生产需要的前提下，仪器性能指标保持先进水平，以利于提高产品质量和延长技术寿命。

（3）经济上合理。仪器价格合理，使用过程中的能耗、维护费用低，回收期较短。

二、采购计划编制

结合各检测室的工作需求，提出下年度仪器购买申请（包括采购仪器名称、数量、原因、预算、拟采用的方式等），并报上级主管部门审批，可同时附上仪器选型报告，详述需采购仪器的功能、技术指标、配件、选型推荐等具体要求。

仪器采购一般需通过公开招投标的方式进行，拟采用非公开招投标采购方式的，需提交采取此采购方式的充分理由，经上级主管部门审批后，确定采购办法。

三、公开招投标

实验室如果具有拟定招标文件和组织评标工作的能力，可以自行组织招标；不具备该条件的，应委托具有招标代理资格的机构办理招标事宜。

（一）编制招标文件

招标文件应包含对投标人资格审查的标准、招标项目的技术要求、评标标准和投标报价要求以及拟签订合同的主要条款。实验室应提出具体采购方案，会同招标代理机构编制招标文件。招标文件中一般要载有设定"最高限价"的条款，以控制成本。国家对技术、标准有规定的招标项目，要在招标文件中提出相应要求。招标文件不得要求或者标明特定的生产供应者，不得含有倾向或者排斥潜在投标人的其他内容。招标文件拟定完成并经实验室主任审核后，可提交至上级主管部门审核，审核通过后方可发布。

（二）发布招标公告和招标邀请

采用公开招标方式时，招标公告应由两家以上媒体发布。依法必须进行招标的项目必须通过国家指定的报纸、信息网络或者其他公共媒体发布，确保投标的充分竞争性。采用邀请招标方式时，要向不少于三个承担项目能力和资信良好的投标人发出招标邀请函。以下两种情况可采取邀请招标方式。

（1）技术复杂、有特殊要求或者受自然环境要求限制，可供选择的投标人很少；

（2）采用公开招标方式的费用占项目合同的比例过高。

（三）组建评标委员会

评标委员会的人员由相关经济、技术方面的专家组成，成员数为5以上的单数，其中技术、经济等方面的专家人数不得少于成员总数的2/3。

专家库评标成员应经过相应资格认定，并经过培训考核、评价。应建立专家库档案管理制度，并实行动态管理，根据需求和考核情况及时对评标成员进行补充或更换，以保持专家库人员总数在一定范围内。

（四）开标

自招标文件发出之日起，至投标人提交投标文件截止之日，时间不得少于20日。开标应在招标文件确定的时间和地点公开进行，并邀请所有投标人和实验室代表参加。投标人不参加开标的，不得对开标结果提出异议。开标全过程要有监督部门的代表进行现场监督，重大采购项目可以同时聘请公证机构进行公证。

（五）评标

评标工作由评标委员会负责，评标委员会独立履行下列职责：审查投标文件是否符合招标文件要求，并作出评价；要求投标供应商对投标文件有关事项作出解释或者澄清；推荐中标候选供应商名单。评标过程应全程录音、录像，留取原始现场资料以供事后监督。监督部门发现评标环节涉嫌违法违纪的，应报告本单位或者企业纪检监察部门处理。

（六）发布中标公示

中标候选人公示结束后，实验室应及时确认中标人，对中标人的履约能力进行审核并由项目负责人签字确认。排名第一的中标候选人应确定为中标人，有多个中标人的项目应优先选择排名靠前的中标候选人。排名第一的中标候选人或排名靠前的中标候选人放弃中标或因不可抗力不能履行合同，或者被查实存在影响中标结果的违法行为等情形而不符合中标条件的，应按照评标委员会提出的中标候选人名单顺序依次确定其他中标候选人为中标人，或者重新招标。

实验室应及时将中标结果在招标文件规定的媒体进行公示，接受群众监督。公示内容包括中标单位、中标数量、中标金额等方面，公示时间不少于3个工作日。投标人对中标公示的质疑、投诉由上级主管部门受理。质疑、投诉及答复均要采取书面方式。投标人要在中标公告发布之日起7个工作日内提出质疑，在接收质疑答复后5个工作日内进行投诉。受理部门要在15个工作日内对质疑及投诉进行回复。招标结果公示结束后，由招标代理向中标人发出中标通知书，中标通知书发出后，不得随意改变中标结果。采购部门应凭中标通知书在30日内与中标人办理合同签订事宜。

四、合同签订

在公开招投标完成后，应进行合同签订前的审核把关等工作，避免在仪器招标采购过程中，某些代理公司或厂商虚假应标。例如，在合同签订过程中，私自减少仪器配置和附件数量，或者删除、更改某些性能指标，达到降低成本、提高利润的目的。合同审核人应熟悉相关法律法规，如《中华人民共和国民法典》《中华人民共和国招标投标法》《中华人民共和国招标投标法实施条例》等，掌握合同签订时限、变更等事项的相关条款。其中，合同签订时间在中标通知书发出之日起30日内的，合同标的、数量、质量、价款、违约责任等主要条款应与招标文件和中标人的投标文件内容一致，不得再订立背离合同的其他协议。

五、高校实验仪器设备的采购及有效管理

（一）高校实验室仪器设备管理存在的问题及加强有效管理的必要性

高校实验室仪器设备管理主要存在以下问题。

（1）管理制度不严、账目混乱。许多高校长期没有对学校的各项仪器设备进行制度化的定期检查、核对与注销，使得仪器设备账目形同虚设、账物不符、有账无物、有物无账现象非常普遍。学校到底有多少可用仪器设备、被哪些部门占有使用、仪器设备资产总值有多少无法给出确切的答案。

（2）重复购置。学校规模的扩大、学生数量的增加、新专业的开设，无论是教学、实验，还是科研都对仪器设备在品种和数量上提出新的要求。一些学校在添置新设备时，有关职能部门一旦把关不严、计划制订不周全，就很容易使得一校之内相同或相近功能和用途的仪器设备大量重复购置。

（3）闲置浪费现象严重，使用效益低下。一些高校指导思想存在偏差，为了达到评估的指标要求，完全不考虑实际能力和长远需求，盲目追求仪器设备的现代化、高档化，追求大而全、小而全，追求人无我有、人有我优、人有我贵，不惜投入巨资无计划地购置国内先进的实验仪器设备，有的并非教学、科研急需或本校普遍需要，有的只为个别研究项目或个别人而添置。与此同时，由于大量经费被投入购买新的仪器设备上，旧的仪器设备得不到及时的保养与维修，功能过早丧失，提前进入淘汰行列，造成资源浪费。

（4）资产流失现象时有发生。作为国有资产的高校的仪器设备，只能用于学校的教育教学、实验、科研、信息服务等以及与其密切相关的活动。如要进行使用性质的转化，也必须是在保证学校教学、科研等活动正常运行的前提下进行，且转化以后必须保证国有资产的保值和增值。然而有的学校并非如此，在少数人的操纵下，借着高校后勤、饮食、校企等社会化改革、改制的名义，不顾学校教学、科研事业发展的需要，随意将一些仪器设备转移、划拨给企业、单位或转让给个人，造成国有资产流失。

（5）管理手段落后。许多高校的仪器设备管理仍然是传统的账簿式手工管理，与学校的发展不相适应。这有客观的原因，也有主观的原因。有高校购买仪器设备出手大方而更新管理手段与方法却极不情愿。落后的管理手段无法对各种仪器设备的需求与市场信息、型号与功能信息、使用与状态信息、投入与效益信息、属权与变更信息等数据进行及

时、全面、系统的收集、整理与分析，不能对仪器设备进行动态管理。既不能科学地安排各种仪器设备的使用时间，实现仪器设备固有价值发挥的最大化，也不能保证有关仪器设备在不同系科、部门之间流动转移时账目的及时分割。落后的管理手段是高校各种仪器设备在数量上快速增长的情况下存在重复购置、使用效益低下、账目混乱不清等问题的主要原因之一。

加强实验室仪器设备的有效管理，是保证实验教学顺利进行的需要。高校实验室是学生吸取知识的重要场所，是培养创新型人才的重要基地。高校中的绝大部分自然科学课程和相当一部分社会科学课程要通过实验的形式进行，而仪器设备又是实验最基本的技术物质基础，仪器设备管理得好坏直接影响着实验教学的正常进行和实验教学、科研的水平。因此，建立健全有效的实验室仪器设备管理制度是必要的。可制定一系列制度，使仪器设备的管理有章可循，实验仪器设备管理条理化、科学化、规范化，以保证实验教学和科研的需要。

（二）强化高校仪器设备管理的措施

（1）解放思想，更新观念。仪器设备管理改革关系学校其他各项改革能否顺利进行与发展目标能否顺利实现。因此，仪器设备管理者应积极参与改革，彻底摒弃墨守成规的旧观念，在思想上高度重视学校的仪器设备管理工作，充分认识仪器设备管理工作就是要采取有效的管理措施，使仪器设备以最佳的状态为学校教学与科研提供最优服务和条件保障，既要保证国有资产的安全完整，又要研究探索资源合理配置，为仪器设备的投资（购置）提供依据，还要充分合理地发挥仪器设备的功能，充分发挥投资效益。

（2）健全规章制度，完善管理体制，规范管理程序。首先，要建立健全一套行之有效的规章制度，使之涵盖管理工作涉及的各个方面和各个环节。另外，还应建立明确的责任分工负责制，一级抓一级，人人有责，各负其责。从计划制订与论证到市场调研、采购招标、分配使用以及售后服务与因维护，谁经手谁负责。力求避免因管理上的原因而产生重复购置、超需求购置、劣质产品以次充好、后续服务不到位与维修困难而影响使用等问题。其次，应建立有效的检查监督机制。通过日常和定期审查，促使仪器设备管理部门与相关人员严格遵守国家有关规定并按照相关规章制度实行规范管理，达到仪器设备投资方案更合理，购置的仪器设备更优质、性价比更高，利用率和完好率更高，维修和使用效果更好，损坏与流失最少。同时也要切实强化规范管理，严格要求管理人员按照规章制度和操作流程开展仪器设备管理的各项活动和工作。还应制定和执行管理工作质量定期检查、评估考核制度，促进工作人员不断提高工作效率与管理水平，将规范化、科学化、制度化的管理要求贯穿仪器设备管理的全过程。

（3）更新管理手段，推行计算机网络化管理。仪器设备管理计算机网络化的实施，将在一定程度上进一步促进高校管理工作科学化、现代化和群体化。同时还可开发闲置或待报废设备的再利用价值，仪器设备资源的共享程度也会因信息的及时获取与交流而得以大大提高。当然，实行仪器设备的计算机网络化管理也并非完全排斥传统的管理方式。相反，一些好的做法与经验应继续保持，尤其是出于对原始资料真实性的信任和管理制度的规定，一些环节上的保留原始资料与记录必须以传统的形式进行保存，如领导的签名、上级的批复等。

（4）改善人员素质，提高管理水平。高校的仪器设备管理人员首先应具有良好的道德修养与高尚人格，爱岗敬业、廉洁奉公，不谋私利，具有高度的责任感和强烈的事业心。这样才能保证仪器设备的采购与维修过程公开透明、质优价廉；分配公正、不徇私情；保证国有资产的完整无失。另外，还要有一定的问题处理能力，高校设备管理人员在工作中要善于观察，经常开展有目的的调查研究，注重各种相关信息的收集与总结。一个好的管理人员，应能从实践中发现问题并提出解决问题的办法，并具有组织实施的能力，能把成功的管理方法和经验推广应用，以解决更多的管理难题。所以仪器设备管理人员要利用各种机会、通过各种途径来加强学习，努力提高自身的综合业务素质，以保证管理水平的不断提高。

（三）对实验室仪器设备进行有效管理的基本思路

（1）前期计划管理。前期计划管理是实现仪器设备有效管理的前提，是仪器设备管理系统中最基础的工作，也是仪器设备管理工作的开始。科学论证是做好仪器设备采购计划的基础，采购计划制订水平的高低，直接影响仪器设备的投资效益，计划是否合理，直接关系能否满足教学、科研的需要，更是保证实验教学能否正常进行的关键。因此，要对购置计划进行可行性论证。

各院系提出可行性论证报告。可行性论证报告是购置仪器设备，尤其是购置大型仪器设备的重要依据。要打破条块分割、封闭式管理，加强横向联系。各院系要互相通气，摸清各自的仪器设备的现状，避免重复购置，造成资源浪费。

校级组织专家论证。在各院系提出可行性报告的基础上，学校要结合实际，根据仪器设备，尤其是大型仪器设备使用的学科及专业情况，组织校内外有关专家对其可行性报告进行论证。重点是对仪器设备的技术性能指标进行审查，使购置的仪器设备能满足教学、科研、学科发展及实验的实际需要，同时又要避免个别院系片面追求高、精、尖，以保证仪器设备的利用率和使用效益。在此基础上，设备主管部门结合学校建设发展计划和经费投资计划，会同学校主管领导审核确认仪器设备申报购置项目。

（2）采购和验收管理。招标采购通常是进行仪器设备有效管理的重要举措，通过招标采购可以规范采购程序，保证采购产品的质量，充分发挥集中采购的优势，提高资金的使用效益，同时也变暗箱操作为公开操作，增大采购工作的透明度。在进行仪器设备采购前要注重分析产品市场的生命周期，以合理降低成本、提高经济效益。

（3）日常使用规范管理。仪器设备的日常管理是一项综合性较强的管理工作，它既要求从价值量上进行管理，又要求从实物上进行管理。主要做好以下几个方面的工作。

仪器设备的归档管理。购置的仪器设备验收到位后，及时设立仪器设备分类账，建立仪器设备卡。目前采用比较普遍的管理方法是固定资产管理卡片，这种方法记录清楚、灵活方便。就是把实验室所有仪器设备建立设备卡，在卡片上填写仪器设备编号、分类号、设备名称、型号、规格、购置日期等项目。有了分类账和设备卡，可以定期复核查对，做到账、卡、物一致。但是这种工作非常烦琐，为了提高工作质量和管理水平，可采用计算机管理代替繁重的人工劳作。

仪器设备的技术管理。技术管理的目的是采用有效的管理措施，使仪器设备最大限度地保持良好的可用状态，主要是仪器设备的技术档案管理、仪器设备的维护、保养和维修等。

仪器设备的安全管理。实验室仪器设备的安全管理很重要，为确保师生人身安全和学校财产免受损失，平时的细小工作都要做到位，主要做好以下工作：对学生进行安全防范教育，并制定一系列规章制度。定期进行安全检查，发现问题及时解决，经常性地对仪器设备进行维护保养，使用前认真检查，发现问题及时解决；实验结束、下班前，必须切断电源、水源等，并关好门窗，以防止意外事故发生；同时，还要保持实验室环境卫生，注意仪器设备的防尘、防潮和防震。要使有限的实验室仪器设备在教学和科研中准确、高效、安全地完成测试和控制任务，必须做好选用和维护工作；而要充分发挥各种仪器设备的使用效率和效益，必须做好相应的使用管理工作。

总之，全面提高科学管理水平，发挥仪器设备的最大效益，管理观念创新是方向，规章制度体系完善是前提，管理手段更新是保障，人员综合素质提高是关键。

第二节　仪器的安装、调试、验收

为了保障安装、调试、验收逐层落实，实验室需提前做好验收准备工作，成立仪器验收责任组，明确仪器的管理人员，要求其和项目负责人认真阅读合同、招投标文件和有关技术资料，熟悉仪器的性能。

督促供应商按合同发货，并要求供应商提前书面告知发货时间、仪器安装调试所需的条件与要求，包括安装场地、仪器布局、仪器搬运方案、仪器配置、上下水、强弱电、气路、家具、通风、空调、照明等。

提前做好验收准备工作，落实安装地点，准备好所需环境设施，做到货到及时开箱验收、清点、安装、调试和试运转，并认真做好记录。

仪器设备的验收是仪器设备技术管理的重要环节，许多仪器设备日常管理中的问题，都可通过加强验收管理加以避免，这样不仅能够减少仪器设备的管理成本，更能够为设备的正确使用和核查监控提供原始资料。

一、仪器设备的验收方案

实验室应制定仪器设备的验收方案，其依据为采购计划中采购设备的预期使用要求，即技术标准中规定的测量范围和准确度等级，作为验收相关要求、仪器设备的技术要求及合同要求。预期使用要求才是采购设备的关键。

所谓"预期使用要求"，是由检测所依据的检测方法技术标准、规范、规程中获得的。为此，必须纵览所有技术标准、规范、规程，将使用同一台仪器设备所要进行的检测活动有关的测量范围和最大允许误差列出，并与其要求和规定相一致。这些所列出的检测活动有关的测量范围和最大允许误差，即为使用该设备所要进行检测活动的预期使用要求。

要注意，同一台设备在不同的实验室，可能检测样品不同，或样品虽相同而所检参数项目或测量范围不同，所以同一设备的"预期使用要求"可能是不一样的。

仪器设备的验收是基于预期使用要求的性能验收，是证明仪器在实验室环境下能够按照操作说明书中所示的功能正常运行、运行技术指标符合设计要求。验收包括符合性验收和技术验证两个方面。

二、仪器设备的符合性验收

符合性验收也称为实物验收，即是检查购置实物是否与购置计划相符。实施符合性验收可以从以下几个步骤进行。

（一）到货接收

仪器设备的供货合同签订后，实验室必须确定相对固定的设备专管或设备操作人员，通过培训尽快熟悉厂商提供的技术资料，督促供应商按期供货。实验室仪器设备管理员负责仪器设备的接收与安装配合工作。

对精密贵重仪器和大型设备，应派专人按照所购仪器设备对环境条件的要求，做好试机条件的准备工作。

仪器设备到货后，首先进行内外包装检查。主要是看包装是否完好，有无破损、变形、碰撞创伤、雨水浸湿等损坏情况，包装箱上标志、名称、型号是否与采购的品牌相同。

（二）开箱验收

仪器设备接收人应通知仪器设备管理员、设备专管或设备操作人员质量管理室，由实验室的技术管理部门或技术负责人组织出具《仪器设备验收记录》，会同仪器使用人、设备管理员共同进行验收工作。

开箱时要注意的事项。

（1）查看设备的铭牌标识；确认制造厂家、产品名称、产品型号或标记、主要技术参数、额定电压、额定频率、输入电流、商品出厂日期和编号、商标标注等；设备自带的检测用附件、附具、工具要注意清点，有可能时做好标记，以免与其他物品相混淆。在检查仪器设备和附件外表时，要确定有无破损，必须做好现场记录，发现问题时，应拍照留据。

（2）检查包装箱内应随带资料是否齐全。包括产品合格证、产品使用说明书、装箱单、保修卡、其他有关技术资料。设备本身附带检定/校准证书的，要注意向供方索要检定/校准机构的资质证书及附表；刻有软件的光盘要作为设备的一部分进行编号管理。

（三）数量验收与初检

（1）数量验收应以合同和装箱单为依据，检查主机、附件的分类和数量，并逐件清点核对，清点时必须有供方人员在场。对于进口免税仪器设备，由外商安装调试的，必须在外商技术人员或供应商人员在场时，共同开箱清点。

（2）清点时应仔细核查主机和所附配件的型号、编号与合同、装箱单是否一致。

（3）做好数量验收记录，写明箱号、品名、应到和实到数量，以备必要时向厂家索赔。

三、仪器设备的技术验收

技术验收也称为技术验证，是指对其性能、质量、系统以及配套设施的整体进行验收。

技术验收包括安装调试验收、培训验收、计量溯源性验收等。

（一）仪器设备的安装

设备的安全操作基于正确的安装。

仪器设备安装前，要确定辅助设施的要求（场地、环境、电源、水源、气源、消防等）。提前做好装机前的准备工作，如安装使用场所的水、电、地基等。

大型仪器设备在安装前，仪器设备操作人员一定要经过培训，争取在安装验收中的主动权。大型仪器设备应由专业技术人员安装，要充分考虑仪器设备安全性对今后工作的影响。建材检测实验室所用仪器设备通常按照行业标准规定的安装要求进行，有的按使用说明书规定的安装方法进行。

到货仪器设备安装由使用单位协助供应商完成。

对于机械危险源设备，应根据制造商的安装要求安装设备，或由制造商的专业人员安装设备。

应要求制造商提供详细的安全操作说明书。说明书用中文表述，语言清晰，表述明确。操作前，应正确理解说明书的内容。

应正确安装设备，便于安全操作。安装设备或试运行时，检测人员应与制造商充分沟通，遵守或注意相关的事项，包括：

（1）确保设备有足够的安全装置和控制措施以满足风险评估和有关安全的要求；

（2）设备应安装在合适的环境，包括合适的场地、空间、通风、照明条件，必要时应与其他设备及操作隔离；

（3）确认设备正常运行所需要的全部资源；

（4）确保有效的噪声、振动控制措施；

（5）确保已建立合适的设备操作和维护规程，明确操作时应佩戴的个体防护装备；

（6）确保设备在其设计的额定范围内使用；

（7）确保设备在使用前，经过对其设计符合性和防护装置安全性的验证；

（8）确保安装的符合性，应采取核查、检查措施。

机械设备应在其额定条件下使用。

制样或砂石检测设备和辅助设备的机械零件可能造成切伤、割伤或压伤等伤害。尤其是旋转部件所受的离心力随着转速的增加而增加，机械零件易产生应力，应防护其飞溅所产生的危险。应穿戴合适的服装、安装合适的防护装置和阻挡物、安全联锁装置等，以降低危险程度。

设备使用前，应预先辨识危险源和风险评价。应在设备的设计和制造阶段消除或有效控制潜在的危险部件。当无法或难以达到上述要求时，应使用适当的防护措施，以消除或减少危险。

机械设备宜有失效保护装置，且在意外断电并恢复供电后，应手动复位才能启动。

应考虑的安全防护措施包括：

（1）宜预留冗余设备，当设备运行发生异常时，使用冗余设备替换保护装置；

（2）在可移动的防护罩或盖和所防护的部件之间宜安装安全联锁装置；

（3）日常维护及润滑工作应在设备危险工作区域之外进行，或在设备停止运行后进行；

（4）构成每个用于安全防护的机械和控制装置/部件宜考虑失效保护的设计。

对运行不正常或达到使用年限的设备应及时维修或报废，对确需延长使用寿命的设备也应进行充分的安全评价。

（二）仪器设备的调试

仪器设备的调试应在专业技术人员的指导下逐一进行，直至全部性能、功能达到规定的指标。设备安装完毕，项目责任人及设备操作人员按招投标书、合同、仪器设备说明书要求，对仪器设备各项功能及指标进行通电试验及检查，检查其性能指标是否与说明书相符，是否达到招标文件和合同的要求，并予以记录，准备提供给验收小组。如发现问题应及时反映给供应商解决。试用检查时，一般需要试用一段时间，具体的时间可以根据情况或合同规定确定，试用检查时可以使用标准样品和实物样品。两者的差异在于用实物样品时存在干扰因素，可以检查仪器设备的抗干扰能力。

大型精密仪器设备要组织专家验收或验收小组验收：对单件或批量采购金额较大的仪器设备项目可以组织专家验收。专家验收主要针对货物的质量进行验收。设备仪器在正常运行后，应根据测试的结果提出组织验收工作小组进行验收。验收专家可由实验室外聘专家组成。

仪器设备的质量验收，要严格按照合同条款、仪器设备说明书、操作手册的规定和程序进行。按照仪器设备说明书，进行各种参数及其性能指标的测试，是否与说明书相符，是否达到招标文件和合同的要求。如果已经提前测试了参数及性能指标，验收小组要认真进行核对，检查是否与说明书相符，是否达到招标文件和合同的要求。检查仪器设备配置是否达到招标文件和合同的规定。

质量验收时要认真做好记录，若发现质量问题，根据合同规定退货、更换或要求厂家派员检修等。合同规定对仪器设备的验收需由第三方提供验收测试报告的，应审核其资质。

（三）培训验收

新设备或自动化程度较高的设备，在原采购合同中有规定应由供方提供培训的，要提前准备试验材料或标准物质、自制标准样品，由仪器设备使用人员按技术标准规定的方法，结合培训情况进行实物检测。同时对厂商的技术服务能力做出客观评价，保留厂商技术人员的联系方式，列为服务商目录，以便将来有维修或咨询时使用。

尽量使用有标准值的标准物质、自制标准样品进行，一旦发现无法顺利完成检测时，可以直接检查是设备原因还是人员操作的原因，以便对设备的内在质量做出正确的判断。

（四）计量溯源性验收

设备（包括用于取样的设备和租用设备）在投入使用前应检定/校准或核查，以证实其能够满足相应技术标准规范的要求。

仪器设备的计量溯源性能本身不是通过外观检查、设备使用人员培训检测能够判断的，计量溯源性验收是设备是否符合预期使用要求，是否满足检测方法需要的核心验收内容。一般不要相信设备自带的检定/校准证书。

应当从实验室合格的供应服务商中选择合格的溯源方，由其到场或送检进行检定/校准。检定/校准的技术能力参数应满足技术标准中规定的预期使用要求。不能仅仅按检定规程或校准规范的规定，而要向溯源方提出符合检测项目需要的要求。

用于检验检测和取样的设备及其软件应达到检测方法预期使用要求的准确度，并符合检验检测的规范要求。对检验检测结果有重要影响的仪器的关键量或值，对检验检测结果的准确性或有效性有显著影响的设备，包括辅助测量设备（例如用于测量环境条件的设备），在投入使用前，也应制订检定/校准计划，并实施检定或校准，以确认其是否满足检验检测的要求。取得检定/校准证书后，要按计量溯源性管理要求对证书中的数据结果进行确认。只有当确认结果为合格或符合技术标准规定的预期使用要求时，才能最终确定该仪器设备计量溯源性合格，并做出仪器设备验收合格的结论。要按所确认的标识标注其状态。

（五）标准物质和基准物质的验收

在选择、购买标准物质时，应考虑以下要素。

（1）特性量水平：标准物质的特性量水平应与日常测量样品的水平匹配。

（2）可接受的不确定度水平：标准物质特性量的相关不确定度水平应与日常测量中的精密度和正确度限度要求匹配。

（3）基体及可能的干扰：标准物质用于开展方法确认、质量控制以及一些基体效应较为严重的测量方法的校准时，基体应与日常测量样品基体尽可能接近。

（4）形式：标准物质可制备成不同的形式，制备方式的不同可能导致相同特性在标准物质与真实样品中的行为差异，从而产生互换性问题，选购前应充分调研。

（5）最小取样量：只要标准物质证书中规定了最小取样量，用于测量的取样量应不小于该最小取样量，因此选购时应考虑最小取样量是否能满足测量方法要求。如细度和比表面积标准粉的包装量有大瓶和小瓶两种规格，要注意区分筛析方法和筛孔孔径。

（6）用量：标准物质的购买用量应足以满足整个实验计划中的应用，包括根据需要考虑的备样。

（7）稳定性：选购前应确认所购买批次标准物质的有效期限，避免使用时发生过期的情况。对于购买到的标准物质，在收到后应首先对照证书确认标准物质的运输条件是否符合要求，然后核对品种、数量等是否与购买要求一致；包装、外观是否正常，标识是否清晰、完整；有无证书；是否在证书声明的有效期内等。核对完毕后，立即按照证书中规定的保存条件进行保存。如有问题，应及时与研制或发售单位联系。

（8）特性量的种类及定值方法：某些标准物质可能只适用某一特定方法或专属领域的应用，某些标准物质的值有特殊规定，应对证书中该类说明加以注意，防止误选误用。如ISO标准砂的种类较多，不同的标准砂适用于不同的检测。

实验室需要建立RM的采购、验收、保管、使用台账，实行领用登记的制度。

当对同一种RM更换了生产商或批次，可行时，实验室需对新旧RM进行比较，确保满足使用要求。当RM用于内部校准、方法确认时，要尽可能使用有证标准物质/标准样品（CRM）。

（六）仪器设备验收记录表

仪器设备验收记录表内容要齐全，并保留所有相关人员的签字确认信息。

四、仪器设备的验收结果及处理

（1）由实验室设备管理部门组织验收的，验收成员签名确认后，由实验室负责人及设备管理部门批准，验收工作才算完毕。

（2）验收过程中如发现存在违反合同条款的、不能满足预期使用要求的仪器设备，验收小组将结果定为不合格。由实验室向供货商按采购合同提出处理方案，设备管理部门协助处理。

（3）验收结果如发现与合同存在偏离，但可正常使用的仪器设备，验收小组将在验收报告中提出整改意见，供应商必须按整改意见进行整改，在实验室负责人确定整改合格后，验收小组才对验收报告予以确认。

五、仪器设备验收验证中的问题

（1）安装完成后，再对仪器进行验收。通常仪器安装之后紧接着验收，但是根据仪器的复杂情况，安装和验收也可合并进行。但在设备投入使用前，应验证其符合规定的要求。

（2）每台仪器验收的情况取决于其预定的用途。验收主要内容是仪器功能测试，还包括固定参数测试、数据存储/备份/存档的安全性核查。

固定参数测试：由于测试仪器的参数是固定不变的，如果制造商提供的参数指标满足实验室要求，可以不用测试。如果实验室想确定这些参数，可以在实验室场地进行测试。固定参数在仪器的生命周期内不发生变化，以后不需要再次测试。

数据存储/备份/存档的安全性检查时，如可行，应按照书面程序在实验室场地测试数据处理的安全性，如存储、备份、路径和存档。

仪器功能测试时，要验证仪器能够按照制造商的预定指标运行，验证仪器在实验室环境下其功能满足制造商或实验室规定的要求。可利用制造商提供的信息识别测试参数的指标，并设计试验来评价这些参数，由实验室或者其任命人员实施测试。对大型精密分析仪器，主要是验证仪器在空转情况下，在仪器设计的极限范围内运行是否良好，也就是一个最小限和最大限试验的验证。

功能测试包括关键操作功能测试和安全功能测试，主要内容包括工作条件核查、功能核查（仪器仪表的核查、运行前的核查测试）、运转核查、控制程序核查、安全性能核查、各项技术指标核查、运行可靠性试验等。

功能测试可能需要用到计量设备。比如温度，需要利用外界的温度设备来验证仪器本身设计的最高温度和最低温度，是否在设计范围内。验收可以采用仪器校准和期间核查的结果。但需要注意的是，校准和检定主要依据国家校准规范或计量检定规程，与实验室实际用到的功能可能有差异，在使用时应予以识别。如果不能保证校准部门出具的校准证书中所含数据结果即为实验室预期使用要求时，也可以采用内插法获得所需的结果。仪器期间核查的项目和核查方法没有统一规定，由于各实验室技术水平不同，仪器期间核查的作业指导书可能需要经过进一步细化具体操作，进一步完善和规范相关记录，才能作为验收和运行核查的输入。

验收测试可设计为模块式或整体式实施。采用模块测试方式有助于直接互换部件而无须再进行确认。涉及整个系统时，可以进行整体测试。复杂设备的验收测试一般由设备生产家执他是产品购买的一部分。

常规分析测试不是验收测试的组成部分。验收测试需要专门设计以证明仪器在实验室环境中能够按照技术指标运行。验收测试不一定需要按固定间隔重复测试。验收之后可安排一定的时长对部分验收项目进行例行性验证。验收测试的频次取决于仪器设备本身的状态、仪器设备生产商的建议、实验室的使用经验和使用程度。

当仪器经过重大维修或改造后，在重新启用前应当重复有关验收和运行测试。若仪器有移动、维修、更换主组件或增加配件时，应评估是否需要重做验收以及需要重做的项目，需要时，应对仪器部分性能做非例行性验证，以验证仪器是否能继续正常工作。

验收完成表示仪器进入正式使用的阶段。验收完成后应保证仪器及仪表经过校准或核查，而且制定了操作/维修规程，对人员进行了培训与考核，关键设备进行了操作授权，并对人员颁发了包含设备授权的上岗证。

第三节　仪器的档案管理

一、仪器档案内容

凡作为固定资产的仪器，在其购置、验收、调试运行、管理、维修、改造、报废等活动中形成的具有保存、利用价值的文字、图表、声像材料以及随机资料，都应纳入实验室仪器档案，并建立相应的仪器台账。仪器台账是动态的，能及时跟踪反映仪器的变化情况。台账的具体内容包括仪器名称、编号、型号、规格、生产厂家、出厂日期、出厂编号、购置日期、性能状态、责任人、存放地点、固定资产编号等。

仪器档案的内容主要包括以下几个方面：①仪器登记表（包括仪器名称、型号、规格、生产厂家、到货日期、使用日期、存放地点、验收情况等）；②仪器的使用说明书（如为外语，需有中文翻译版本）；③仪器随机资料；④仪器使用记录；⑤仪器维护、保养记录；⑥仪器检定记录；⑦仪器的比对和验证记录；⑧仪器维修记录；⑨其他必要信息。

二、仪器档案管理实施

（一）仪器档案的分类

在实验室中，按载体形式仪器档案一般分为纸质档案、磁性材料档案、胶片档案、光盘档案等。为便于档案的更新与管理，可按使用性质对仪器档案实行分类管理，具体可分为A、B、C三类。

A类档案是相对静态的仪器资料，主要是从提出采购需求到仪器验收合格所产生的纸质文件等，包括仪器采购需求、技术验证纪要、招标文件、随机资料、使用说明书原件、操作规程、保修卡、售后服务保证、装箱单、设计图、原理图、技术鉴定资料及仪器验收报告等。

B类档案是相对动态的仪器资料，主要是仪器投入使用后的相关记录，包括仪器履历表、仪器计量要求、仪器使用记录、仪器故障维修记录、仪器改装记录及历年的检定/校准证书等。

C类档案主要是各仪器附带的软件，主要包括仪器随机软件及安装程序等。

每台仪器的档案资料都很多，特别是大型精密仪器。实施档案分类管理便于检查人员查阅档案，如查阅某台仪器的检定/校准证书，从B类档案中查阅所对应的资料盒即可。分类管理也便于仪器档案的整理。仪器管理员需定期（建议每半年）整理仪器相关信息，如检定/校准证书的归档、维修维护记录的归档等。

（二）仪器档案管理的具体实施

1.建档资料的移交

仪器调试完成后，安装、调试负责人须在一定时限内将随机资料移交给仪器管理员。具体移交内容包括两个方面：①仪器随机资料（需将外文资料的名称翻译成中文）、软件、现场调试报告及其他相关资料；②仪器负责人填写的该仪器的履历表，履历表内容包括仪器名称、规格、测量范围、精度、领用日期等。

2.档案的建立

仪器管理员在接收到移交的仪器资料时，应在规定时间（建议15个工作日）内按照A、B、C类来建立仪器档案，并随时更新仪器档案内容。

3.仪器档案的借阅

借阅人在借用仪器的档案、安装软件时，须提出借阅文件的类型和名称，并报仪器管理员提取档案。归还时，借阅人将相关档案交给仪器管理员，仪器管理员逐一核对，并在相应的借阅表格中及时登记归还信息，由借阅人进行信息确认。

4.档案的更新

仪器管理员根据仪器档案情况，在规定时期内开展档案整理工作，及时更新仪器信息情况。

三、仪器设备档案管理中存在的问题

（一）档案管理制度有待完善

一些检验检测实验室在日常工作中并没有做好档案管理制度建设工作，制度内容的设定也没有充分结合自身的具体状况，有关部门和工作人员在日常工作中不能很好地明确自己的工作职责及工作内容，没有十分完善有效的档案监管机制，因此也无法保证档案管理工作的质量及水平。

（二）档案管理意识有待增强

在日常工作中，仪器设备管理人员不能树立正确的档案管理意识，在一些检测实验室当中尽管制定了一些档案管理的制度，但是管理人员在日常工作中并不十分重视仪器设备的档案管理工作，所以在制度落实的力度上还存在较大的欠缺，甚至一些制度根本无法得到有效的落实，所以仪器设备管理工作的质量和效果也因此受到了较为显著的影响。

（三）档案管理人才梯队建设不足

现阶段，一些实验室的仪器设备的使用部门在日常工作中并没有设置专门的仪器设备档案管理人员，还有一些部门虽然设置了档案管理人员，但是这些工作人员在专业知识方面存在较大的欠缺，所以无法了解并掌握工作中应完成的内容和具体有效的工作方法，在仪器设备资料的收集、整理等方面都存在非常明显的不足。此外，在日常工作中还存在管理人员经常更换的问题，因此在交接环节也会存在较为明显的工作不到位等现象，还有一部分部门在档案工作与现实需求上无法达到相对平衡相互适应的状态。

（四）档案利用率低

目前，仪器设备档案的一个比较大的问题是档案材料收集不全，档案材料常常只收集了仪器设备招标采购及验收相关材料，随后使用过程中形成的检定、校准、核查、期间核查、维护、维修，甚至改动材料收集不完全或未收入档案。另外，因大部分检验检测实验室的仪器设备档案管理，还基本停留在纸质材料的阶段，档案查询不方便。

四、仪器设备档案管理中问题的对策

当前，我们必须正确认识工作中的问题，为了不断提高档案管理的质量一定要针对问题，采取有效措施加以改进和完善，进而更好地提升档案管理和利用的效率及水平。以下笔者结合上文仪器设备档案管理工作中的问题提出有效的解决措施，以期不断改善当前的工作现状。

（一）建立完善的制度，促进管理的规范化

实验室在制定仪器设备档案管理制度时一定要充分结合自身的具体情况，同时还要进一步对设备档案管理工作进行严格要求和详细的规范。在工作中应制定科学的档案管理流程，同时还要确保档案资料收集、立卷、归档以及利用等多个方面管理的科学性及有效性，此外针对档案的内容还要建立起高度统一的档案记录格式，充分保证其归档内容的有效性，归档时间和档案存放的要求要尽量细致。同时还应做好档案管理部门的任务分工，仪器设备管理人员职责的划分也要清晰明确。在日常工作中还应建立完善的考核监督机制，以此来更好地保证档案管理工作监督的质量及效果。

（二）重视仪器设备档案管理工作

在日常工作中，领导和管理者要重视仪器设备档案管理工作，仪器设备档案管理对实验室管理工作的质量及效果有着非常显著的影响，此外，实验室工作中还应采取有效措施做好培训工作，只有这样，才能更好地保证人们能够正确认识仪器设备的档案管理工作，进而更好地改善仪器设备档案管理的质量及水平。

（三）完善人员建设

仪器设备从采购到停止使用需要很长的时间，同时其中也会涉及多个部门和很多人员，所以若要更好地保证仪器设备档案的管理质量，就必须充分联合不同部门的力量，检验检测实验室在工作中也可以积极地组建一支高质量的管理梯队，做好各部门在仪器设备档案管理工作中的职责划分工作，确保档案建立到销毁各个环节的管理工作。

（四）设置动态仪器设备台账

仪器设备档案管理工作中其最为重要的一个目的就是更为有效地利用档案，对实验室建立可随时更新和调整的设备台账，在这一过程中尤其要关注电子台账的设置，来为使用者查阅和统计信息提供更大的便利。台账信息中包含很多方面的内容，因此建立台账能够很好地保证仪器设备档案管理的质量。

（五）建立科学的档案借阅制度

为有效确保仪器设备档案资料的完整性，我们一定要建立科学完善的档案借用以及归还等制度，防止档案出现丢失。对使用频率较高的设备操作手册等技术文件要尤其重视其管理工作，在办理归档手续后可采用复印的方式分发给相关部门。若在复印方面存在一定的困难，也可在使用部门办理好登记手续后将其长期保留在使用部门，但需要注意的是，必须对资料进行妥善的保管和处理。

（六）积极运用数字化技术进行档案管理

现如今，计算机技术、通信技术以及互联网技术等高科技技术都得到了非常显著的发展，同时在这一形势下也对档案管理工作提出了更高的要求。为此，在满足相关标准及要求的基础上，在仪器设备档案的管理工作中还要合理应用现代化的数字技术来更好地改进传统的档案管理模式，在实际的工作中应充分结合自身的发展情况去科学地利用电子技术，做好数据库的开发工作，在仪器设备档案管理工作中积极运用数字化管理技术，进而更好地保证管理工作的质量和效率，且为档案的查询提供更多的便利。

五、大型仪器的档案管理

（一）大型仪器档案的归档内容

一套完整的大型仪器档案应当包括以下内容。

（1）购前资料：包括可行性论证报告、仪器的相关宣传样本、购买合同。这部分资料是仪器到货前的。它反映了仪器购买前的市场调查仪器各生产厂家的基本情况、仪器的型号、性能参数。购买合同则反映了经销的公司、购货日期、保修期、联系方法、售后服务等条款信息，使我们了解仪器的购买过程享有的优惠服务和权利。

（2）基本资料：包括验收报告、技术档案。这部分资料是在仪器验收安装时产生的。在验收反映了仪器的到货时间开箱时间、验货结论、安装调试性能参数的测定、随机所带的附件仪器说明书、维修指南和存有操作软件的光盘、软盘及性能参数验收结论等。技术档案中则反映了仪器的性能指标、基本操作方法、维护保养的注意事项及管理人员的更迭。

（3）运行资料：包含使用和维修记录。这部分资料是仪器在日常使用过程中产生的，是延续时间最长最准收集的资料。它记录了仪器使用过程中运行情况、故障现象、保养和维修情况。就像仪器的健康档案，反映仪器细微的变化，防患于未然。维修记录更是一些宝贵资料，详细记录了仪器故障现象及处理过程，可为维修人员提供许多有价值的线索，避免误判。

（4）报废资料：包括仪器报废申请、有关人员参加的审核、各级职能部门批示和最终处理结果。反映仪器状况、报废原因也是一台大型仪器档案的终结。

以上所谈的是大型仪器应归档的资料和用途，全面反映了仪器从购买前的市场调查到合同的签订验收、安装、运行维修报废过程的记录，记录了仪器的兴与衰，记录了几代管理人员、维修人员的心血、经验、体会。如果我们不重视仪器的建档工作、档案管理工作，将会使一些宝贵的资料丢失，给我们在仪器的使用上带来意想不到的困难。

（二）仪器档案工作的几大难点及解决办法

管理仪器档案工作多年，常遇到的困难有如下几点。

1.收集资料难

仪器档案中随机的技术资料是十分重要的部分，即随仪器一同运来的说明书、软盘或光盘，这是最容易散落或漏登的。仪器开箱验收之时也是登录随机资料最佳之时。如果及时通知档案员参加资料验收，则可保证随机资料完整规范的登记，这是资料收集、登记要把好的一道关。我们目前采用的办法是在仪器开箱验收时尽可能参加随机资料的登记。

2.资料归档难

随机而来的技术资料，按现在职能部门的要求要将原件存档，可在实际操作中，执行很难，每一位使用仪器的老师都希望拥有这份资料，翻阅使用方便，总是想法一拖再拖，使随机资料无法归档。无形中增加资料遗失散落的风险，特别是人员更迭频繁时。

如何解决资料归档与使用的矛盾，既保证资料的完整不丢失，又要方便使用人。我们目前采用的办法有两种：根据资料数量的多少，采用责任到人的借阅和复印的方法。对于资料少的采用复印，院里付账，复印资料存档，原件由使用人写借条借阅，随机存放。将原件由使用人保管，一则原件装订好，清晰，便于翻阅；二则多少有些平息不满的因素。资料多得无法复印，则采用借阅，让负责仪器的老师写借条借用所需部分，并负责保管。借条均存放在档案盒中，当人员更迭时，办理转交手续。对于光盘和软盘，仪器安装完毕后，存档。关键的部分如工作站类软件，则要复制备份。这部分的资料不能长期借用，用后及时收回。如何处理资料的归档和借阅的问题，我们仍在不断摸索，寻求解决矛盾的办法。随着计算机网络的普及，我们拟建立仪器信息平台，通过扫描仪将仪器的随机资料扫描到计算机中，老师可以通过计算机上网查阅，极大方便老师的使用，又使资料不易损坏和丢失。

3.规范填写使用记录难

运行资料是仪器档案中重要的组成部分，这部分资料凝聚着管理、维修人员的心血和智慧，对了解仪器当前运行状况有极大的价值。为了规范填写，有关部门应出台相关的制度，规范填写内容格式，使每一台仪器的运行资料规范化。

我们分析测试中心所管的仪器，要求使用记录采用的是流水账式的记录，按照日期自然排序。认真记录仪器的使用时间、使用人测试内容、仪器状态，如果仪器出现异常现象，要将现象详细记录，总之记录着仪器发生的一切。维修记录则记载着检查过程、故障原因的分析与判断、采用的修复手段及处理后的结果等情况。使用记录和维修记录在一起。好处是仪器的使用情况、故障现象、维修原因、维修结果等前因后果一目了然，使因果关系联系紧密，查阅十分方便。

（三）大型仪器档案管理工作需要各部门的协助

仪器档案的建立收集是个漫长过程，涉及内容多、人员广，要想搞好大型仪器的档案工作，除了档案员要加强责任心、敬岗爱业、努力学习档案管理知识、提高管理水平外，还需要各部门的支持和帮助。仪器档案管理不仅可以体现管理人员素质、水平，还可以体现职能部门、院系领导的工作作风及所有人员的基本素质。要想建立健全仪器档案，搞好档案工作，更需要各职能部门、院系领导、每位使用仪器老师的重视、理解、支持、帮助。加强沟通、协调，完善档案管理制度。给仪器档案管理一个好环境，使档案管理工作更加完善。

第四节　基础化学实验室仪器的管理模式

基础化学实验是以实验操作为主的技能训练课程，主要包括传统的无机化学实验、定量化学分析实验和有机化学实验，同时融入了适量的物理化学实验内容。这些基础化学实验需用到很多仪器，如天平、酸度计的使用几乎贯穿整个无机实验课的始终，磁力加热搅拌器则是有机化学实验的必用仪器。

一、基础化学实验室仪器的特点

基础化学实验室的仪器一般有三个特点。

（1）仪器的种类和品牌繁杂，数量多，总价值大。例如，中山大学基础化学实验室（以下简称中山大学实验室）现有单价在千元以上的大中型教学仪器1000多台（套），共40多种，总价值超过700万元；而千元以下的低值资产（含易损耗的玻璃仪器）更是数目庞大、种类繁多。历史原因，有的仪器有多个品牌，如同一规格的台秤就有梅特勒-托利多、双杰和良平三个品牌。

（2）中小型仪器占绝大部分，只有少数为价值20万以上的大型贵重仪器，如中山大学实验室的中小型仪器占99%以上，大型贵重仪器仅有几台。

（3）仪器使用频率高，使用人员复杂，易被损坏。例如，中山大学实验室承担了包括化学、材料、物理、生命科学、医学、海洋工程与技术、地质、环境科学与工程等专业的基础化学实验课，每学年上课人数约为2000人。实验室课程饱满，每学期开课时间为13～16周，课余时间或假期还承担了开放实验和科研实验，由于仪器使用率非常高，因此损坏率也较高。

针对基础化学实验室仪器的实际情况，中山大学实验室提出了三种管理模式，即全程化管理模式、分类管理模式、互联网+辅助管理模式。

二、全程化管理模式

全程化管理是指无论仪器价值几何，都必须做好仪器的购置计划制订、申请、论证、采购、验收、保管、维修、报废全过程管理工作。

（一）采购及前期工作

通常大型仪器的购置大致要经历申请、论证、采购（竞价或招标）、验收四个阶段。中小型仪器，尤其是低值仪器，购置手续一般较为简单，可由实验室内部自行决定。但严格来说，中小型仪器也应参照大型仪器的采购思想，重视采购前期的准备工作。

近些年来，中山大学编制了实验室仪器需求手册，并根据实际情况对手册进行了适时补充。手册包括仪器名称、购置理由、拟投入使用时间、优先顺序、调研资料和备注信息等栏目。在进行需求手册编制前，编制人员需要多与实验指导教师沟通，了解先进的实验技术，从实验教学的实际需求出发，提前做好实验室中小型仪器的购置计划，着重考虑仪器的购置理由和拟投入使用时间等因素，按急缺、补充、更新、改善和提高配置水平等不同需求和紧急程度排列次序。同时，编制人员还要对需求的仪器进行详细的市场调研，充分考虑仪器性能、先进性、实用性、耐用性、品牌性价比、售后服务（该项尤其重要）等方面，必要时还需走访厂家。做好了市场调研工作，编制人员就不会在学校每年的常规购置计划或不定期的紧急购置计划中因为匆忙而选择了不理想的产品，也能避免仪器的重复购置和闲置造成的浪费。

玻璃仪器与低值耐用损耗类仪器的采购要以库存清单与教学计划为依据，适量购买，避免库存过多。中山大学实验室引入了基于互联网的，可支持电脑、手机等多仪器管理的iLab实验室管理平台对耗材进行管理。每次新购入仪器后都会及时在平台上做好入库记录，每月末会根据对学生的追赔数据将仪器消耗量录入平台，这样有利于摸清仪器的库存和已经投入使用的数量，能更合理地确定库存储备，达到对低值易耗品进行量化管理的目的。这种强制的量化管理办法可以使实验室管理逐渐形成一种良性循环，促进实验室管理工作的精细化和高效化。

（二）验收、使用与保管

对新进仪器要及时进行安装、调试、验收、登记，并及时熟悉仪器的操作与使用方法。在经过反复实践后，中山大学实验室撰写了仪器操作说明书和维护、维修须知。该实验室编写的《基础化学实验室仪器操作手册》包含23类仪器操作规程与简单的维护指导。手册悬挂在实验室里，手册内容被推送在实验室公众号上，方便实验人员查阅。在日常管理中，中山大学实验室参照大型仪器的使用登记方法，建立了中小型仪器运行情况记录本，以便了解每台仪器的现状。管理者在记录本中将仪器首先按类别索引，然后每类仪器再按品牌分栏。实验室中小型仪器运行情况记录本的登记内容包括以下几个方面：①每次实验课的使用人员、使用时间、仪器运行状态等情况以及科研或开放实验使用情况；②仪器校正检查维护时间、故障原因及发生时间、故障解决办法、维修费用和借用情况；③定期检查、保养情况。其中，第一项由使用者实时登记，另外两项由管理者登记。这些信息有助于实验室制订有效的更新计划，合理安排购置经费。

中山大学实验室的仪器除满足基础化学实验课程的需求外，也面向其他实验课程，如综合化学实验课、化学生物学和高分子化学实验课等。实验室的分析天平、紫外光谱仪和红外光谱仪等仪器也是开放、共享的。开放性与科研性实验也会经常预约使用实验室的数字熔点仪、精密旋光仪等仪器。这些开放、共享的举措大大提高了仪器的使用率。

（三）维护与维修

在仪器的管理工作中，不但要重视仪器的购置与使用，而且不能忽视仪器的维护与维修。实验室管理人员需要按照仪器的特点制定维护与维修的注意事项，对每类仪器维护与维修的注意事项都应尽量罗列详尽，确定维护周期、维护部件、维护与维修方法等，并及时记录获得的经验与教训。例如，旋转蒸发仪的维护以防尘、防污为主，须定期除尘清洗，定期松动、活络仪器各接口，以避免长期紧锁导致连接器粘连、不能转动。

仪器的维护与维修还可以寻求厂家的帮助。仪器管理人员应积极了解并参与一些支持高校建设的巡回仪器维修保养活动，最大限度地利用厂家给予的售后维修保障。对于数量较大且易损坏的同一类别的仪器，可考虑与厂家签订延期维保合同。如中山大学实验室的一批磁力加热搅拌器使用频率高，损坏率也较高，于是在购买时与厂家签订了5年保修期，保修期内每年的维修内容主要是更换主板。考虑此类仪器的特点，过保后中山大学实验室与厂家按年签订延保合同，延保价为前一年维修总费用的一半。

（四）报废

对于因各种现实原因不能修复，或因技术落后不能满足使用需求，或从经济角度看维修不合算的仪器，要及时办理报废手续。

通晓仪器全过程的管理办法重点在于我们能将仪器整个生命周期中各个阶段的具体工作落实、落细，并想方设法予以完善，这样不仅使仪器能够切实满足教学、科研的需求，还能节约成本，使管理与使用效益实现最大化。

三、分类管理模式

（一）集中管理

精密仪器和大型贵重仪器不宜搬动，必须集中放置在仪器室中，这样就形成了一个集中管理的开放式实验室。中山大学实验室设置了五个仪器室，分别放置了紫外光谱仪、分析天平、荧光光谱仪、红外光谱仪、精密旋光仪和快速溶剂萃取仪等仪器。

这类仪器在维护管理时应遵循以下几点原则：①在实验课堂中或在未熟练人员使用仪器的过程中，指导教师或管理人员须在场协助指导，做到"机不离人，人不离机"，确保学生操作规范，避免不必要的损坏；②培训合格后进行开放实验和科研实验的学生可自行进行测试，并在测试后做好登记；③控制好仪器室的温度、湿度。

由于中山大学地处我国南部，潮湿、炎热的天气持续时间长，某些小型仪器中对环境湿度敏感的电子线路容易被腐蚀而老化或损坏，因此pH计、电导率仪、可见光分光光度计、磁力加热搅拌器等也采用相对集中的管理模式。平时将这些仪器存放在恒温、恒湿的仪器室，统一管理，定期通电保养，实验课前由学生签领，实验课后再回收并记录仪器情况。经验证明，这种管理有利于降低仪器的损耗率，延长仪器的使用寿命。

（二）定点管理

旋转蒸发仪、真空水泵、离心机、红外干燥仪等公用仪器具有体积大、使用频率高等特点，适宜采用定点管理模式，将此类仪器放置在公共实验室规定的位置上，不可挪移，不可单独占用，这样便于教师在课堂上巡视，随时指导学生进行规范的仪器操作。

此类仪器采用值日生与管理者共同管理的原则，即课堂清扫维护交由值日的学生完成，日常维护管理由管理者负责。教师可以在实验课开课前做好整学期的值日安排表，在实验课后以实验小组为单位进行卫生清洁，并建立"安全与卫生检查评分表"，给予学生明确的指示和要求。教师可结合实验室实际情况，以清单形式详述清扫内容与标准，让学生明确清扫不仅仅是扫地、擦桌子，更要注重公用仪器的清洁与维护。例如，每天清理旋转蒸发仪的防溅球和红外干燥箱内部，每周更换真空水泵、冷却液循环泵和旋蒸水浴锅里的储水（注意：水浴锅和冷却液循环泵储水须用蒸馏水），做好仪器、仪器使用记录，等等。完成清扫任务后，教师要逐一检查并在评分表上签字确认。中山大学实验室将每周安全与卫生评分结果张贴在实验室内，同时在微信公众号上公布，对表现好的班级给予表扬。这些措施既有利于提高管理效率，又有利于培养学生的主人翁意识，提高学生的自觉性，使学生养成良好的实验习惯，实现管理育人、全程育人的目标，为培养一流人才作出了积极贡献。

（三）分散管理

除了上述仪器，低值耐用损耗仪器和玻璃仪器都分散交由学生自己管理，采取学生定位管理制度，采用"一位一橱一套"（上锁管理）模式，做到实验前后及时清点，若有损坏及时赔偿，并将学期末对学生的追赔统计情况作为考核的一项内容。这样的责任制增强了学生爱护公物的自觉性和责任感、减少了玻璃仪器的损坏、有效地延长了仪器的使用寿命、节约了资金。

四、"互联网+辅助管理"模式

此外，中山大学实验室还建立了"互联网+辅助管理"模式。

（1）在实验室微信公众号平台的菜单栏目上设置了实验室常用仪器操作说明书，实验前再次向学生推送该次实验所用到仪器的相关资料和注意事项，帮助学生做好预习。

（2）把二维码技术应用在仪器管理上，为每类仪器设置二维码说明书，内容包括此类仪器的所有仪器资产号，每个资产号对应的价格、购买日期、维护及维修简历、操作说明、注意事项等信息。二维码说明书也是对实验室中各类纸质版标准操作说明书和仪器卡的补充，能够让学生随时随地查询更详细的相应信息。用二维码制作软件生成仪器信息二维码，当用户想知道仪器的相关信息时，扫码即可，可省去查询纸质资料的时间。

基础化学实验室的仪器管理是一项繁杂、琐碎的工作，同样也是一项重要的工作，如何在这项工作中总结出问题并找到有效、简便的解决办法，是对仪器进行科学管理的关键。对仪器实施以上几种管理模式，既可使实验技术人员对仪器的运行情况更加明了，也可使实验室管理工作更加简单、有序，从而提高实验室的管理效率。

第十章 实验室的材料管理

第一节 实验室低值易耗品管理

实验室检测系统在正常的运行中需要消耗大量的低值易耗品。低值易耗品与仪器相比，具有单价低、品种多的特点；但它和仪器一样，都是保证实验室检测系统目标任务完成最基本的物质条件。

一、低值易耗品的分类

低值易耗品通常分为低值品和易耗品两种类型。

低值品指价格比较便宜，达不到固定资产的标准，但又不属于材料和消耗品范围的物品，如台灯、工具、量具、仪器的通用配件或专用配件等。

易耗品指检测实验室常用的易损耗的物品，如各种玻璃仪器、色谱耗材、低值零配件等。

常用的低值易耗品有以下几类。

烧器类——烧杯、锥形瓶、试管、烧瓶等。

量器类——量筒、容量瓶、滴定管、量杯等。

加液器和过滤器类——漏斗、抽滤瓶、抽气瓶等。

容器类——广口瓶、称量瓶、水样瓶等。

其他玻璃仪器类——干燥器、比色管、洗瓶等。

元件器材类——石棉网、试纸、滤纸、擦镜纸等。

工具类——锤子、扳手、螺丝刀等。

色谱耗材类——色谱柱、石墨垫、衬管、隔垫、进样针、铜管等。

二、低值易耗品的采购

（一）供应商的选择和评价

实验室应选择经过评价并符合要求的合格供应商，收集关键供应商的营业执照、资质能力证明以及其他必要证明材料，建立供应商档案并对其进行评价，评价结果由技术负责人审核、实验室主任审批。

（二）采购申请

各检测室根据需求提出采购申请（建议每月一次）。采购申请应包括名称、型号、规格、技术要求（纯度等）、推荐厂家、预算单价、数量等。采购申请经检测室主管初审、技术负责人审核、实验室主任审批后，检测实验室方可进行采购。

（三）采购验收

实验室选择合格的供应商进行采购，采购物品的接收及验收由提出采购的检测室负责，验收内容包括名称、型号、规格、数量、外观、有效期、技术指标等，尤其要对影响检测质量的消耗品的技术指标进行验证。产品认证证书、质量管理体系认证证书、产品出口证、质控样品的检测结果、与以往的检测技术指标的比较等均可作为验证依据。当验收/验证过程中发现不合格品时，应注明项目名称、依据，提出处理意见，报技术负责人审批后执行。

三、低值易耗品的使用

（一）贮存

物品应按说明书中的要求和规定进行贮存，应贮存于适宜的环境，保持贮存环境的干燥、整洁。仪器零配件应防止振动、腐蚀，有毒、有害物品应实施安全隔离，怕挤、怕压物品应限制叠放层数。此外，应遵循实验室有关安全管理制度和仓库保管规定，做到使物品不混淆、不丢失、不变质、不损坏。

（二）管理与领用

低值易耗品使用频率高、流通性大，管理上要以心中有数、方便使用为原则，要建立必要的账目，分类存放，固定位置。价格昂贵或通用型仪器配件及耗材建议集中放置并由采购管理员统一管理，检测人员领用和归还时应登记。建议统一管理的仪器配件包括气相色谱仪、气相色谱–质谱联用仪、液相色谱仪、液相色谱–质谱联用仪等。其他仪器零配件由各仪器责任人自行管理，但需有消耗记录。

采购管理员负责管理的配件、耗材应存放于专用柜子并加锁管理；各仪器责任人管理的零配件、耗材及相应登记表、清单应放置在现场，并做好标识。

（三）库存盘查

对于价格昂贵或通用型仪器配件及耗材应定期（建议每季度）盘查库存，由采购管理员统计整理后交检测室主管签字确认。同时，检测室主管应对仪器配件的管理情况进行抽查和确认。

四、低值易耗品的处置

物品超过有效期或由于其他原因变质时，采购管理员应提出处理意见，并经技术负责人审批后执行。

第二节　实验室用水管理

水是化学实验中必不可少的物质。天然水中含有很多杂质，包括悬浮物（如泥沙、藻类、植物遗体、细菌、微生物等）、胶体（如黏土胶粒、溶胶等）和溶解物质（如Na^+、K^+、Ca^{2+}、Mg^{2+}、Fe^{3+}等阳离子，CO_3^{2-}、SO_4^{2-}、Cl^-等阴离子和某些有机物），不能直接用于实验。在具体实验时，必须根据要求将水纯化后才能使用。

一、实验室用水的质量要求及制备

（一）实验室用水的质量要求

国家标准《分析实验室用水规格和试验方法》（GB/T6682—2008）规定，分析实验室用水分为三个等级，即一级水、二级水和三级水。在各种级别的实验室用水中，级别越高，贮存条件越严格，成本也越高，在实验时应根据要求合理使用。

外观：分析实验室用水应为无色透明液体。

级别：分析实验室用水的原水应为饮用水或适当纯度的水。

分析实验室用水共分为三个级别，每一个级别都有严格的要求：①一级水用于有严格要求的分析试验，包括对颗粒有要求的试验，如高效液相色谱分析用水。一级水可用二级水经过石英仪器蒸馏或离子交换混合床处理后，再经0.2μm微孔滤膜过滤而制取。②二级水用于无机痕量分析等试验，如原子吸收光谱分析用水。二级水可用多次蒸馏或离子交换等方法制取。③三级水用于一般化学分析试验。三级水可用蒸馏或离子交换等方法制取。在具体实验时，应对实验室纯水中的无机离子、还原性物质、尘埃粒子的含量进行控制，使之满足水质分析的要求。

影响实验室用水质量的因素有很多，主要包括空气、容器以及制备过程中使用的管路等。

（二）实验室纯水的制备

实验用水又称为纯水，应在独立的实验室制备。制备实验室纯水的原料应当是饮用水或比较干净的水，如有污染或没有达到要求，必须进行纯化处理。同时，要配备专用的纯水电导率测定仪，做好制备、检测及领用记录。制备实验室用水的方法有很多，通常用的是蒸馏法、离子交换法、电渗析法等。

1.蒸馏法制备实验室用水

蒸馏水是利用水与水中杂质的沸点不同，用蒸馏法制得的纯水。用于制备蒸馏水的蒸馏器式样有很多，现在多采用内加热式蒸馏器。实验室用的蒸馏器通常是用玻璃或金属制造的。蒸馏水中仍含有一些微量杂质，原因有两个：一是CO_2及某些低沸点易挥发物随水蒸气进入蒸馏水中；二是微量的冷凝管、蒸馏器、容器的材料成分进入蒸馏水中。化学分析用水通常经过一次蒸馏而得，被称为一次（级）蒸馏水；有些分析用水需经二次（或三次）蒸馏而得，被称为二次（或三次）蒸馏水。对于高纯物的分析，必须用高纯水。为此，可以增加蒸馏次数、减缓蒸馏速度、弃去头、尾蒸出水，或采用特殊材料（如石英、银、铂、聚四氟乙烯等）制作的蒸馏器皿，制得高纯水。高纯水不能储于普通的玻璃容器中，而应储于有机玻璃、聚乙烯塑料或石英容器中。

市场上很容易买到一次或二次玻璃蒸馏水器，此类器具一般适宜于中小型实验室。蒸馏法制备实验用水，仪器简单、操作方便，被实验室广泛采用。工厂蒸汽副产物的蒸馏水，由于仪器及工艺等，往往不能直接用于实验室用水，需要进一步纯化。

2.离子交换法制备实验室用水

用离子交换法制得的实验用水常被称为去离子水或离子交换水。此法的优点是操作与仪器均不复杂，出水量大，成本低，在大量用水的场合有替代蒸馏法制备纯水的趋势。离子交换法能除去原水中绝大部分盐、碱和游离酸，但不能完全除去有机物和非电解质。因此，要获得既无电解质又无微生物等杂质的纯水，还须将离子交换水再进行蒸馏。为了除去非电解质杂质和减少离子交换树脂的再生处理频率，提高交换树脂的利用率，最好利用市售的普通蒸馏水或电渗水代替原水，制备去离子水。离子交换法仍是目前实验室常用的制备纯水的方法。

（1）离子交换树脂及交换原理。离子交换树脂是一种高分子化合物，通常为半透明的浅黄、黄或棕色球状物。它不溶于水、酸、碱及盐，对有机溶剂、氧化剂、还原剂等化学试剂具有一定的稳定性，对热也较稳定。离子交换树脂具有交换容量高、机械强度好、膨胀性小、可以长期使用等优点。在离子交换树脂网状结构的骨架上，有许多可以与溶液中离子起交换作用的活性基团。根据活性基团的不同，离子交换树脂可以分为阳离子交换树脂和阴离子交换树脂。

（2）离子交换装置。市场上已有成套的离子交换纯水器，实验室亦可用简易的离子交换柱制备纯水。交换柱常用玻璃、有机玻璃或聚乙烯管材制成，进出水管和阀门最好也用聚乙烯材料，也可用橡皮管加上弹簧夹。简单的交换柱可用酸式滴定管装入交换树脂制成——在滴定管下部塞上玻璃棉，均匀地装入一定高度的树脂，就构成了一个简单的离子交换柱。通常树脂层高度与柱内径之比要大于5∶1。自来水通过阳离子交换柱（简称阳柱）除去阳离子，再通过阴离子交换柱（简称阴柱）除去阴离子，流出的水就是实验用水。但它的水质不太好，pH常大于7。为了提高水质，再串联一个阳、阴离子交换树脂混合的"混合柱"，就得到较好的实验用水。离子交换制备实验用水的工艺有单床、复床（阳柱、阴柱）、混合床等。若选用阳柱加阴柱的复床，再串联混合床的系统，制备的纯水就能很好地满足各种实验工作对水质的要求。

（3）离子交换树脂的预处理、装柱和再生。

①树脂的预处理。购买的离子交换树脂系工业产品常含有未参与缩聚或加聚反应的低分子化合物和高分子化合物的分解产物、副反应产物等。当这种树脂与水或酸、碱溶液接触时，上述有机杂质会进入水或溶液。树脂中还会含微量的铁、铅、铜等金属离子。因此，新树脂在使用前必须进行预处理，除去树脂中的杂质，并将树脂转变成所需要的形式。

阳离子交换树脂的预处理方法是将树脂置于塑料容器中，用清水漂洗，直至排水清晰。用水浸泡12~24h，使其充分膨胀。如为干树脂，应先用饱和氯化钠溶液浸泡，再逐步稀释氯化钠溶液，以免树脂突然膨胀而破碎。用树脂体积2倍量的2%~5%的盐酸（HCl）浸泡树脂2~4h，并不时搅拌。也可将树脂装入柱中，用动态法使酸液以一定流速流过树脂层，然后用纯水自上而下洗涤树脂，直至流出液pH约为4，再用2%~5%的氢氧化钠（NaOH）溶液处理，水洗至微碱性。再一次用5%的HCl流洗，使树脂变为氢型，最后用纯水洗至pH约为4，同时检验无氯离子即可。pH可用精密pH试纸检测。氯离子可用硝酸银检查（无氯化银白色沉淀即为无氯离子）。

阴离子树脂的预处理步骤基本上与阳离子树脂相同，只是在对树脂用NaOH溶液进行处理时，可用5%～8%NaOH溶液流洗。树脂变OH型后，不要再用HCl处理。

②装柱方法。将交换柱的油污、杂质洗去，用去离子水冲洗干净，在柱底部装入少量玻璃棉，装入半柱水，然后将树脂和水一起倒入柱中。装柱时，应注意柱中的水不能流干，否则树脂极易形成气泡，从而影响交换柱效率，影响出水量。装入树脂的量为单柱装入柱高的2/3，混合柱装入柱高的3/5，阳离子树脂与阴离子树脂的比例为2∶1。制取纯水选用420~840μm离子交换树脂为好。

③树脂的交换能力判定。离子交换树脂使用一定时间以后达到饱和交换容量，阳柱出水可检出阳离子，阴柱出水可检出阴离子，混合柱出水意味着电导率不合格，表明树脂已经失去交换能力。

3.电渗析法制备实验室用水

在电渗析器的阳极板和阴极板之间交替平行放置若干张阴离子交换膜和阳离子交换膜，膜间保持一定距离，形成隔室。在通直流电后，水中离子做定向迁移，阳离子移向负极，阴离子移向正极，阳离子只能透过阳离子交换膜，阴离子只能透过阴离子交换膜。这种现象叫作电渗析。电渗析过程能除去水中强电解质杂质，但对弱电解质去除效率低。电渗析法常用于海水淡化，不适用于单独制取实验纯水。电渗析法与离子交换法联用可制得较好的实验用纯水。电渗析法的特点是仪器可以自动化，节省人力，仅消耗电能，不消耗酸碱，不产生废液。

二、实验室用水的容器与贮存

各级用水均使用密闭的、专用聚乙烯容器，三级水也可使用密闭的、专用玻璃容器。新容器在使用前需用20%HCL浸泡2～3d，再用实验用水反复冲洗数次，浸泡6h以上。

各级用水在贮存期间，可能被容器中的可溶成分、空气中的CO_2和其他杂质污染。因此，一级水不可贮存，需在使用前制备。二级水、三级水可适量贮存，但应分别贮存于预先经同级水清洗过的相应容器中。

三、实验室用水中的重金属离子含量

行业内大部分实验室均开展了重金属离子含量检测项目。为确保实验用水中重金属不对检测结果产生不良影响，实验室应定期监控实验用水中的重金属离子含量。

第三节　实验器皿洗涤管理

器皿是实验室中经常用到的器具，无论是采集试样、装箱运输还是分析测试，都要经常用到。针对不同的分析测试对象，就要采用与其相应的器皿，并且在使用之前采用正确的洗涤方法进行洗涤，否则会对测试结果带来误差甚至产生较大影响。

一、器皿的选择

（一）器皿选择的重要性

影响实验结果的因素有很多。根据检测参数的不同，而选择不同的器皿，则是实验室技术人员正确操作的基本条件之一。如果器皿的选择有误，则会对实验结果带来很大的误差，因此，如何选择不同的器皿，则显得尤为重要。

一般而论，试剂瓶及容器最好使用硬质玻璃。一般软质玻璃（普通玻璃）有较强的吸附力，会将待测溶液中某些离子吸附，并有钠等离子溶入溶液中。当所贮试剂或水样对玻璃有侵蚀性时，则应改为塑料瓶、聚乙烯或聚四氟乙烯瓶为宜，塑料瓶有不易被碰破和被冻裂的优点，但却不宜用作贮存测油、酸等有机物的样品。

（二）器皿选择注意事项

盛水样的容器应使用无色硬质玻璃瓶或聚乙烯塑料瓶。瓶塞、瓶帽和旋塞要选用能抵抗瓶内所盛液体侵蚀的材料。用惰性金属包裹的软木塞，可适用于许多种试样，金属瓶帽不宜选择，因为它容易锈蚀和污染水样。一般多用磨口玻璃瓶塞，但它却不适用于强碱液体，因为它会与玻璃器皿粘在一起而无法打开，橡皮塞适用于强碱性液体，但却不适用于有机溶剂。

二、实验器皿的洗涤

（一）器皿洗涤的方法

洗涤器皿的方法有很多，如去污剂（肥皂、洗衣粉等）、超声、酸式洗液、碱式洗液等洗涤方法。实际操作过程中，我们应该根据不同的器皿而选择不同的洗涤方法。

1.玻璃器皿洗涤方法

（1）浸泡。新瓶使用前应先用自来水简单刷洗，然后用稀盐酸溶液（5%）浸泡过夜，培养后的玻璃器皿用后要立即浸入清水中，不应留有气泡。

（2）刷洗。浸泡后的玻璃器皿用毛刷沾洗涤剂洗涤（宜选用软毛刷和优质的洗涤剂，如高级洗衣粉或洗洁精），绝对不能使用含沙粒的去污粉，洗刷时特别注意洗刷瓶角部位。

（3）浸泡器皿要充满清洁液，勿留气泡。浸泡时间不应少于6h，一般应浸泡过夜。

（4）冲洗。刷洗和浸酸后都必须用水充分冲洗，使之不留任何残迹。冲洗宜用洗涤装置，以保证冲洗效果，如用手工操作，每瓶都得用水灌满，倒掉，重复十次以上，最后再用蒸馏水漂洗2~3次，晾干备用。

对于玻璃瓶的洗涤，通常可用肥皂、洗涤剂、稀酸等清洗，但要注意它们对分析对象的干扰。可用洗液浸泡，再用自来水和蒸馏水洗净，也可用碱性高锰酸钾洗液洗涤，再用草酸水溶液清洗；聚乙烯容器可用10%盐酸或硝酸浸泡，再用自来水洗去酸，所用容器最后都用蒸馏水冲洗干净。在进行测定时，所有器皿须经彻底清洗干净，水样瓶每用一次，都要先彻底洗净后才能再用。器皿的洗净是取得良好结果的基本保证，特别是进行微量成分分析时，器皿的污染往往造成意想不到的误差。因此每次使用后都应注意立即清洗干净后控干以备下次使用。玻璃器皿在用洗液浸泡前，应用清水冲洗1~2次，并将器皿上附带的橡皮圈取下，把凡士林等油状物抹去，将水沥干，以免过多地耗费洗液的氧化能力。用洗瓶液浸泡过的器皿，要先用自来水冲洗，然后用蒸馏水多次洗净。

2.塑料器皿的清洗

目前，我国培养使用的塑料器皿主要是从国外购置的，是一种无毒并已经消毒过灭菌密封包装的商品。使用时，打开包装即可，是一次使用性物品。必要时，用后经无菌处理后，尚可反复使用2~3次，但不宜过多。再用时仍然需要清洗和灭菌处理。塑料器皿质地软，不宜用毛刷刷洗，造成清洗困难。为此使用中一是防止划痕，二是用后要立即浸入水中，严防附着物干结；如残留有附着物，可用脱脂棉拭掉，用流水冲洗干净，晾干，再用2%NaOH液浸泡过夜，用自来水充分冲洗，然后用5%盐酸溶液浸泡30min，最后用自来水冲洗和蒸馏水漂洗干净，晾干后备用。

（二）器皿使用注意事项

1.一般器皿使用注意事项

实验室的许多小事故都是由粗心使用玻璃仪器引起的。使用玻璃仪器必须注意以下几点。

（1）在容易引起玻璃器皿破裂的操作中，如减压处理、加热容器等，要戴上安全眼镜。

（2）用"柔和"的本生（Bunsen）灯火焰加热玻璃器皿，可避免因局部过热而使玻璃破碎。移取热的玻璃器皿时应戴上隔热手套。

（3）不要使用有缺口或裂缝的玻璃器皿，这些器皿轻微用力就会破碎，应弃于破碎玻璃收集缸中。

（4）持取大的试剂瓶时，不要只取颈部，应用一只手托住底部，或放在托盘架中。

（5）连接玻璃管或将玻璃管插在橡胶塞中时，要戴厚手套。

（6）塞子不要塞得太紧，否则难以拔出。如果需要严格密封，可使用带有橡胶塞或塑料塞的螺口瓶。

（7）破碎的玻璃器皿要小心地彻底清除，戴上厚手套用废纸包起来，丢在指定的废物缸里。

（8）不要将加热的玻璃器皿放在过冷的台面上，以防止温度急剧变化而引起玻璃仪器破碎。

（9）皮塞或橡皮管上安装玻璃管时，应戴防护手套。先将玻璃管的两端用火烧光滑，并用水或油质涂在接口处作润滑剂。对黏结在一起的玻璃仪器，不要试图用力拉，以免伤手。

2.特殊器皿使用注意事项

在实验室中，铂器皿是必不可缺的，但使用铂器皿时，应注意以下事项。

（1）所有铂器皿的加热和灼烧应在电热板上（上面垫有石棉板）或喷灯的氧化焰上进行，不得直接与铁板或电炉丝接触，以免损坏绀锅。

（2）大多数金属在较高温度时会与铂形成合金，因此金属样品不可在铂世锅内灼烧或熔融，以免损坏铂蜡锅。

（3）不可在铂器皿中加热和熔融碱金属的氧化物、氢氧化物，因为这些化合物在熔融时会侵蚀铂，更不可在铂器皿中加热和熔融汞的化合物和含汞的试样，因为汞化合物容易还原成金属，与铂形成合金，损坏铂器。

（4）对于使用过的铂器皿，应用下述方法进行洗涤。

①在稀盐酸（1+1或1+2）内煮沸，然后用水冲洗干净。

②如用稀盐酸尚不能洗净可用碳酸钠、焦硫酸钾或硼砂熔融。

③如仍有污点，或铂器皿表面发污，取细硅藻土用水润湿后轻轻擦拭，使其表面恢复正常光泽。

比色皿是实验室中常用的器皿之一，在比色分析时都会用到。对于比色皿的清洗，要特别小心，根据不同情况，可以用水、洗衣粉溶液或重铬酸钾—硫酸洗液洗涤，必要时可用温热的上述溶液洗涤，但不宜用温度太高的溶液洗涤及长期浸泡，亦不宜在较高温度的烘箱中烘干，以免黏合处脱开或破裂。如果应急使用而要除去其中水分时，可先用滤纸吸干大部分水分，然后用无水乙醇或乙醚除尽残存水分，特别要保护好比色皿两侧透光面，不应使表面损伤或毛糙，否则会影响测定结果。

（三）清洗器皿的几点体会

实验室器皿的洁净与否，对于盲样考核实验能否顺利通过至关重要。因为盲样的考核试验，要求特别严格，器皿一旦没有洗涤干净或者在使用过程中受到污染，实验结果将会偏离真值。

二、实验器皿的烘干和保存

将清洗好的塑料器皿或有计量刻度的玻璃器皿（如容量瓶、量筒等）倒置，风干。将清洗好的其他类型玻璃器皿置于120℃的烘箱中烘干，冷却至室温后，放到指定位置。量具型玻璃仪器，包括容量瓶、移液管等，不能烘烤，只能晾干或风干。

带磨口塞的仪器（如容量瓶、比色管等）最好在清洗前用线绳把塞和管拴好，以免打破塞子或和其他塞子混淆。洗净后的器皿应放在专门的柜子里。

第十一章 实验室的废弃物管理

第一节 实验室废弃物安全管理体系探讨

实验室安全事关广大师生的安全和健康，是和谐校园建设中的一件大事。实验室废弃物安全管理是实验室安全管理的重要组成部分，但长期以来，许多高校对实验室废弃物安全管理重视不足，以致实验室废弃物对校园和周边环境造成了污染，这不利于和谐校园、平安校园的创建。

一、实验室废弃物安全管理实践

实验室产生的废弃物体量大，容易产生废弃物积压情况。为解决此问题，不断探索，形成了统一收集、分类暂存、定期清运的模式，并通过制度保障和教育培训取得了积极成效。

（1）分类暂存。规定对不同种类的废弃物分类暂存，酸、碱、有机溶剂、含卤素的废液等需要分类存放。为了保障废弃物存储的安全性，按照国家标准设置了大型废液暂存柜，放置在废弃物暂存点。

（2）定期清运。废弃物处理公司商定定期进行化学废物的集中分拣和运输，既保障了废弃物的定期清运，也有助于培养生处理废弃物的意识和习惯。

（3）制度保障和教育培训。对废弃物处置进行严格的规范，对危险废物的收集、转运、处理进行了严格要求，规定了管理体系、处理方法和奖惩措施。同时对废弃物收集人员进行专业教育培训，确保安全运输。

二、废水废气排放管理

由于开设实验种类多，产生的废液和废气量大，如果不经过合理排放，则可能对实验室环境产生重大影响。先进行实验室废水废气的排放指标检测，针对化学品使用较多的所在楼宇进行了连续检测，初步取得了废气和废水中主要成分含量的结果，并根据检测结果制定相应的治理措施。同时对实验室进行入室调查，对污染物来源和学生实验操作习惯进行了研究。

（一）废水

检测结果显示，理化指标良好，有机污染物、微生物、无机物指标合格。通过入室调查，发现废水污染物特征以生活污水来源为主。废水排放情况均符合规定，无违规排放现象。

（二）废气

废气检测参照标准为北京市《大气污染物综合排放标准》（DB11/501—2017）。

检测结果显示，重金属和无机污染物指标符合"无组织排放源监控点浓度限值"排放限值。非甲烷总烃和氯化氢指标低于集中排放源的"大气污染物最高允许排放浓度"。入室调查结果显示，实验用有机试剂是主要挥发性污染物来源，实验管理控制不精细也是污染物来源之一。

三、危险化学品管理

危险化学品种类繁多，如果分散管理，则信息统计不全面，对安全隐患不能及时预防。积极利用信息化管理手段，对所有化学品，尤其是危险化学品实施网络统一采购，并对使用痕迹、废弃物处置、财务报销等进行全面管理。通过该系统，可以了解具体实验室的危险化学品使用情况，通过数据分析，掌握高危化学品使用地点和使用量，锁定需要重点关注的实验室。同时可以对危化品采购、运送、存储、使用、保管和处置进行全周期管理，从源头上减少了危化品的来源，有效控制了废弃物产生量。

四、实验室废弃物安全管理建议

（一）不断完善管理制度

做好废弃物安全管理工作需要不断更新和完善管理制度。管理者要明确环境保护和安全的责任应该落实到每个人，在管理时尽力做好以下几点：完善制度，坚定落实谁生产谁负责、谁污染谁治理的原则；突出重点，对具有较高安全隐患和环保意识较弱的单位进行重点管理；引导预期，使师生形成自觉的环保行为；完善公共服务体系，建立废弃物处理装置和专业化的服务。

（二）加强信息化建设

管理部门可以通过加强信息化建设来提高管理效率。对化学试剂的采购量、使用量、排放量进行准确的统计和监测，以便在整体上把握实验对环境产生的影响；对实验室的废气废水排放进行在线监测，根据结果能够及时发现和解决问题；对废弃物存量进行线上记录，能够使废弃物处置更加快捷；对危险化学品进行信息化管理，当危化品的量超出安全范围时发出预警，可以及时消除安全隐患。

（三）选择合理技术方案

针对废水的排放管理，可以增加污水处理设施，在排水口安装在线pH、电导率测量仪器，用于监测酸碱排放、有机物和盐类的排放。针对废气的排放管理，可以增加废气处理设施，在废气收集管线上增加一定的过滤、吸附、催化装置，并加强对通风橱的运用和处理，防止有害污染物的积累。针对废弃物处置，可以探索合理的技术方案，减少废弃物的产生量。针对危化品管理，主要通过信息化技术手段，对采购量进行控制，对安全隐患提前预防。

五、常见实验室废弃物危害

实验室废弃物含有有害物质，对人、动物、生态环境的危害主要包括以下五个方面。

（1）三氧化二砷、氰化物、放射性物质等会对人和动物造成急性毒害。

（2）生化试剂、有机溶剂、重金属元素等会对人和动物造成慢性毒害，部分物质有强烈的致癌、致畸作用。

（3）携带病原菌的废渣、废液、动物尸体等会传播病原。

（4）未经处理的酸、碱、重金属、有机物和气体等排放物会对空气、水和土壤造成污染。

（5）烟雾、动物尸体腐败恶臭等影响市容市貌。

六、实验室废弃物管理难点

实验室废弃物管理难点主要体现在以下五个方面。

（1）多头管理，职责不清。实验室废弃物通常由学科组、实验室、科研（教学）部门、资产管理部门、后勤部门和安全部门共同管理，多头管理的设置极易产生职责不清、责任不明等问题。

（2）安全管理技能不足。很多科研人员未经专门培训，缺乏实验室安全管理知识和技能，安全意识淡薄。

（3）管理制度不完善。个别单位没有制定专门的实验室废弃物管理制度，无监督和追责机制。

（4）实验室场所非常分散，安全管理难度大。

（5）无害化处理设施不足，处理能力薄弱。

七、国内高校实验室废弃物安全管理现状

长期以来，我国对高校实验室废弃物安全管理缺少法律法规约束，对实验室废弃物的检测、排放等缺少规范。此外，我国高校各类实验室相对独立、分散，废弃物种类多，许多实验室将废弃物直接排放，极易造成人身伤害和环境污染。2005年7月，教育部与国家环境保护总局（今生态环境部）联合发布了《关于加强高等学校实验室排污管理的通知》，表明实验室废弃物处理工作成为高校落实科学发展观、构建和谐校园的一项重要工作。一些国内知名高校结合本校实际，相继制定了实验室废弃物管理制度，也有一些高校通过了ISO14001环境管理体系认证。加大对实验室废弃物处理的资金投入已成为许多高校的共识。但是，目前仍有一些高校对实验室废弃物的处理不够重视，废弃物管理制度不健全，废弃物处理资金投入不足；绝大多数高校的实验室排水系统与生活污水排放系统没有分开。

八、建立健全实验室废弃物安全管理体系的意义

建立健全实验室废弃物安全管理体系的意义如下。

（一）是高校落实科学发展观的举措

科学发展观要求人与自然协调发展，注意自身发展（实验室进行的各类研究）与社会可持续发展（环境保护）的协调统一。高校最主要的污染源就是实验室废弃物，它们是校园环境保护的主要障碍。因此，建立健全的实验室废弃物安全管理体系，从源头上杜绝污染发生，是高校落实科学发展观的重要举措。

（二）是构建和谐校园的必要保障

构建和谐校园首先要创造一个平安、舒适的校园环境。实验室废弃物除具有严重污染性以外，一些危险废弃物（如剧毒、易燃易爆、放射性、穿刺性、感染性废弃物）如果管理不规范、处置不得当，还极易对人员和环境造成伤害。由实验室废弃物安全管理不当引起的各种事故和污染事件屡有发生，因此，只有规范实验室废弃物安全管理，才能为构建和谐校园创造良好条件。

（三）是相关法律法规、标准的要求

我国虽然没有制定针对高校实验室废弃物安全管理的法律法规，但已有的一些法律法规（如《中华人民共和国固体废物污染环境防治法》）、国家标准〔如《危险废物贮存污染控制标准》（GB18597—2001）〕、地方标准〔如北京市地方标准《水污染物排放标准》（DB11/307—2005）〕对废弃物安全管理有明确规定。高校应该自觉遵守相关法律法规和标准，建立健全的实验室废弃物安全管理体系。

（四）是增强高校师生环保意识的重要措施

高校肩负着传播知识、为社会输送人才的重要责任。建设实验室废弃物安全管理体系能够增强高校师生的环保意识，特别是当高校学生毕业后进入社会管理、科研、生产等部门时，会把环保意识和学习到的安全、环保规范带到实际工作岗位中。同时，高校积极建立健全的实验室废弃物安全管理体系能够对社会产生积极影响，促进我国环保事业的发展。

九、实验室废弃物安全管理体系的建设

此部分以北京理工大学为例，介绍实验室废弃物安全管理体系的建设。

（一）学校提供行政保障

作为全国重点大学，北京理工大学历来重视实验室的安全与环保工作，将实验室废弃物安全管理作为一件大事来抓。2008年，北京理工大学五号教学实验楼落成并投入使用。实验楼整合了材料学院、化工学院、生命学院的各类科研实验室和教学实验室，在研项目涉及有机化学、无机化学、微生物学、细胞生物学、生物制药、生化分析等领域。各实验项目在给相关学院带来发展机遇的同时，也产生了实验室废弃物种类繁多、数量巨大、处理困难等问题。针对这些问题，学校各级高度重视，于2009年3月开始，由主管实验室与仪器管理的副校长牵头，在生命学院进行试点，学校和学院主管、专家教授、一线教师等共同参与，专门立项，着手进行实验室废弃物安全管理体系建设。同时，学校还成立了由学校和学院行政、科研、教学相关人员组成的实验室废弃物安全管理委员会，直接负责实验室废弃物安全管理体系的构建和各项规章制度的落实。学校的高度重视和大力支持给实验室管理体系的构建提供了有力支持，立项、项目审批、项目开展均进展顺利，最终建立起了完善的实验室废弃物安全管理体系。

（二）借鉴先进经验，制定完善的规章制度

在实验室废弃物安全管理体系构建过程中，项目组广泛查阅资料，并多次到其他高校实地考察，借鉴国内外知名高校在实验室废弃物处理和安全管理方面的先进经验。同时，项目组立足本校实际，召开各层面座谈会，发放调查问卷，广泛征求意见和建议，将专家、一线教师和广大学生的意见进行综合和归纳，制定了完善的规章制度。这些制度包括《实验室废弃物安全管理体系组织管理办法》《实验室废弃物安全管理实施细则》《实验室废弃物安全管理评价办法》《实验室废弃物安全管理评分细则》《实验室废弃物安全管理培训手册》等。项目组还汇编了《实验室废弃物安全管理相关法律法规、标准汇编（电子版）》，为行之有效地进行实验室废弃物安全管理提供了完善的制度保障。

北京理工大学制定的各项规章制度注重指导性、规范性、可操作性。例如，《实验室废弃物安全管理实施细则》参考了大量法律法规、国家标准、北京市地方标准，将实验室废弃物细分为固体废弃物、液体废弃物、气体废弃物、感染性（病原性）废弃物、实验动物（细胞）废弃物、放射性废弃物、电子废弃物七类，对每一类废弃物均进行明确定义和举例，对处理方法和处理步骤进行明确规定，并将相关法律法规、国家标准、北京市地方标准和推荐参考文献等以光盘附件形式收录，方便各实验人员查阅。

（三）加强硬件设施建设，保证制度实施可行性

完善的实验室废弃物安全管理体系需要良好的硬件设施支撑。北京理工大学为实验楼各楼层配备紧急淋洗装置、洗眼器、消防报警装置、自动灭火装置等安全应急设施，以应对可能发生的意外情况。实验室可申请添置符合标准的容器，以便对各种废弃物进行分类收纳。学校根据国家标准印制各种标签，并将其分发给各实验室，各实验室把每一类废弃物均贴上标签。分类收集的废弃物由学校统一联系专业公司进行无害化处理。

（四）加强宣传培训，提高环保意识

学校广泛开展安全和环保宣传教育活动（如邀请各位专家作实用性的讲座，开展知识竞赛、考试、环保方案设计竞赛、先进实验室评选活动等），力求在广大师生中营造良好的实验室废弃物安全管理氛围。学校还将实验室废弃物安全管理体系的内容制作成多媒体培训课件和光盘，借助新生入学教育、本科生毕业设计阶段的实验室准入培训和研究生新生实验室准入培训等长效平台，对各种规章制度进行集中讲解。通过实验室环保教育，广大师生的环保意识逐步增强，树立了"以低毒代替高毒，以无毒代替有毒，以少量代替大量"的理念，从源头上减少了废弃物的产生。

第二节 实验室危险化学品的管理

对于化学实验室，其中存在较多的类型，大部分具有易燃、易爆、剧毒等特点。为了保证化学试验品的安全使用，需要采用特殊的方法，保证化学试验品的安全性。但在部分化学实验室中，由于对危险化学品的危害认识不到位，责任意识淡薄，缺乏切实可行的管理和操作规范，导致一些有害有毒物质扩散，危害实验人员的生命安全。另外，部分化学试剂（如硝酸钾等）是制备爆炸品的原料，如果管理不善，流入不法分子手中，会对公共安全造成极大影响。另外如果化学试剂储藏放置不规范，可能引起不同试剂间发生化学反应，造成危险事故。

一、危险化学品的定义

危险化学品是指化学品中具有易燃、易爆、毒害、腐蚀、放射性等危险特性，在生产、储存、运输、使用和废弃物处置等过程中容易造成人身伤亡、财产毁损、污染环境的均属危险化学品。

二、危险化学品的分类

按我国目前公布的法规和标准，将危险化学品分为八大类。

（1）爆炸品。爆炸品指在外界作用下（如受热、摩擦、撞击等）能发生剧烈的化学反应，瞬间产生大量的气体和热量，使周围的压力急剧上升，发生爆炸，对周围环境、设备、人员造成破坏和伤害的物品。

（2）压缩气体和液化气体。压缩气体和液化气体是指压缩的、液化的或加压溶解的气体。当这类物品受热、撞击或强烈震动时，容器内压力急剧增大，致使容器破裂，物质泄漏、爆炸等。

（3）易燃液体。本类物质在常温下易挥发，其蒸汽与空气混合能形成爆炸性混合物。

（4）易燃固体、自燃物品和遇湿易燃物品。这类物品易于引起火灾。

（5）氧化剂和有机过氧化物。这类物品具有强氧化性，易引起燃烧、爆炸。

（6）毒害品。毒害品是指进入人（动物）肌体后，累积达到一定量后能与体液和组织发生生物化学作用或生物物理作用，扰乱或破坏肌体的正常生理功能，引起暂时或持久性的病理改变，甚至危及生命的物品。如各种氰化物、砷化物、化学农药等。

（7）放射性物品。放射性物品属于危险化学品，但不属于《危险化学品安全管理条例》的管理范围，国家还另外有专门的"条例"来管理。

（8）腐蚀品。腐蚀品是指能灼伤人体组织并对金属等物品造成损伤的固体或液体。

三、危险化学品的管理

危险化学品的安全问题是化学实验室中非常重要的问题，关系人员和设备安全。实验室的工作人员必须高度警惕，对于危险化学品的购买、存放、日常管理、使用等各个环节应该严格按照规章制度办事，尽早发现安全隐患，从而避免不必要的损失。

（一）严格控制危险化学品的购买

危险化学品的购买应按照教学需要制订合理的购买计划，每种要购买的危险化学品均应由实验室负责人和实验室工作人员填写《危险化学品购买申请表》，并由所属领导签字许可。危险化学品的购买量应该有合理的计划，其中对于毒性不大、危险系数不很高的化学品购买数量可以适当放宽；对于毒性很大、危险系数大的化学品（特别是剧毒品）购买数量尽量本着实验室需要多少购买多少的原则。

（二）合理存放危险化学品

对于危险化学品的存放，可以专门设立一间屋子作为存放室，也可以在药品室内设置专柜。存放室应有坚固的防盗措施，实行双人双锁专人管理，还要有窗帘、温度计和湿度计。

存放室或专柜只能用于存放危险化学品，其他常规化学试剂及仪器均不应和其放于一处。危险化学品的存放应按照防止不同种类药品间相互反应的原则，实行分类存放。酸性物质与碱性物质分开，易燃品与氧化剂分开，毒品与酸分开。每个药品存放室都要安装排风扇，定期排风，每个药品橱都有排气管道通向室外，防止因室内药品浓度过大而发生爆炸以及药品因空气潮湿而变质。

存放室和实验室内均应设置泡沫灭火器、干粉灭火器或二氧化碳灭火器，实验人员应熟练掌握灭火器的性能和操作方法。

（三）加强危险化学品的日常管理

（1）危险化学品要专人管理、领用，建立严格的领取使用登记制度。管理人员要建立危险药品各类账册，药品购进后，及时验收、记账，使用后及时销账，掌握药品的消耗和库存数量；不外借药品，因特殊需要外借药品时，必须经领导批准签字。

（2）加强对火源的管理。危险化学品存放室（柜）周围及内部严禁火源。实验室的火源要远离易燃、易爆物品，有火源时不能离人。

（3）试剂容器都要有标签。无标签药品不能擅自乱扔、乱倒，必须经化学处理后方可处置。对字迹不清的标签要及时更换，为防止标签脱落，可采取以下措施：用宽透明胶带覆盖标签，在标签上涂蜡或刷透明漆（很快就用完的药品标签可以不做防腐处理）。

（4）注意化学品存放期间的检查。检查有无混放情况；包装是否破损，封口是否严密，稳定剂的量是否符合要求；标签是否脱落，试剂是否变质；检查存放室的温度、湿度、通风、遮光、灭火设备情况。炎夏、寒冬季节每月检查1至2次，其他季节每月检查1次。

（四）规范危险化学品的使用

在化学实验中经常要使用到危险化学品，主要包括易燃品、氧化剂、毒害品和腐蚀品。为了确保人身安全和实验顺利进行，在实验中必须做到以下几点。

（1）酸碱具有腐蚀性，不要把它们洒在皮肤或衣物上。稀释浓硫酸时，切忌将水倾入浓硫酸中，以免喷出伤人。废酸应倒入酸缸（或指定的容器内），注意不能往酸缸内倾倒碱液，以免酸碱中和反应，放出大量的热量而发生危险。

（2）强氧化剂（如氯酸钾）与某些药品的混合（如氯酸钾与红磷的混合物）易发生爆炸。使用和保存时应注意安全。

（3）白磷有剧毒，并能烧伤皮肤，切勿与人体接触。它在空气中能自燃，应保存在水中。取用时要用镊子。

（4）有机溶剂（乙醚、乙醇、苯、丙酮等）易燃，使用时一定要远离火源，用后应把瓶塞盖严，放到阴凉的地方。一旦不慎因有机溶剂引起着火时，应立即用沙土或湿布扑灭，火势较大的，可用灭火器，但不可用水扑救。

（5）钡盐有毒（硫酸钡除外），不得进入口内或接触身体伤口；汞易挥发，它在人体内会积累起来，引起慢性中毒。如遇汞洒落时，须尽可能地收集起来，可用硫黄粉盖在洒落的地方，使汞变成硫化汞。

（6）硝酸盐不能研磨，否则会引起爆炸。

（7）金属砷、钠等不能与水接触或暴露在空气中，应保存在煤油里，并在煤油里切割，取用时，要用镊子。

（8）下列实验应在通风橱内进行：对于那些制取具有刺激性、恶臭的和有毒的气体（H_2S、Cl_2、CO、NO_2、SO_2、Br_2等）或进行能产生这些气体的反应；进行能产生氟化氢（HF）的反应；加热盐酸、硝酸和硫酸时。

四、实验室常见事故的预防措施和处理方法

实验室里经常要装配和拆卸玻璃仪器装置，如果操作不当往往造成割伤，高温加热可能造成烫伤或烧伤，因接触各类化学药品容易造成化学灼伤等。所以，相关人员不仅应该按要求规范实验操作，还要掌握一般的应急救护方法。

（一）化学实验室的急救药品

化学实验室里应设有急救箱，箱内备有下列药剂和用品。

（1）消毒剂：碘酒、75%的卫生酒精棉球等。

（2）外伤药：龙胆紫药水、消炎粉和止血粉。

（3）烫伤药：烫伤膏、凡士林、玉树油、甘油等。

（4）化学灼伤药：5%的碳酸氢钠溶液、2%的醋酸、1%的硼酸、5%的硫酸铜溶液、医用双氧水、三氯化铁的酒精溶液及高锰酸钾晶体。

（5）治疗用品：药棉、纱布、创可贴、绷带、胶带、剪刀、镊子等。

（二）各种应急救护方法

我们应始终把安全意识放在各项工作的首要位置，除了要时刻保持高度的谨慎和责任感，还要掌握各种事故的预防措施和处理方法。

（1）创伤（碎玻璃引起的）。伤口不能用手抚摸，也不能用水冲洗。若伤口里有碎玻璃，应先用消过毒的镊子取出来，在伤口上擦龙胆紫药水，消毒后用止血粉外敷，再用纱布包扎。伤口较大、流血较多时，可用纱布压住伤口止血，并立即送医务室或医院治疗。

（2）烫伤或灼伤。烫伤后切勿用水冲洗，一般可在伤口处擦烫伤膏或用浓度高的高锰酸钾溶液擦至皮肤变为棕色，再涂上凡士林或烫伤药膏。被磷灼伤后，可用1%的硝酸银溶液、5%的硫酸银溶液，或高锰酸钾溶液洗涤伤处，然后进行包扎，切勿用水冲洗；被沥青、煤焦油等有机物烫伤后，可用浸透二甲苯的棉花擦洗，再用羊脂涂敷。

（3）受（强）碱腐蚀。先用大量水冲洗，再用2%的醋酸溶液和饱和硼酸溶液清洗，然后用水冲洗。若碱溅入眼内，可用硼酸溶液冲洗。

（4）受（强）酸腐蚀。先用干净的毛巾擦净伤处，用大量水冲洗，然后用饱和碳酸氢钠溶液（或稀氨水、肥皂水）冲洗，再用水冲洗，然后涂上甘油。若酸溅入眼中时，先用大量水冲洗，然后用碳酸氢钠溶液冲洗，严重者送医院治疗。

（5）液溴腐蚀，应立即用大量水冲洗，再用甘油或酒精洗涤伤处；氢氟酸腐蚀，先用大量冷水冲洗，再以碳酸氢钠溶液冲洗，然后用甘油氧化镁涂在纱布包扎；苯酚腐蚀，

先用大量水冲洗，再用4体积10%的酒精与1体积三氯化铁的混合液冲洗。

（6）误吞毒物。常用的解毒方法是：给中毒者服催吐剂，如肥皂水、芥末和水，或服鸡蛋白、牛奶和食物油等以缓和刺激，随后用干净手指深入喉部引起呕吐。注意磷中毒的人不能喝牛奶，可用5～10mL1%的硫酸铜溶液加入一杯温开水内服，引起呕吐，然后送医院治疗。

（7）吸入毒气。中毒很轻时，通常只要把中毒者移到空气新鲜的地方，松开衣服（但要注意保温），使其安静休息，必要时给中毒者吸入氧气，但切勿随便使用人工呼吸。若吸入溴蒸气、氯气、氯化氢等，可吸入少量酒精和乙醚的混合物蒸气，使之解毒。吸入溴蒸气的也可用嗅氨水的方法减缓症状。吸入少量硫化氢者，立即送到空气新鲜的地方，中毒较重的，应立即送到医院治疗。

（8）触电。首先切断电源，若来不及切断电源，可用绝缘物挑开电线。在未切断电源之前，切不可用手拉触电者，也不能用金属或潮湿的东西挑电线。如果触电者在高处，则应先采取保护措施，再切断电源，以防触电者摔伤。然后将触电者移到空气新鲜的地方休息。若出现休克现象，要立即进行人工呼吸，并送医院治疗。

五、化学实验室危险化学品的安全管理措施

（一）建立完善的存储和使用管理制度

健全的危险化学品管理制度是防范危险化学品危害的基本保障，对于化学实验室必须建立健全科学有效的危险品购置使用和存储等管理制度，在危险化学品的购置使用和存储工作中，必须严格执行相关管理制度。另外，在使用时，还需对具有明显危害的化学品应标明使用方法。对巨毒性、强刺激性、放射性及易燃易爆的化学品，需进行重点管理，明确责任人，实行专人专管，并定期对其进行检查。

（二）落实管理制度

在对化学实验室进行日常管理时，除了根据自身的实际情况制定对应的管理办法外，管理制度的有效执行才是加强实验室危险化学品管控的根本。一是需加强安全生产责任制，通过层县签订责任制，具体落实危险品订购、使用、废弃物处置的责任人。二是需根据各种试剂的具体化学特性，制定和张贴醒目的储存、使用及废弃物处置管理办法，防止出现危险化学品的无序混台存放和违规使用，并需落实使用前后登记制度。三是加强危险化学品存放、使用化境的管控，保障危险化学品处在温湿度适宜、通风良好的环境中。对于危害性大的化学品防护设施必须配置齐全。四是通过组织对相关人员的培训，保证所有的相关人员了解危险化学品使用和处置的相关制度，了解应急措施，掌握应急处理设备

的使用。五是建立化学实验室安全负责人制度，安全负责人需对化学实验室进行日常的安全检查，发现隐患后及时对其进行处理。六是实验室管理层需要组织专业人员对化学实验室的正常运行进行有效的监督，防止落实责任不到位、实际操作不规范等。

（三）重视思想教育

由于化学实验室中危险品种类繁杂、化学性质复杂，为了保证实验人员做到对化学试验品的正确存放、安全使用，实验室负责人员需要定期对实验人员进行化学试验品的正常使用培训，还可以通过邀请一些经验丰富的安全管理人员对实验人员进行安全隐患防治工作、交流会议等，通过这些形式的安全教育提高实验人员的安全实验自觉性和责任感。

六、实验室废弃物的处置措施

实验室危险化学品除了本身自带危害性，经过实验者使用后产生的废弃物也常常带有毒性，甚至含有致癌物质。所以为了减少这些废弃物对环境以及人们的不良影响，一定要采取特殊的措施对废弃物进行处理。一般废弃物处理的方式有以下几种。

（1）对于废气的处理方式要根据性质来定。毒性相对较小的气体可直接从通风橱中排出，这些气体经过大气的稀释，毒性自然会降低。毒性较大的气体则必须经过特殊处理才能排放。例如，硫化氢要用碱液吸收，有机气体则要燃烧后再排放。

（2）汞、酚、砷等废弃液体要用特殊的化学方式进行处理，达到相应的标准后再排放。

（3）高浓度的酸、碱还有洗液要倒入专用器皿中统一回收。

（4）有机溶剂在使用之后，可以采用蒸馏方式处理，然后回收利用。

（5）实验后产生的废渣要先归类，然后用相应的化学方法处理后再填埋，以免造成土地污染。

由于各方面研究的需要，化学实验室中储存着大量危险化学品，对于这些危害性物品一定要加强安全管理，尽早建立完善的实验室管理制度。危险化学品存放期间、使用期间以及废弃物处理期间一定要由专门人员负责管理和监督。实验者必须严格按照实验室制度进行化学品的存取；在实验中严格遵循各种危险化学品的使用方法；实验结束后根据化学品的性质采用正确的手段处理废弃物，避免造成环境污染，尽可能地降低危险化学品的危害。

七、油品实验室危险化学品的管理

（一）油品实验室常用到危险化学品

常用危险化学品按其主要危险特性分为八类：爆炸品，压缩气体和液化气体，易燃液体、易燃固体、自燃品和遇湿易燃物品，氧化剂和有机过氧化物，有毒品，放射性物品，腐蚀品。油品实验室在日常检验工作中常遇到以下三类危险化学品：压缩气体和液化气体，易燃液体，腐蚀品。

（二）压缩气体和液化气体

油品实验室在进行各种分析时要用到一些气体，如氢气、氮气、氧气、乙炔等。绝大多数实验室使用气体钢瓶来满足分析的需要，气体钢瓶在使用过程中存在大量的不安全因素，只有安全规范地使用气体钢瓶才能防止事故的发生。

气体钢瓶的使用注意事项如下。

（1）气体钢瓶必须分类分处保管，充装有互相接触后引起燃烧、爆炸气体的气瓶，不能同存一处，也不能与其他易燃易爆物品混合存放，直立放置时要固定稳妥以确保钢瓶不会因为自然灾害而移动、倾倒。

（2）气体钢瓶通常应放在阴凉、干燥、远离热源的专用房间里，严禁明火，避免曝晒，环境温度不超过35℃。

（3）搬用钢瓶时应戴上钢瓶帽和橡皮腰圈，以保护开关阀，防止其意外转动和减少碰撞，搬运气瓶要轻拿轻放，防止摔掷、敲击、滚滑或剧烈震动，避免撞击引起爆炸。

（4）安装减压阀时，应先检查减压阀与气体钢瓶是否匹配，然后将高压气瓶出气口、减压阀接口及管道内的灰尘等脏物清除掉（以防堵塞）。安装时螺扣要旋紧，防止泄漏。

（5）开启气体钢瓶时，人应站在钢瓶出气口的侧面，以免气流射伤人体。使用时应先旋动开关阀，后开减压器；用完，先关闭开关阀，放尽余气后，再关减压阀；开关钢瓶和减压阀时必须缓慢，以免由于气体流速太快，产生静电火花，引起爆炸。

（6）钢瓶内气体绝对不能全部用尽，一定要保持0.05MPa以上的内残余压力，可燃气体应保留0.2~0.3MPa，氢气应保留更高的压力，以备充气单位检验取样所需及防止混入其他气体或杂质，造成事故。

（7）易起聚合反应的气体钢瓶，如乙炔等，应在储存期限内使用。

（8）气瓶着火时，应向钢瓶浇洒大量冷水，或将气瓶投入水中使之冷却。

（9）气瓶必须定期检验。贮存一般气体的气瓶3年检验一次。贮存惰性气体的钢瓶每

5年检验一次；贮存腐蚀性气体的钢瓶每两年检验一次。

（三）易燃液体

极易挥发成气体，遇明火即燃烧的液体称为易燃液体。油品实验室常用易燃液体的特性。

（四）腐蚀品

能灼伤人体组织并对金属等物品造成损坏的固体或液体。油品实验室常用腐蚀品的特性。

第三节　实验室固体废弃物管理

实验室的固体废弃物不但会危及人们的健康与生命，也会严重破坏自然界的生态环境，使自然界动植物的生存法则严重失衡。针对这一严峻问题，制定出台了相关处理办法，旨在加强实验室的安全管理，使实验室的危险固废物得到及时有效的处置，避免给人民群众的生活以及社会带来负面影响。

一、危险固废物的基本处理方法

国家对危险固废物的处理制定了相关的标准，对毒性大的固废物要做特别处理，对毒性小的固废物要经过无害化、无毒化处理后，方可作为一般垃圾进行常规处理。

（一）填埋法

填埋法是固废物处理中最简单、最便捷的方法，通常情况下，具有处理资质的机构会针对固废物的属性及毒性，合理采用这种方法，其效果是显而易见的。土地填埋法相对投入少，处置方法简单安全，而且不受固废物种类的影响，可以同时处理大的固废物，而进行土地填埋后，原有的场地亦可以作为其他用途，不过这种方法也具有一定的缺点，最重要的是远离居民区，同时对填埋场地还要经常性地进行维修，而深埋在地下的固废物，经过长时间的分解，有可能产生易燃易爆的毒性气体，造成二次污染。

（二）焚烧法

这种方法适用于一些有机性的固废物，它的优点在于可以迅速减少固废物的容积，同时可以破坏其内部组织结构或者直接杀灭病原菌，达到除害解毒的效果。可是固废物在燃烧时容易产生酸性气体，如果直接排放到土地当中，势必造成二次污染。另外，使用这种方法处理固废物，管理费用与后期维护费用高，经济性稍差。

（三）固化法

固化法就是将沥青水泥等凝结剂与危险固废物加以混合进行固化密封处理，使固废物中的有毒有害物质不漫出，从而达到无害化处理的目的。不过使用沥青固化法，往往因为沥青温度过高，而发生额外的危险。

二、实验室对固废物的处理与安全管理

针对危险固废物的不同类别，实验室也采取了相应措施，以减少其次生危害，同时，严格内部管理机制，提升实验室管理人员的安全意识，旨在将危险固废物的危险指数降到最低点。

（一）危险固废物处理现状

对实验室的危险固废物进行集中处置，有的由于资金不足，管理人员安全意识淡薄，对实验室的危险固废物不做任何分类处理，甚至将其直接排放到生活垃圾当中，给其他人的身体健康带来严重威胁。

虽然相继制定了危险固废物的处理规定，但是管理人员的执行力度欠缺，在实际工作中仍然我行我素，不顾他人安危，不顾生态环境的日趋恶化，将制度当成耳边风，由此产生了严重的后果。

（二）加强实验室的安全管理

（1）提升管理人员的安全意识，完善制度体系建设。由于实验室的管理人员呈现出年轻化态势，有的管理人员甚至是刚刚毕业的大学生，他们在工作中热情极高，却缺少经验和方法，接受安全教育的机会少社会阅历浅，导致缺乏安全意识，在实际工作中往往凭借自身热情推进工作进程。在实验过程中产生的一些危险固废物，这些管理人员大多按照一般垃圾进行处理，完全忽略了固废物的危险性，因为有的固废物毒性不是短时间内散发的，必须经过长时间的积蓄才能漫出毒性，为此，管理人员也认为自己的这种处理方式无关大局，长此以往，便形成了一种习惯。要彻底改善这种局面，就必须从管理人员的思想

意识上抓起，由人力资源管理部门的领导对他们进行说服教育，同时接受相关的专业培训与安全知识培训，使他们在工作中懂得安全常识，树立安全意识，改变现有的工作作风和态度，防患于未然，切实做好实验室的安全管理工作。此外，应进一步完善内部安全管理制度，拓宽制度的辐射面，使全体师生都清醒地认识到危险固废物对人们健康的影响，全员行动起来，以制度框架为契合点，规范自己的言行举止。在固废物的处理方面，应明确实施细则，对固废物的分类收集填埋焚烧进行严格规定，对违反规定的管理人员，应根据相关处罚条例对其进行行政与经济处罚，使其及时纠正错误，使安全管理理念植根于心底。

（2）严格固废物的分类，灵活掌握处理方法。实验室的固废物种类多样，针对不同的固废物有不同的处理方法，有些固废物如果混合到一起会发生化学反应，产生严重后果，因此实验室必须制定严格的固废物分类标准。在标准中，对固废物的每一个大类再细分成若干个小类，针对每一个小类，对其收集、处置、运输、保管都要进行明确规定，使管理人员掌握每一个处理细节，避免工作失误。比如对有毒有害的固废物，必须由专人进行看管，并建立危险固废物档案，对一些废弃的容器及标本，要及时予以标识，打上废弃的字样，对有毒有害的固废物逐级进行分类，如果有能力处理固废物，应使用专用的回收容器进行分类收集，统一集中处理，如果需要对其进行消毒处理的，必须经有关领导同意后，方可进行，然后委托专业机构进行处理。

（3）加大培训力度，提升职业素养。由于实验室管理人员的综合素质参差不齐，因此在日常管理中，应经常对管理人员进行岗位业务技能培训，将危险固废物的处理流程作为主要的培训内容，让管理人员心知肚明。对新入职的管理人员应点对点地进行岗前培训，说明实验室安全管理的重要性，在工作中应以大局为重，凡事不能站在个人角度，要以大局视角看待安全问题，将安全管理的细节工作做好做实。此外，对安全管理以及危险固废物的安全宣传必须做到位，在实验室的醒目位置张贴危险固废物的明细及危害，以及安全管理规定，确保每一位师生都能第一时间学习到安全知识，提升自身的安全责任意识。

（4）加大投入力度，改善硬件条件。随着实验室固废物数量的与日俱增，原始的处理方式以及处理设备已无法满足需要，因此，应加大对实验硬件设施设备的投入，尽量选择先进的实验仪器，以减少固废物的产生。另外，根据实际情况，针对危险固废物的处理措施，应充实相应的处置器具及设施。随着高科技技术水平的不断提升，一些高尖端的毒性监测检测设备也应运而生，因此，应及时咨询和听取相关专家的建议和意见，适时地引入一些先进的设备，对固废物实行全程有效监控，观察其毒性发散的时间以及对周边环境的影响。实验室管理人员应及时学习和掌握这些设备的操作规程，以此提高工作效率，进一步完善安全管理体系，朝着健康的方向快速发展。

第四节 科研单位实验室废弃物管理的社会化探索

实验室是科研工作者进行科学实验、获取科学数据的重要场所。近年来，随着我国科研事业的发展。科研队伍的不断壮大，各科研单位都根据自身发展规划，建造了各种类型的实验室，如何安全、高效和无害化处理实验室废弃物，是当前摆在科研和教学部门一项重要课题。如果不能妥善处置实验室废弃物，不但会造成环境污染，而且会对实验人员的身体健康造成不良影响，甚至会影响社会公众安全，必须引起高度重视。

实验室废弃物适用条款为"危险废物是指列入国家危险废物名录或者根据国家规定的危险废物鉴别标准和鉴别方法认定的具有危险特性的固体废物"。

在国内，已有很多学者对实验室废弃物安全无害化处理进行了一些研究，但未见到管理社会化方面的研究探索社会化服务已是当今社会发展的潮流，从"专业的事交由专业的人来做"的指导思想出发，管理社会化是今后发展的必然趋势。

一、科研单位实验室废弃物特征和类型

相比一些教学部门和化工企业，科研单位由于学科方向多，废弃物种类十分繁杂。种类繁多、性质各异、单种量小但总量大、处理难度高是科研单位实验室废弃物的主要特征。以我单位为例，实验室主要废弃物包括：

（一）废弃物种类

（1）生物尸体。如实验的动物尸体。

（2）微生物（含病原菌）。如病原菌等。

（3）生物制品。如进行酶化实验或者核酸检测（测序）试剂等。

（4）化学试剂。如实验使用的各种酸、碱和有机物化学品等。

（5）重金属。如进行环境毒性实验使用的铅、汞、铬、镉、锌等。

（6）有毒物质。如砒霜、氰化钾、氰化钠等。

（7）实验用具废弃物。如玻片、移液枪头、凝胶、手套、口罩等。

（二）废弃物的形态主要有固体、液体和气体等

在我所参与的实践中，生物制品、化学试剂、重金属试剂和实验用具产生的废弃物种类最多、数量最大。

二、常见实验室废弃物危害

实验室废弃物含有有害物质，会对人、动物、生态环境造成损害，主要包括以下五个方面。

（1）砒霜、氰化物、放射性元素等对人和动物造成急性毒害；

（2）生化试剂、有机溶剂、重金属元素等对人和动物造成慢性毒害，部分物质有强烈的致癌、致畸作用；

（3）携带病原菌废渣废液、动物尸体等造成人和动物病原的传播；

（4）未经处理的酸、碱、重金属、有机物和气体等排放物对空气、水和土壤环境造成污染；

（5）烟雾、动物尸体腐败恶臭等影响市容市貌。

三、实验室废弃物管理难点

实验室废弃物管理难点主要有以下五个方面。

（1）多头管理，职责不清。通常由学科组、实验室、科研（教学）部门、资产管理部门、后勤部门和安全部门共同管理，多头管理的设置极易造成职责不清、责任不明的问题。

（2）安全管理技能不足。很多科研人员未经专门培训，缺乏实验室安全管理知识和技能，意识淡薄。

（3）管理制度不完善。个别单位没有制定专门的实验室废弃物管理制度，无监督和追责机制。

（4）实验室场所还非常分散，安全管理难度加大。

（5）部分地区无害化处理设施不足，能力薄弱。

三、社会化管理动机

实验室废弃物处理引入社会化服务主要基于以下五点考虑：一是社会分工日趋专业化，麻雀虽小、五脏齐全的管理模式必将被淘汰。二是"专业的事由专业的人来做"，已是社会广泛共识和潮流。三是转变管理职能，管理人员从实操管理向联络、协调和监督职能转变，减轻管理压力。四是节约成本。实行社会化管理，可以节省单位人力、器材和设

施成本，提高效率。五是促进环保行业健康和可持续发展，践行绿色环保理念，有利于我国社会生态文明建设。

四、管理社会化实践

实验室废弃物管理社会化是一个全新的尝试，尚无成熟的案例借鉴，需要在实践中不断摸索、改进和完善。现以我所实验室废弃物管理社会化实践为例，探索管理社会化的可行性。

（一）管理社会化服务主要内容

（1）知识和技能培训。由服务商派遣专业技术人员对本单位科研人员和管理人员进行培训，每年不少于两次，具体时间安排在新员工和新生入职之后一个月内，以及6月结合全国安全生产月进行，培训内容包括实验室安全操作规则、注意事项、典型案例等。

（2）废弃物申报。广东省环保部门规定实验室废弃物清运要履行网上申报程序，内容包括废弃物的种类、形态、性质、数量和清运时间等。实验室废弃物种类复杂，由服务商进行专业分类申报更符合要求。

（3）实验室安全操作指导与监管。专业人员定期对实验室安全设施和人员防护进行检查，对安全隐患或不规范操作行为列出清单，限期整改。

（4）废弃物收集、存储。由服务商提供专业存储容器，实行分类存放，张贴标识，存放在专用场地。

（5）废弃物转运。根据废弃物存储量，定期清理，申报运输线路，安排专业人员包装、装车，按照报备运输线路和时间，对废弃物进行转移运输。

（6）废弃物无害化处置。服务商负责依照分类，联系合格的处理厂家，按照环保部门要求进行无害化处理。

（7）档案管理。处置完成后，提供当次《危化品清运处置服务完结报告书》供本所存档、备查，内容包括申报清单、批准文件、现场移交单、称重单、危险废物转移清单、运输时间和线路、车牌号码、包装和装卸人员、接收地区、处理厂家等。

（8）气体高空排放设施的维护管理。对于高空排放的气体废弃物，由服务商定期对排放装置进行检查、维修，更换助剂、耗材，确保装置正常运转。

（二）服务商选择

（1）服务商采购方式选择。根据本单位实验室废弃物数量和所需费用，执行政府采购管理有关规定，服务费达到公开招标限额的，采取公开招标采购；未达到公开招标限额的，采用询价采购、竞争性谈判等方式采购。

（2）服务商评价与监督。由管理部门组织工作小组每年对服务商服务质量进行一次综合评价，从资质有效性、资料完整性、流程合规性、服务及时性、操作规范性五个方面综合评价，评价结论作为续签服务合同的依据。

（三）管理社会化委托服务成效

我所实验室废弃物管理社会化委托工作，经过试点和推广两个阶段。试点工作于2015年从位于花都基地原农业部渔业环境及水产品质量监督检验测试中心（广州）开始，在取得试点成功经验后，2018年开始推广其他实验室和基地。经过3年试点和推广，取得了良好成效，在我所建设绿色环保实验室活动中发挥了重要作用。

（1）完善了实验室管理规章制度。在服务商支持和配合下，专门制定实验室废弃物处置管理制度，修订了多项安全管理规章制度，使废弃物无害化处理有章可循。

（2）职工环保意识有效加强。通过培训，广大职工尤其是科研人员充分认识到废弃物对社会环境的危害性，自觉遵守各项安全管理制度，实验操作更加规范有序。

（3）实验室安全环境得到根本改善。在实施试点前，随意倾倒废弃物的现象时有发生，通过检查、监督，这类现象得到了遏制。广州市环境监察部门对我所花都基地的水、气排放进行了6年监测，未发现违规排放现象。

（4）提高了管理效能，节约了管理成本。引入社会化服务后，实现业务外包，管理职能向联络、协调和监督方式转变，职责明确，减轻了工作强度，减少了管理人员，节约了管理成本，实现了良好的管理效益。

（5）管理更加专业、高效。服务商根据我所实际情况，制订了实验室废弃物清运计划，派遣专业人员和运输车辆，定期进行清运，确保实验室废弃物存储量始终在安全、可控的范围内，避免了因过量存储可能引发的安全隐患。

第五节 油田油品实验室废弃物管理

实验室废弃物安全管理是油田油品实验室开展正常科研、实验、检验检测工作的重要保证，并直接关系工作人员及实验室周边环境的安全。调查发现，大部分油田油品实验室受理念、经费的制约，缺少健全的废弃物管理制度和处理方法，对废弃物的处理还停留在简单处理、集中存放、缺少监测的阶段。作为油田系统科研重要基地的油田油品实验室，只有解决好废弃物的处理问题，才能更好地为石油产业的健康发展做贡献。

油田化验室是从事多种试样化学成分分析鉴定及实验研究的场所，是围绕油田水、油、气、化学剂等展开的分析检测工作。在这一分析检测工作中，会有大量的废弃物，既有固体废弃物，也有液体废弃物，无论是哪一种形式的废弃物，若是不对其进行有效的处理，都会产生不好的影响。因此在油田化验过程中，做好废弃物的处理工作是当前检测工作中必须要做好的事情。

一、油田化验室常见废弃物的处理原则

在油田化验室中，废弃物的出现是很难避免的，为了对废弃物进行有效的处理，在处理过程中应遵循具体的原则。第一，在对活泼金属进行处理过程中，应将其余酸分离开来进行处理，避免活泼金属和酸在一起发生反应；第二，在对具有易燃性质的废弃物进行处理过程中，应将其存放到温度低、没有阳光照射的地方，同时还要避免与火源的接触；第三，在对见光容易分解的物质进行处理过程中，应使用试剂瓶，以此来隔绝光照，避免阳光的影响；第四，在对具有易燃、易挥发的液体废弃物进行处理过程中，应将其存放到柜子的最下层，以此来降低液体的挥发。

二、油田化验室常见液体废弃物的处理方式

（一）对无机类废液进行处理的方式

在油田化验室中，废弃物是以固体和液体两种主要形态存在的，在对液体形态的废弃物进行处理过程中，应将其分为无机类废液和有机类废液两种，然后采用分类的处理方式。在对无机类废液处理过程中，应进行进一步的细化分析，应将酸碱盐物质分为一类、含汞的物质分为一类、含铅的物质分为一类，然后采用分类处理方式。

（1）在对酸碱盐物质进行处理过程中，处理人员可以先对酸碱盐物质的废液量进行分析，然后在保证安全的前提下，可以将含有酸性质的废液和含有碱性质的废液进行融合，这样酸碱综合，可以将废液的危害性降低。同时在酸碱性质的废液进行融合过程中，应利用pH试纸来进行融合后的检验，当数值接近中性的时候才可以停止融合。最后通过加水的方式来对废液进行稀释，在废液的浓度低于5%之下的时候，就可以进行废液的排放。

（2）在对含汞物质的废液进行处理过程中，处理工作人员应在搅拌废液的同时加入$Na_2S \cdot gH_2O$，然后对废液的pH进行检测，在检测数值在8%以下、6%以上的时候可以停止$Na_2S \cdot gH_2O$的加入。之后需要对搅拌均匀的溶液进行过滤处理，过滤之后使用活性炭来进行二次处理，在此步骤处理完成之后，应对废液进行检测，在确定废液中所含有的汞符合

标准之后才能进行废液的排放。

（3）在对含铅物质的废液进行处理过程中，处理工作人员应在废液中倒入氢氧化钙，以此来调节废液的pH，之后需要在废液中加入硫酸，这样能够更好地降低废液的pH。在此之后，需要将废液静止放置一段时间，使用滤网来进行过滤，最后进行废液的检测，在检测符合排放标准之后进行排放。

（二）对有机废液进行处理的方式

在油田化验室中，有机废液的处理也是极为关键的，在进行此方面处理过程中，同样应采取分类的处理方式。在对乙醇进行处理过程中，处理人员应将乙醇倒入玻璃容器中，然后在容器中的乙醇废液量达到标准之后，就可以进行处理。在此方面处理过程中，应对乙醇进行加热处理，乙醇的沸点是78℃，所以在对乙醇进行加热过程中，当温度超过82℃的时候，就会有馏出液，当馏出液出现之后，就可以停止蒸馏，然后将残余的废弃溶液进行排放。在对石油醚废液进行处理过程中，处理工作人员应将石油醚中的蜡物质提取出来，以此来实现废弃液体的重复利用。在处理石油醚过程中，应使用清水进行洗涤中和，之后使用高锰酸钾进行洗涤，在使用硫酸亚铁铵进行洗涤，通过多次的洗涤来实现对石油醚的处理。

（三）油田化验室常见固体废弃物的处理方式

在对油田化验室中的废弃物进行处理过程中，固体废弃物比较少，而且处理起来比较容易。固体废弃物一般是指化验过程中使用的器材，比如试剂瓶、药剂瓶等。对这些固体废弃物的处理，同样需要采用不同的方式：在对试剂瓶进行处理过程中，处理工作人员需要将瓶中存留的物质倒出来，然后将不同物质进行不同的处理，之后对试剂瓶进行清洗，存放；在对药剂瓶进行处理过程中，处理人员同样需要先将其中残留的药剂倒出来，然后将药剂瓶放到安全的地方进行保存，在对气样袋进行处理过程中，处理工作人员需要将其中剩余的气体排除干净，之后需要将其放入纸箱中进行保存。

三、化验室废弃物排放前应遵循临时储存原则

废弃物在统一处理前，首先，应该把具有一定化学性质的废弃物进行必要的分类，然后才能将其放入收集该废弃物的容器内，当临时储存在化验室内的废弃物容器盛满时，需进行统一的处理。化验室废弃物排放前应遵循临时储存原则。

（1）活泼金属（如钠、镁等）应远离酸。

（2）具有易燃性质的物品应在低温且避光的条件下保存，并同时远离火源，且其存量不可太多。

（3）氧化剂（如HO_2等）应放在暗冷处，并远离还原剂（如锌、碱金属、甲酸等）。

（4）见光易分解的物质应保存在棕色试剂瓶中。

（5）大多数有机物常温下为易燃、易挥发的液体，且有毒性，故此通常将其放在药品柜的最下层。

四、化验室处理无机类废液的方法及其注意事项

（一）废液中含有酸碱、盐等物质的处理方法

（1）了解在安全的情况下可将酸废液和碱废液相互混合，如将一种酸废液分多次并少量加入另一种碱废液中。

（2）在加入酸废液或碱废液的同时用pH试纸（或pH计）进行检验，直至溶液的pH接近中性。

（3）加水稀释溶液，当其浓度小于5%时，才能将其进行排放。

注意事项：

（1）通常情况下对酸、碱、盐等废液需要进行分类收集。但是如果在它们之间没有相互妨碍的前提下，可将其进行中和。

（2）当废液中含有重金属或者含氟时，该废液需另行收集并处理。

（3）在pH＞7的碱性条件下，对磷化氢、卤化磷等废液用双氧水将其进行氧化，将得到的磷酸盐作为废液来处理。用硫酸来酸化含有缩聚的磷酸盐废液，而后进行水解（加热煮沸2~3h）处理。

（4）用水稀释其溶液，当浓度低于1%时方可进行排放。

（二）废液中含汞等物质的处理方法

（1）在充分搅拌的情况下向废液中加入$Na_2S \cdot 9H_2O$[此时废液中硫酸亚铁（10ppm）与Hg^{2+}的浓度之比为1：1]，并调节废液的pH在6~8。

（2）放置的上述溶液经过滤后得到沉淀（注意妥善保管）和滤液。

（3）对得到的滤液可用活性炭吸附法（或者离子交换树脂法）等来做进一步的处理。

（4）经过检测，处理过的废液中不含汞后，方可排放。

注意事项：

（1）含无机汞的废液毒性比较大。因此，处理含无机汞的废液必须十分注意安全。

（2）因为汞容易形成络离子，故处理时必须考虑汞的存在形态。

（三）废液中含铅等物质的处理方法

（1）加入氢氧化钙，调节废液的pH至11。

（2）向调节后的废液中加入凝聚剂再用硫酸进行缓慢调节，使其pH下降至7～8。

（3）放置一段时间的溶液澄清以后即可过滤。当滤液中检测不出Pb^{2+}时即可排放。

注意事项：

（1）由于处理重金属时，对应的适宜pH不同，因此，对废液中含有两种（或两种以上）的重金属处理后必须充分注意。

（2）预先除去含有氰化物、络离子以及大量有机物的废液。

（四）废液中含砷等物质的处理方法

（1）当废液中含有较多的砷时，首先沉淀出部分砷。即在搅拌的情况下向废液中加入氢氧化钙溶液，调整pH至9.5左右。

（2）向上述所得滤液中加入三氯化铁，当铁砷的比为5：0时，在搅拌的条件下加入碱，调节废液pH在7～10。

（3）将上述的溶液静止放置24h，然后进行过滤，得到沉淀物需妥善保管。当检测滤液中不含砷时，中和处理后即可进行排放。

注意事项：

（1）三氧化二砷有剧毒。因此，在处理时必须充分注意。

（2）对于含有有机砷的废液，必须先将其进行氧化分解后方可进行处理。

五、油田油品实验室废弃物管理制度的建议

（一）配备必要的废弃物处置设施，建立健全废弃物档案

对各类废弃物应配备专门的处置设施，如设置单独的废液排放管道、通风净化装置等。各类实验不相同，其废弃物类别和性质也不相同，因此应对不同废弃物分别设置专门的收集装置，并贴上标签，注明成分，为后续的处理提供便利。废弃物的存放要考虑兼容性，以免发生反应，必要时应采用相应技术手段进行处理，使之无害化。

实验室应有健全的废弃物处置档案。档案中应详细记录废弃物的基础数据，并对废弃物的污染等级、存在隐患等进行记录；应分析并记录废弃物处理前后的成分，以确保其处理的结果达标；必要时上线废弃物信息管理系统。

上级单位应努力构建环境管理体系，增加资金投入，推动实验室与各环保科研机构的合作，使二者共同开展废弃物管理体系、技术的研究，帮助实验室引进新体系、新技术。

（二）对废弃物进行实时监测，建立实验室污染应急处置预案

除对已产生的废弃物进行处理以外，还应对即时产生的废弃物进行监测，对废弃物的处理不当或泄漏情况进行预警，如采用在排水管道中装设pH计的方式对废水pH进行监测，使用空气分析装置等对实验室出风口的空气质量进行监控，必要时可以上线自动化监测系统。目前大庆油田上线的污染源在线监测管理系统，也可以应用在实验室中。

在监测的基础上，建立污染应急处置预案并加强相关教育培训，充分提高全体人员的安全意识，确保一旦出现废弃物泄漏事件，能及时有效地控制污染源。

（三）改进实验室条件，合理设计实验

对于容易产生各类高污染废弃物的实验，应进行实验室隔离和特殊管理。例如，对于使用易挥发试剂和容易产生有害气体的实验，尽量设置单独的实验室。

对于部分实验，可改进实验中的条件，包括改进实验方法、实验装置和实验试剂。例如，改进实验工艺，用无毒无害的天然原料代替有毒有害的化学试剂。又如，采用改进的密闭容器进行实验或采用微型实验的方法，可以有效防止废弃物泄漏或减少废弃物生成。

参考文献

[1]卜雄洙，朱丽，吴键.计量学基础[M].北京：清华大学出版社，2018.

[2]（德）恩斯特·戈贝尔，乌维·西格纳作；邢晨光，王萍译.量子计量学 单位和测量基础[M].北京：国防工业出版社，2021.

[3]路瑞军.长度计量器具建标指南[M].北京：中国质检出版社，2018.

[4]洪生伟.计量管理（第7版）[M].北京中国质检出版社，2018.

[5]中国信息与电子工程科技发展战略研究中心.中国电子信息工程科技发展研究 测量计量与仪器专题[M].北京：科学出版社，2022.

[6]李芬，卢立娟，胡德声.产品质量检验与品质分析[M].北京：冶金工业出版社，2021.

[7]叶永和.产品技术监督实践问题与思考[M].北京：中国工商出版社，2018.

[8]王新祥，王元光，罗启灵等.建设工程材料检验检测机构技术评审指南 第3卷装饰装修材料和水电材料[M].武汉：武汉理工大学出版社有限责任公司，2022.

[9]刘其贤.建筑工程材料检测使用指南[M].济南：山东科学技术出版社，2021.

[10]汪东风，徐莹.食品质量与安全检测技术（第3版）[M].北京：中国轻工业出版社，2018.

[11]李莹，杨大进，蒋定国.食品安全风险监测微生物检测技术与质量控制[M].北京：中国农业出版社，2021.

[12]蒋定国，杨大进.食品安全风险监测化学检测技术与质量控制[M].北京：中国农业出版社，2021.

[13]苏来金.食品安全与质量控制[M].北京：中国轻工业出版社，2020.

[14]王曼霞，包海英，雷质文.食品检测实验室仪器设备管理指南[M].北京：化学工业出版社，2021.

[15]孟敏.实验室安全管理教育指导[M].咸阳：西北农林科技大学出版社，2020.

[16]万李.互联网时代实验室安全管理与实践[M].长春：吉林大学出版社，2020.

[17]周芸，李小兰.检测实验室管理手册[M].南宁：广西人民出版社，2018.

[18]王磊，樊燕鸽，高永琳.化学实验室管理[M].成都：电子科技大学出版社，2020.

[19]杨爱萍，蒋彩云.实验室组织与管理[M].北京：中国轻工业出版社，2019.

[20]世界卫生组织主编；葛红卫，王迅，郑优荣译.实验室质量管理体系手册[M].北京：中华医学电子音像出版社，2021.

[21]敖天其，金永东.实验室建设与管理工作研究[M].成都：四川大学出版社，2021.

[22]杨剑.检测实验室管理[M].北京：中国轻工业出版社，2019.